河海大学中央高校基本科研业务费项目"环境社会学理论与方法研究"（2014B11714）

环境与社会丛书

环境社会学是什么

——中外学者访谈录

陈阿江　主编

中国社会科学出版社

图书在版编目（CIP）数据

环境社会学是什么：中外学者访谈录／陈阿江主编．—北京：中国社会科学出版社，2017.4（2021.6重印）

ISBN 978-7-5161-9498-0

Ⅰ.①环…　Ⅱ.①陈…　Ⅲ.①环境社会学　Ⅳ.①X24

中国版本图书馆 CIP 数据核字（2016）第 308830 号

出 版 人	赵剑英
责任编辑	冯春凤
责任校对	张爱华
责任印制	张雪娇

出　　版	中国社会科学出版社
社　　址	北京鼓楼西大街甲 158 号
邮　　编	100720
网　　址	http://www.csspw.cn
发 行 部	010-84083685
门 市 部	010-84029450
经　　销	新华书店及其他书店

印　　刷	北京君升印刷有限公司
装　　订	廊坊市广阳区广增装订厂
版　　次	2017 年 4 月第 1 版
印　　次	2021 年 6 月第 2 次印刷

开　　本	710×1000　1/16
印　　张	20
插　　页	2
字　　数	326 千字
定　　价	75.00 元

目　录

CONTENTS

环境社会学的由来与发展(代序)①

陈阿江

导　言

什么是环境社会学？犹如对什么是社会学有着多种多样的回答一样，不同的学者对环境社会学的理解不完全一致。就社会学来说，有的学者把社会学定义为是研究社会行动的，有的认为是研究社会群体的，有的则认为是研究社会组织或社会制度的，有的则重点关注社会问题。如果与其他社会科学比较，社会学有其自身的特点，如它的系统性、综合性特征明显；讲究研究方法；与经济学重视效率不同，社会学更加重视社会公平公正；等等。上述社会学的一些基本特点在环境社会学中同样得到体现。这里笔者尝试通过两对范畴对环境社会学有所框定，以增进理解。

一是"问题论—整体论"范畴。从环境社会学的产生看，许多学者对环境社会学的思考源自现实的环境污染与生态系统的破坏。对环境社会学的理解，也大致沿着把污染等社会问题作为研究对象来开展研究。把社会问题作为社会学研究对象是社会学的一大传统，对社会问题的探究及解决尝试是社会学发展初期的重要动力。社会学的另一重要传统是坚持整体论或系统论。坚持社会研究的整体论、系统论，是社会学与其他社会科学的重要区别。依整体论的角度，环境社会学主要关注自然与社会（人）的关系，并且最终落实到社会结构和社会关系。比如草原破坏，出现沙漠化，牛羊没有草吃，牧民生计困难，这看起来自然生态系统的问题。但社

① 原文发表于《河海大学学报》（哲学社会科学版）2015 年第 5 期，收入本书时作了修改。

会学家不会满足于这样的结论，他会继续追问：草场为什么会被破坏？草场会导致怎样的经济社会后果？恢复草场需要如何调整观念、改变行为、规则？等等。凡此种种，最终落实到社会整体。笔者无意截然分开"问题论者"与"整体论者"，在现实的环境社会学家中，有的偏重于"问题论"，有的偏重于"整体论"；也会出现某一学者在某个时期重视环境问题的研究，而在另外一个时期，则可能更加关注从系统的角度去探究环境与社会的关系。从事经验研究的环境社会学者从"问题论"走向"整体论"的不在少数。

　　另一对范畴，笔者称之为"认知论—行动论"。"认知论"对应于我们通常所说的基础研究，或强调对基础社会事实或规律的认识，关注"是什么"（What）和"为什么"（Why），至于"怎么办"（How）则不是"认知论者"探究的重心，而是"行动论者"的重心。笔者把个人或组织的行动，政策研究、制定、执行，以及教育、组织动员等列入行动范畴。在涉及环境保护的诸多事项里，大多会涉及行动，关注的核心是"怎么办"。即使在理论研究层面上，也会涉及如何行动的问题。如同笔者把"问题论—整体论"视为一对范畴而不去截然分开一样，"认知论—行动论"也只是两个理想类型，不仅关系紧密，而且也有互通之处。大多数环境社会学者的研究源自于对现实环境问题的关注，其内心深处是期望解决现实的环境问题，但在当代社会分工体系里，他们可能选择从事认知研究；也有相反的情况，从"环保斗士"走向环境问题的研究者。

　　2013 年第四届东亚环境社会学国际研讨会在河海大学举办。会议举办之前，笔者策划了"环境社会学是什么"的大型学术访谈，从那时起到本文完稿，共完成国内外 16 位环境社会学家和两位生态人类学家的访谈。此学术访谈主要从理解受访者当时所处的经济社会背景及学术发展脉络出发，理解研究者就其所专长的核心研究领域，帮助读者去理解环境社会学。通过与这些学者的对话，对环境社会学有更为深入的理解。借这次环境社会学访谈即将结束之际，尝试对环境社会学的"来龙去脉"给出一个新的理解。

　　本文先对环境社会学产生的经济社会背景和学术传统进行简要介绍。之后将沿着"是什么"、"为什么"以及"怎么办"的逻辑，分别就欧美、日韩及中国环境社会学产生与发展进行梳理。

环境社会学产生的背景

环境社会学的产生及其发展源于特定的时代背景和学术传统。

技术、经济与社会背景

1848 年，马克思和恩格斯在《共产党宣言》中写道，资产阶级在它不到一百年的时间里所创造的生产力，比过去一切世代创造的全部生产力还要多。各种技术、机器设备的应用，爆发出以前从未料想到生产力[1]。从马克思、恩格斯的《共产党宣言》出版到现在又将过去两个世纪。在这过去的三个世纪里，人类创造了无与伦比的物质财富和精神成就，同时使这个世界发生了亘古未有的根本性改变。

当今的技术条件使巨量的有害物质产生成为可能，打破地球业已形成的生态系统的平衡轻而易举。人类通过富集和迁移地球上业已存在的物质，如通过开矿而富集一些有毒有害物质（核能利用就是一个典型的例子），造成诸多环境风险。现代社会具备超强能力制造或合成新物质，这些新物质可能对人类是有害的，或者虽然在短时间里没有足够的证据表明是有害的，但事后发现对环境、对生态系统、对人类产生危害作用。比如，化学杀虫剂的生产、利用，方便了农业生产，在杀死害虫的同时也把害虫的天敌给消灭了，制造了"寂静的春天"[2]；农药残留通过食物链进入人体，造成健康损害。我们拥有的新科技和巨大的动力，可以轻而易举地把森林砍伐成为荒岭、把深海的鱼虾一网打尽。当然，技术仅仅是工具，并且具有双面性，即技术不仅可以影响环境、破坏环境，也可以成为保护环境的重要力量。

以资本主义为核心的现代经济体系的建立，以追求效率为核心目标，在最大限度地满足人类的欲望和需求的同时，产生了巨大的环境影响。现代经济体系把我们纷繁复杂的生产生活体系简约为生产—消费、投入—产

---

[1]　马克思、恩格斯：《马克思恩格斯选集》第 1 卷，人民出版社 1972 年版，第 228—286 页。

[2]　蕾切尔·卡逊：《寂静的春天》，吕瑞兰、李长生译，上海人民出版社 2008 年版。

出、利润、GDP、税收等等几个关键指标，而整个社会生活仿佛都是为了有限的这几个简约指标而奋斗。山脉、河流、草原、海洋的地理多样性、生物多样性，以及居住于此的人类的社会多样性、文化多样性，其存在也极大地被简约了。现代经济形塑了自然和社会。

社会文化系统相应地发生了巨大变化。试以和环境紧密关联的消费来说，一方面，消费提高了我们的生活质量；另一方面，过度消费也正成为环境灾难。作为经济的消费，它消耗了生产品，消费的跑步机和生产的跑步机共同建构了我们的环境问题；消费也日益成为文化，为消费而消费已成为某些群体的生存需要。甚至，消费主义成了时尚。以往的消费行为、消费观念的改变，致使环境问题的解决就远远不只是物质层面的事了。

批判、建设与反思的学术渊源

社会学的诸多流派，抑或社会科学乃至人文学科的诸多传统，对环境社会学的诞生和发展产生重要影响。这里择其要而述之。

马克思对于资本主义的批判最为彻底和深刻。今天，对现代社会的批判、抑或反思，马克思主义无疑是最主要的源头。事实上，今天意义上的全球生态危机是伴随着现代社会的诞生而产生的，并且与现代社会的经济社会体制纠缠盘错，成为现代性不可或缺的有机组成部分。在环境社会学领域，作为新马克思主义的生态马克思主义，就是以马克思主义为理论武器对环境问题进行批判的学术流派①。

与马克思主义的革命倾向不同，社会学总体上倾向于维护和改进现存社会。早期的社会学家，主要引导读者认识正在形成中的"现代社会"，所以，"传统"与"现代"成为他们主要的议题。到了"二战"后的美国，在帕森斯眼中，美国社会成为一个无比巨大也极其协调的巨系统，所以他为读者制造了一个完美的现代社会的理想类型；随后形成了批判或与帕森斯对话的众多学术流派。社会学总体上不属于革命派，而是属于保守的改良派，或用一个中性的词来说，是"建设派"。就此而言，无论是资

① 关于生态马克思主义，可参见约翰·贝米拉·福斯特：《生态危机与资本主义》，耿建新、宋兴无译，上海译文出版社 2006 年版。

产阶级的社会学家，还是社会主义的社会学家，都在积极地献计献策，改进、修正和维护着现存的社会。比如，"生态现代化"就是在新形势下的一个对现存制度加以维护、改良的学术流派①。耳熟能详的"可持续发展"理论是与生态现代化理论关系密切的。

与环境社会学关系极其密切的另一个重要学术渊源，是对现代社会进行反思的"后现代"思潮。"后现代"是一个争议的词，很多学者也不愿意被人归为"后现代"学者。但不管怎样，确实有那么一批学者是与传统意义上的现代论者不同。如果说，早期的社会学家主要关注从传统到现代的结构性转变以及由此产生的问题，或者对现代社会本身认识的重视，那么到了福柯时代，对现代性的反思则已成为"时尚"。福柯不像当年的马克思那样对当时的社会制度采取零容忍的、革命的态度，福柯的态度没有那么激烈、也没有那么绝对，却对现代制度中大家习以为常的、深层次的东西，给出剖析，让读者看到现代社会中的种种"病斑"，带着无奈去思索社会的种种问题②。现代环境问题，既可以以发展经济的名义"大红大黑"污染给你看，也可以以"随风潜入夜"这样不知不觉的方式与你的日常生活相伴而行。本质上看，现代环境问题是现代性的一个重要组成部分，而这恰恰是最需要我们反思的。环境社会学诸多的研究中，对现代性反思是极其重要特色。

欧美环境社会学的产生与发展

1978 年美国社会学家卡顿和邓拉普发表了《环境社会学：一个新的范式》的文章③。这篇论文对传统的社会学范式提出了挑战，同时也被认为是环境社会学形成的宣言。这无疑是正确的。但另一个不能忽视的事实

① 关于生态现代化理论，可参见 Arthur P. J. Mol and David A. Sonnenfeld. Ecological Modernisation Around the World：Perspectives and Critical Debates，London and Portland. Frank Cass & Co. Ltd. ，2000.

② 福柯的著作已翻译了多种，常见的如《规训与惩罚》、《疯癫与文明》、《词与物》、《知识考古学》、《性史》等。

③ William R. Catton，Jr. ，Riley E. Dunlap，Environmental Sociology：A New Paradigm，*The American Sociologist*，1978. Vol. 13 （February）：41－49.

是，如果没有相应众多学者在此方面的持续努力，按照库恩的科学革命的假设，如果没有在相同议题、相近的方法下聚集一批学者从事相近研究①的话，就不可能形成所谓的环境社会学这样一个新范式。事实上，与他们几乎是同时，除了美洲、欧洲的其他一些学者也在关注和从事环境社会学议题的研究。只不过，在欧洲学者没有以环境社会学的名义开展研究。

卡顿和邓拉普对传统社会学的"人类例外范式"（Human Exceptionalism Paradigm）进行了批判。卡顿和邓拉普认为，自孔德以来的社会学传统，不重视环境因素或生态因素，而过于强调人类的独特性和文化的重要性。不破不立，先破后立。在批判的基础上，他们提出了新的生态范式，即在社会学的研究中，要增加生态的维度。之后，邓拉普对新生态范式进行操作化，据此对居民的观念、行为进行测量以检验其假设。

总体看，美国的环境社会学强调科学认知，其中最有学术魅力的当数史奈伯格（Allan Schnaiberg）团队的生产跑步机理论（The production of Treadmill）。国内学者介绍史奈伯格团队的生产跑步机理论时，把它归为政治经济学理论，也有的把它归为新马克思主义。笔者认为生产跑步机理论的核心是理解环境问题产生的社会机制。史奈伯格把资本主义体制比作跑步机的运行状态②。生产跑步机一旦运行，就只能不断地生产。在不断加速生产的过程中，生产开发耗用大量的森林、矿产等原材料，导致环境污染和生态系统问题；生产过程产生大量废弃物，导致环境污染问题。要保持不断地生产，就必须维持不断地消费，否则生产难以维持，而过度消费也是环境问题重要来源。就整个体制而言，只有不断生产、不断消费，财政等等才能正常运作，社会才能正常运转，而在这样的运行状态下，环境问题根本无法避免。

如果说史奈伯格团队的跑步机理论主要从社会运行机制去解释环境问题，那么怀特的《我们生态危机的历史根源》则从文化层面探讨美国生态危机的社会历史根源。怀特认为，美国的生态危机根源于犹太—基督教

---

① 托马斯·库恩：《科学革命的结构》，金吾伦等译，北京大学出版社 2003 年版。

② A. Schnaiberg, D. N. Pellow & A. Weinberg, The Treadmill of Production and the Environmental State, In A. P. J. Mol & F. H. Buttel（Eds.）, the Environmental State Under Pressure, pp. 15－32. London：ElsevierNorth－Holland.

（Judeo – Christian）历史性宗教文化①。就此而言，怀特的观点不仅先于环境社会学的提出，而且也非常深刻。针对怀特的文章，蒙克里夫发表的争论文章认为，宗教传统只是产生生态危机的诸多因素之一。蒙克里夫认为伴随科技发展的资本主义和民主化，推动了城市化、财富增长、人口增加、资源的个人私有等一系列因素，导致了环境问题②。

我们注意到，无论是跑步机理论、还是生态危机的历史根源的追溯，都在尝试回答"为什么"，即试图解释环境问题形成的机制。这些理论分析无疑是非常深刻的，但这些理论很"灰"，让人看不到希望和出路。因为除非像美国这样的资本主义体制彻底终结，否则就没有出路，而这一点，至少在信奉资本主义的美国是不可能的。

欧洲的理论不仅提供认知，也在尝试寻找解决的办法。

德国学者乌尔里希·贝克风险社会的提出，给人以警示。贝克认为现代社会面临各种风险，是一个充满风险的社会。现代化过程中被释放出来的破坏力之多超出人的想象。如果说工业社会主要在分配财富，但在风险社会里，则在分配着污染。他认为，现代人类身处于充斥着组织化的不负责任的态度，风险制造者以总体的社会风险为代价来保护自己。西方的政治、经济、法律等制度设置卷入了风险的制造。贝克描述的现代社会是与以往社会的基本结构、社会关系等等不同的新型社会。贝克强调反思现代性以应对现代社会风险，他同时探讨了风险社会的治理机制问题。

摩尔等人的生态现代化理论（Ecological Modernization Theory）在解决环境问题等方面则更进一步，尝试通过对传统现代化的改造，而提供济世良方。生态现代化研究的核心是社会实践、体制规划、社会话语与政策话语中为保护社会生存基础而进行的环境改变。生态现代化关注的核心问题是通过社会体制的变化以解决环境问题，主要包括：科学技术作用的改变，即科学技术不仅导致环境问题的产生，它也可以在治理与预防环境问题时起作用；增强市场动力机制和经济团体的重要性，如增强生产者、消费者等在生态结构调整中的作用；民族国家的作用发生了变化，出现了更

---

① Lyn White，Jr，"The Historical Roots of Our Ecologic Crisis"，*Science*，Vol. 155，No. 3767，pp. 1203 – 1207.

② Lewis W. Moncrief， "The Cultural Basis for Our Environmental Crisis"，*Science*，Vol. 170，No. 3957，pp. 508 – 512.

灵活更有利于环境管控的治理；社会运动的地位、作用和意识形态发生改变，社会运动日益卷入公众与私人的环境改革的决策机制中；话语实践改变及新意识形态的产生，忽视环境利益不再有合法的位置。①

建构主义则提供了全新的认识环境问题的路径。这实际上体现了"后现代"社会与早期工业社会思路中的差异。我们通常所讨论的环境问题，比如水是否污染、雾霾是否严重，总是可以通过技术加以检验的。但现实的环境问题远比这复杂，比如"全球气候变化"这样一个需要长时段、大范围加以检验的环境议题，从其被议之时就争论不断。当下社会中，"风险"、"不确定性"等概念的广泛使用，除了说明环境问题的复杂，也反映了我们认知策略在某种意义上的转向。约翰·汉尼根以建构主义视角"建构"了环境社会学②。在建构主义与真实主义的论争中③，建构主义者强调："我们需要更加细致地考察社会的、政治的以及文化的过程……环境论争所反映的不只是某种确定性的缺乏，实际上也反映了'矛盾的确定性'……"④汉尼根以"全球气候变化"为例呈现建构主义者是如何回应"全球气候变化"的⑤。事实上，对环境问题的"真"、"假"不是建构主义者的兴趣所在，比之环境问题的"真"、"假"，他们更关心环境议题成为社会问题的过程及其建构策略。建构主义尝试开辟一条新的认识和分析环境问题的认知路径，但稍有不慎，建构主义就有可能会陷入到一种极端状态。所以，"与任何其他学科相比，在环境社会学中，社会建构主义既找到了较为肥沃的土壤，又遭到了更为猛烈的批评"⑥。但建构主义确实给环境社会学研究者提供了一种全新的视野和分析策略。

---

① Arthur P. J. Mol and David A. Sonnenfeld. Ecological Modernisation Around the World：Perspectives and Critical Debates［M］. London and Portland. Frank Cass & Co. Ltd.，2000：6－7.

② 约翰·汉尼根：《环境社会学》（第二版），洪大用等译，中国人民大学出版社 2009 年版，第 30 页。

③ 真实主义的英文原词是 realism，它在中文系统中也翻译成唯实论。所以从建构主义与真实主义的争论中，我们不难看到西方唯名论与唯实论之传统分野。

④ 约翰·汉尼根：《环境社会学》（第二版），洪大用等译，中国人民大学出版社 2009 年版，第 30 页。

⑤ 同上书，第 31 页。

⑥ 同上书，第 29 页。

日韩环境社会学的发展

日本从明治维新开始了现代化的历程，"二战"后现代化加速。在这样快速的、追赶型的现代化过程中，环境问题在短时间里集中地、高强度地暴露出来。日本环境社会学发展最直接的动因就是社会学家如何去应对日益严重的环境污染所致的社会问题。

日本环境社会学早期的研究呈现了大量"是什么"的研究主题。日本学者把日本环境社会学理论分为四个流派，如鸟越皓之称日本环境社会学有四个模式，分别是"受害结构论"（也称加害/被害论）、"受害圈、受苦圈论"、"生活环境主义"以及"社会两难论"。其中的"受害结构论"（也称加害/被害论）和"受害圈、受苦圈论"主要回答了环境问题及其社会影响，即"是什么"的话题，这从另一个角度反映了日本环境曾有的污染之惨烈，以及日本环境社会学家分析之细腻的特点。

水俣病是日本四大公害之首，水俣病的发生是人类的一大悲剧。被日本学界称为"日本环境社会学之母"的饭岛伸子在对水俣病等环境问题的研究中，提出"受害结构论"。"受害结构论"的意思是说，像水俣病一类的患者，他不仅受到医学层面的伤害，也会因为随着水俣病症状的出现而受到社会歧视，如遭到邻居的歧视[①]。源自环境污染的社会影响实际是一个系统的影响。水俣病这样的环境公害对人、对社会产生了不同层面的影响。水体有机汞污染首先表现在对作为生物体的人的生命的直接伤害。与此同时，水俣病对人体的精神健康产生影响。作为社会人，他不仅仅是一个生物体，还是社会中人，水俣病还会导致家庭方面的影响。家庭的劳动力因水俣病患者去世而对家庭成员产生伤害。大量水俣病患者的出现也对村落社区产生不良社会影响。因此，环境公害所产生的影响是对一个社会系统的影响。在饭岛伸子"受害结构论"中，不仅包含不同层面的影响，还指向了受害程度的深浅。比如水俣病对发生水俣病村落的影

---

① 参见鸟越皓之：《环境社会学——站在生活者的角度思考》，宋金文译，中国环境科学出版社2009年版，第48页。

响，可能使村庄变得萧条，但也有可能使村庄完全空壳化。①

　　另一个理论模式"受害圈、受苦圈论"与"受害结构论"在关注重心和研究路径上有一定的相似性。"受害圈、受苦圈论"与我们目前在项目社会评价中使用的"利益相关者"分析框架有一定相通性。由舩桥晴俊等人在对新干线公害研究中提炼形成的"受益圈、受苦圈论"，是指在新干线这样的项目中，形成不同的受益空间和受害空间②。就理论维度看，研究者主要关心的是环境问题所带来的社会影响，以及这些社会影响在不同空间、不同群体的分布状况。

　　与前述关注"是什么"及"为什么"不同，生活环境主义实际上在"为什么"和"怎么办"这两个维度前进了一步。生活环境主义是鸟越皓之等人在参与琵琶湖水环境问题研究及其治理过程中形成的理论。③ 鸟越皓之回忆，在 20 世纪 80 年代初琵琶湖的开发和环境保护中，有两种不同的观点。持"自然环境主义"观点的人认为，不经过任何改变的环境是最理想的自然环境。若推行自然环境主义，就可能会尽量不让人们生活、居住在森林、湖泊、河川的周边，类似美国国家公园的做法。但日本的琵琶湖四周居住着数百万人口④，通过避让自然的方式显然不合当地的实际情况。而持"近代技术主义"观点的人则认为技术的发展有利于修复遭到破坏的环境，通过建设废水处理厂、建筑水泥堤坝等工程手段可以解决环境问题。鸟越皓之等人则从当地人处理问题的思维方式中获得启示，通过尊重、挖掘并激活当地人的智慧去解决环境问题。生活环境主义的理论特色，既体现了日本社会学经验研究中擅长分析生活的特点，以及社会学、人类学研究方法应用的优势，同时，生活环境主义也体现了东亚传统文化特色。笔者在中国现实的环境治理实践研究中，也遇到类似生活环境主义的做法。

　　舩桥晴俊在 2013 年的谈话中，对日本环境社会学的理论进行了重新梳理。他认为日本的环境社会学理论可分为三大类，即"受害论"、"原

---

　　① 鸟越皓之：《环境社会学——站在生活者的角度思考》，宋金文译，中国环境科学出版社 2009 年版，第 99—100 页。

　　② 同上书，第 49 页。

　　③ 鸟越皓之：《日本的环境社会学与生活环境主义》，闫美芳译，《学海》2013 年第 3 期。

　　④ 同上。

因论·加害论"、"解决论"。

　　"受害是以怎样的方式出现？我们如何把握受害？这是受害论。受害产生的原因是什么？如果仅用'原因'一词稍稍呆板，因为实际的环境问题是有加害者存在的。因此，比起只用'原因'一词，我们还需要'加害'一词，即：'原因论·加害论'……在此之上，需要的是解决论，即分析、探讨怎样才能解决环境问题……这三者构成了'环境问题的社会学研究'的三大问题领域"①。

　　这一分类大致与本文所依的分析逻辑"是什么"、"为什么"及"怎么办"相一致。

　　舩桥晴俊还进一步提出了环境社会学理论的三个层面："中层理论"、"基础理论"、"原理论"。他认为日本的"受害结构论"、"受害圈、受苦圈论"和"生活环境主义"是"中层理论"，而他自己提出的"环境控制体系论"为基础理论。

　　在"环境控制体系论"中，他提出了环境演变的五个逻辑阶段，即前工业社会的原始阶段，工业经济系统中环境控制系统的四个干预阶段——对经济系统缺乏制约、对经济系统设定约束、环境保护内化为次级管理任务、环境保护内化为核心管理任务。如何促进向"环境保护内化为核心管理任务"的阶段演进呢？舩桥晴俊提出了提升干预的七种途径：环境运动对环境保护的压力，政府部门对环境保护的压力、环境税等经济诱因，环境保护与经济目标的耦合，环境保护作为价值理性在个人身上的内化，其他企业造成的环境保护的压力以及绿色消费运动产生的压力。②通观"环境控制体系论"，它对社会系统中环境演变划分为不同阶段并作了描述，并对转变力量给予分析，统摄了环境问题的产生、环境问题的产生原因以及环境问题的解决机制。

　　2011 年 3 月 11 日，日本东北部海域发生里氏 9.0 级地震并引发海啸，

---

　　① 参见收入本书的舩桥晴俊教授的访谈录《日本环境社会学的理论自觉与研究"内发性"》。

　　② 舩桥晴俊：《环境控制系统对经济系统的干预与环保集群》，程鹏立译，《学海》2010 年第 2 期。

造成重大人员伤亡和财产损失。地震造成日本福岛第一核电站发生核泄漏事故。福岛核泄漏事故源于"天灾"，也有很多"人祸"的成分。日本的环境社会学家如舡桥晴俊、长谷川公一、寺田良一等迅速行动起来。更多的研究还在进行中，从目前已呈现的研究看，他们关注社会运动以及无核社会走向，环境政策无疑是其关注重心①。

作为较晚发展起来的社会学分支，日本环境社会学是日本拥有会员最多、最活跃的社会学分支。鸟越皓之担任日本社会学学会会长之职，也能说明环境社会学分支的在学界的重要地位。日本环境社会学在关注本土现实问题、推动环境问题的解决及创设中层理论等诸多方面均有不俗的表现。

韩国地域小、人口相对较少，环境问题没有日本凸显。韩国环境社会学，既受西方的社会学传统影响，同时也受日本环境社会学研究的影响。韩国环境社会学主要集中于环境运动，与韩国的社会背景有很强的关联。朝鲜半岛的分裂，是"二战"后"冷战"的结果，是世界两大阵营在地缘政治格局中的具体表现。韩国外部的地缘格局，某种程度上会影响到国内的社会关系结构中。20世纪中叶以后，韩国内部的矛盾冲突表现得异常激烈，如作为外来的科技、民主与韩国的亚洲传统、本土文化以及地方力量的冲突。源于这样的社会背景，韩国的社会运动发育得非常充分，韩国的环境社会学也集中在环境运动方面。接受我们访谈的两位韩国教授，主要领域在环境运动。更为有趣的是，李时载教授一方面从事社会学的教学和研究，同时也是一个环保组织的负责人，兼做环境保护的实际事务。

环境社会学在中国

中国环境社会学的产生和发展，一方面源自于对本土环境问题的关切；另一方面，欧美和日本环境社会学的理论与研究方法对中国环境社会

---

① 参见长谷川公一：《福岛核灾难的教训：迈向无核社会》，《学海》2015年第4期；Koichi Hasegawa, Beyond Fukushima—Toward a Post - Nuclear Society, Welbourne：Trans Pacific Press, 2011.

学的发展也产生着重要的影响。

通过研读文献，笔者发现，在中国学者在接受、采用"环境社会学"之前，中国学者已经开始涉及"环境社会学"内容的研究。

费孝通致力于"富民"①的农村发展研究。1984 年在"边区开发"的背景下，费孝通在内蒙古赤峰地区进行调研。《赤峰篇》虽然通篇没有环境社会学的语词，但实际上已涉及环境社会学的诸多议题。他选择农区、半农半牧区和牧区三种类型，核心议题是农村发展，其中环境是农牧业发展的一个重要因素。由于外来人口进入牧区、人口增加、开垦加剧，引起森林砍伐、草场退化等一系列生态失衡问题。生态失衡引发农牧矛盾、在民族地区即为民族矛盾。② 费孝通大致勾勒出环境演变所致经济、社会问题的线索。他认为赤峰地区生态失衡的主要原因是"四滥"：滥砍、滥牧、滥垦和滥采。滥砍：森林砍伐量远大于生长量。滥牧：以牲畜存栏数来衡量牧业发展，草场载畜量超过承受能力，放牧过度，如翁牛特旗解放初为 15.6 万头，而到费孝通调查时已超过 80 万头。滥垦：开地垦荒，广种薄收，进入"越垦越穷、越穷越垦"的恶性循环。滥采：人多燃料不足，砍树刨根，乱挖乱采药材等。③

费孝通分析到，人是自然界生态系统的主要因素，既可以成为积极因素也可以成为消极的因素。传统的牧业经济是当地创造的一种生态系统，农业也是在平衡的生态系统中作业的。人口增加，加之靠天放牧和粗放农业结合在一起，环境问题由此产生。作为"志在富民"的探索者，费孝通在有限的时间里探索了赤峰地区正在进行中的环境治理方式。如恢复植被，防风固沙；建设水、草、林、机四配套的基本草场；改善水利，农牧结合，从靠天养畜到建设养畜转变；退农还牧；智力扩散、科技传播；等等④。

费孝通北京大学的学术团队，后续在边区开发的主题下开展了大量有关草原生态系统与经济社会变迁的研究。虽然主要从农牧民的生活、生产等基本方面调查入手，但草原的过牧及沙化实际上由来已久，因此环境问

① 费孝通：《费孝通文集》（第十二卷），群言出版社 1999 年版，第 185—193 页。
② 费孝通：《费孝通文集》（第九卷），群言出版社 1999 年版，第 496 页。
③ 同上书，第 496—497 页。
④ 同上书，第 499—513 页。

题也是该团队研究的重要维度。1995 年潘乃谷、周星编辑出版《多民族地区：资源、贫困与发展》一书，有多位学者参与了涉及民族地区的环境与社会发展的研究①。费孝通团队早期的环境研究有如下特点：（1）从中国本土的实际出发，研究现实问题；（2）以发展研究为主轴，将环境问题作为发展的影响因素，或发展的后果，探讨环境与发展的关系；（3）有较为明确的政策导向或应用目标。

1998 年，马戎发表了《必须重视环境社会学——谈社会学在环境科学中的应用》，从经验研究提升到自觉的环境社会学学科意识。他认为，应提倡自然科学与社会科学结合的环境研究，社会学作为研究人类社会及其活动的一门学科，在未来的研究中应发挥重要作用。他还对环境社会学的研究内容作了基本框定：（1）传统文化习俗、社区行为规范对环境的影响；（2）生产力水平的提高、生产规模的扩大、生产组织形式和生活方式的改变对环境的影响；（3）社会体制变迁、政府政策和法规对环境的影响。②

同为费孝通团队早期成员，麻国庆较早地关注了环境与文化的关系。麻国庆认为生态问题是特殊的社会问题，必须把它置于社会结构中予以把握。牧民的游牧方式是有利于草场保护的③，宗教信仰孕育了一种生态哲学，在一定程度上维持了自然的平衡④。麻国庆认为，游牧和农耕是两种不同的生产方式，所依据的生态系统也不同。前者具有非常精巧的平衡；而后者则为一种稳定的平衡。在内蒙古草原，水、草"公地悲剧"的产生，除自然因素外，主要是以农耕方式对草原的开发形成的，包括人口的大量增长、居住格局与放牧点的变化，等等⑤。

费孝通团队另一位早期成员包智明，则从环境与移民关系进行研究。生态移民是因环境问题，或因保护环境的需要而引发的人口迁移现象。包

---

① 潘乃谷、周星：《多民族地区：资源、贫困与发展》，天津人民出版社 1995 年版。

② 马戎：《必须重视环境社会学——谈社会学在环境科学中的应用》，《北京大学学报》（哲学社会科学版）1984 年第 3 期。

③ 麻国庆：《环境研究的社会文化观》，《社会学研究》1993 年第 5 期。

④ 麻国庆：《草原生态与蒙古族的民间环境知识》，《内蒙古社会科学》（汉文版）2000 年第 1 期。

⑤ 麻国庆：《"公"的水与"私"的水——游牧和传统农耕蒙古族"水"的利用与地域社会》，《开放时代》2005 年第 1 期。

智明对因环境而致的人口迁移进行翔实的分类。他认为生态移民的一项基本原则是既要考虑保护和恢复迁出地恶化的生态环境，也要考虑不会对迁入地造成新的生态环境问题。① 在包智明、荀丽丽进行的一项案例研究中，发现在自上而下的生态治理脉络中，地方政府集"代理型政权经营者"与"谋利型政权经营者"于一身的"双重角色"，使环境保护目标的实现充满了不确定性。②

王晓毅与费的团队没有直接的学缘关系，但他的研究仍然可以视为这一流派的继续。王晓毅草原环境研究的推进，很大程度上得益于方法论探索。经历了体制的演变、政策的干预，草原问题并没有如预期那样得到有效解决。与此同时，因为已有众多政策干预，草原治理变得更为困难。标准化、可操作化和统一的政策如何去适应事实上极具个性的牧业生产实际呢？政策的实施、问题的解决，首先需要对生产、生活与环境纠结在一起的难缠的草原问题有所认识。王晓毅在研究探索中强调整体地和历史地去研究环境问题背后"难缠"的社会因素。调查的过程是一个浮现的过程，每个村庄都会有一些特殊的额外难题浮现出来③。没有沿用通常所遵循的方法，研究方法随着研究对象和研究主题的需要而不断地变化，这或许是对业已陷入僵局的草原政策和草原环境认知的一种突破。

与前述内蒙古草原研究相似的另一批学者，在民族学或人类学的学科名义下，从事民族地区的生态与文化关联的研究。他们自认为其所从事的是生态人类学或民族学研究，但笔者认为，此类生态人类学的研究与环境社会学的研究有许多相通之处。如较为典型的有尹绍亭对云南山地民族"刀耕火种"的研究。通常把刀耕火种视为"原始陋习"，或认为是少数民族的"原始农业"、"原始社会生产力"，也有把"刀耕火种"视为破

---

① 参见包智明：《关于生态移民的定义、分类及若干问题》，《中央民族大学学报》2006年第1期；包智明、任国英主编：《内蒙古生态移民研究》，社会科学文献出版社，中央民族大学出版社2011年版。

② 荀丽丽、包智明：《政府动员型环境政策及其地方实践——关于内蒙古S旗生态移民的社会学分析》，《中国社会科学》2007年第5期。

③ 参见收入本书的王晓毅访谈录：《"社会"如何呈现：兼谈环境社会学的方法论》；王晓毅：《环境压力下的草原社区——内蒙古六个嘎查村的调查》，社会科学文献出版社2009年版。

坏环境的罪魁祸首。[①] 但通过民族学者深入村寨详细调研发现，"刀耕火种"是在特定的自然地理环境条件下采用的较为合理有效的生产方式。无论砍伐还是烧荒，都是有限度、有规则的；种几年换地方的游耕生产方式，是为了更好地与当地的环境相适应，而不是简单地烧荒破坏。"刀耕火种"是集农耕、采集和狩猎为一体的适应系统；它不仅涉及生产知识和技术，还涉及制度文化及精神文化，是一个多层次的文化适应系统；"刀耕火种"还是一个动态的生态文化系统[②]。生态人类学在理解和挖掘地域生态智慧方面做了大量有益的学术工作。其他学者如杨庭硕、罗康隆对西南民族地区的研究，崔延虎对新疆绿洲的研究等，对我们如何准确地理解国内环境与社会的关系——无论是区域性的还是整体性的——都有重要的启发价值。

郑杭生在 20 世纪 80 年代中期提出社会学是关于社会良性运行与协调发展的条件与机制的综合性具体社会科学，被称为中国社会学的运行学派。在随后的研究中把人口与环境视为社会运行的两个基础条件[③]。他在 1987 年出版的《社会学概论新编》中，把"生态环境问题"和"人口问题"列为两个主要的社会问题[④]，开了社会学教科书把环境问题作为社会问题研究的先河。

洪大用师承郑杭生，用中国社会转型来解释环境问题的产生。洪大用认为当代社会结构转型，即工业化、城市化、区域分化加剧了环境问题的产生；当代社会体制转轨，即从计划到市场的双重失灵、放权让利与协调以及城乡控制体系与环境问题的形成；此外，他还从当代价值观念变化，即道德滑坡、消费主义、行为短期化、流动变化等方面阐述与环境问题的关系。郑杭生认为，"关注特定社会结构与过程对于环境状况的影响，可以说是侧重探讨了环境与社会关系的另一面，这就丰富了社会运行论的内涵"[⑤]。

---

① 参见尹绍亭：《远去的山火——人类学视野中的刀耕火种》，云南人民出版社 2008 年版，第 14—15 页。

② 同上书，第 19—20 页。

③ 郑杭生：《一个大有希望的领域》，载洪大用：《社会变迁与环境问题——当代中国环境问题的社会学阐释》，首都师范大学出版社 2001 年版，第 3 页。

④ 郑杭生：《社会学概论新编》，中国人民大学出版社 1987 年版，第 370—407 页。

⑤ 郑杭生：《一个大有希望的领域》，载洪大用：《社会变迁与环境问题——当代中国环境问题的社会学阐释》，首都师范大学出版社 2001 年版，第 3 页。

洪大用还从宏观上分析了社会转型为改进和加强环境保护提供了新的可能。他认为通过组织创新，即通过完善组织创新的社会条件，培育社会事业领域的"企业家"①，形成有利于环境保护和可持续发展的机制。

在经验研究层面，洪大用关注环境测量，特别是环境意识、环境关心的测量。通过大量的问卷调查，对公众的环境关心与性别②、年龄的关系，还对个人层次和城市层次进行多层次分析③等。当然，洪大用作为中国社会学会环境社会学专业委员会的领头人，在推动环境社会学学会制度化建设方面发挥重要作用，使环境社会学在学科意识、学术规范、学术交流机制等等都取得长足的发展。

在解释中国的环境问题为什么会如此严重时，张玉林也尝试从体制的角度加以解释。与洪大用一般性的转型理论不同，他提出的"政经一体化开发机制"更能体现中国社会自身的特征。张玉林认为，中国农村的环境迅速恶化，环境污染引发的冲突不断加剧。除了普遍的工业化导致污染加剧外，中国的政经一体化开发机制对环境有独特的影响。在经济增长为主要考核指标的压力型政治/行政制度下，地方官员优选 GDP 和税收，使其与企业家结成利益共同体，从而导致严重的污染问题。④ 他从体制特色解释了环境问题的发生机制。

与《赤峰篇》发表的同一年，费孝通针对南方的环境问题发表《及早重视小城镇的环境污染问题》。费孝通就吴江震泽的情况提出乡镇（社队）工业发展及小城镇发展中的环境问题。他分析了产生环境问题的基本原因，如工厂在居民区中造成的空气污染、噪声问题，工厂建设时没有相应的处理设施造成的水污染问题，大中城市随工业扩散而扩散污染的问题。他认为，要像大中城市一样管理好小城镇的环境，要解决好大中城市扩散污染的问题，要解决好条块分割的问题。事实上，他已敏锐地意识到

　　① 洪大用：《社会变迁与环境问题——当代中国环境问题的社会学阐释》，首都师范大学出版社 2001 年版，第 265—272 页。

　　② 洪大用、肖晨阳：《环境关心的性别差异分析》，《社会学研究》2007 年第 1 期。

　　③ 洪大用、卢春天：《公众环境关心的多层分析——基于中国 CGSS2003 的数据应用》，《社会学研究》2011 年第 6 期。

　　④ 张玉林：《政经一体化开发机制与中国农村的环境冲突》，《探索与争鸣》2006 年第 5 期。

体制机制原因①。但综观费孝通的研究，对民族地区环境与发展的关系关注较多，对东南沿海地区发展与环境的关系关注明显不够。以至于有学者认为费孝通未能重视环境问题，或许也与他过分执着于发展或"致富"有关。②

　　陈阿江在20世纪90年代中期在对苏南乡镇工业和小城镇发展研究时，发现日渐严重的水污染问题并尝试从社会学角度加以解释。他把当地居民在传统时期的生产生活与当时的生产方式进行了比较，试图解释为什么太湖流域在数千年的历史时期能够维持生态平衡，而工业化以后的短短十余年时间被迅速污染③。之后，他继续探究太湖流域日趋严重的水污染问题。他尝试以利益相关者角度进行横向的社会结构、社会关系的分析，提出了"从外源污染到内生污染"、"文本法与实践法相分离"等有针对性的本土解释，从历时的维度分析中国环境问题的社会历史根源。他认为中国传统重视人口增殖，庞大的人口基数是后续环境问题的潜在根源；中国进入近代以来在追赶型现代化的道路上屡欲"跃进"，一脉相承地呈现社会性焦虑，他称之为"次生焦虑"④。在社会性焦虑的经济发展中，环境问题被忽视是势所必然的。

　　陈阿江的研究从关注发展开始，尝试解释发展中的环境问题形成机制，进而尝试探讨生态转型的研究。他就人水关系提出了两个可操作化的理想类型："人水不谐"和"人水和谐"⑤。"人水不谐"着重探讨的是环境问题产生以后所造成的健康、经济和社会影响。以环境影响健康为话题的"癌症村"研究是其团队的代表作，呈现以环境—健康为话语的纷繁复杂的社会建构⑥。"人水和谐"类型则侧重于生态转型研究，认为"生态精英"及"生态利益自觉"意识在早期的生态建设中起着十分重要

　　①　费孝通：《费孝通文集》（第九卷），群言出版社1999年版，第257—265页。

　　②　张玉林：《是什么遮蔽了费孝通的眼睛？——农村环境问题为何被中国学界忽视》，《绿叶》2010年第5期。

　　③　参见陈阿江：《制度创新与区域发展》，中国言实出版社2000年版，第46—68页，第228—256页。

　　④　陈阿江：《次生焦虑——太湖流域水污染的社会解读》（重印本），中国社会科学出版社2012年版，第1—17页。

　　⑤　陈阿江：《论人水和谐》，《河海大学学报》（哲学社会科学版）2008年第4期。

　　⑥　参见陈阿江等：《"癌症村"调查》，中国社会科学出版社2013年版。

的作用①。其团队成员陈涛的关于安徽当涂水产业养殖生态转型的案例则提供了详细的分析。②

结　语

在 20 世纪 70 年代世界范围内环境污染、生态危机达到顶点，环境社会学（包括环境社会科学）在此背景下应运而生。从地区和国别看，环境社会学基本产生于环境危机时期，它是基于现实而欲改变现实，具有一定的历史必然性。

通过对欧美和东亚环境社会学发生发展的历时性梳理，可以发现下述的基本趋势或特点。环境社会学发轫于生态危机时期，研究者大多从环境问题切入。但作为社会问题的环境问题不是简单地从技术角度研究污染物，而是与经济社会体制和文化系统紧密关联，随着研究的深入，转向自然与社会（人）关系，呈现综合性的、系统性的特点。从认知路径上看，环境社会学早期富于魅力的研究主要在告诉读者"是什么"（如日本早期公害的研究）及"为什么"（如生产跑步机理论）。随着时间的推移，如何解决环境问题则变得日益迫切，所以从理论上探讨环境问题的出路成为重要的发展趋势。如舩桥晴俊研究轨迹可见一斑：他早期专注于公害问题的研究，后期对环境运动、对社会的整体性可持续发展基础理论建构倾注了更多的精力。

如果上述对环境社会学发展趋势的研判是合适的，那么环境社会学未来发展的"怎么办"可能成为重要的研究点。从个体的改变，到 NGO，到有组织的环境运动，再到政府的政策法规的改进，等等，环境社会学不是说一定要参与具体的行动，而是在"怎么办"这一宏大的实践上提供学理基础。

中国政府已将生态与经济、政治、社会、文化放在一起五位一体地、系统地推动新体制的建设。虽然业已积累的环境问题，非一朝一夕可以解决；身处世界经济体系中，仍然有许多难以克服的矛盾。但它无疑为公众

① 陈阿江：《再论人水和谐》，《江苏社会科学》2009 年第 4 期。
② 陈涛：《产业转型的社会逻辑》，社会科学文献出版社 2014 年版。

树起了一个清晰的、可以向其努力奋斗的目标。环境社会学可以在此贡献有价值的学理洞见。

　　在走向未来的时候，传统仍然是我们不可抛舍的重要精神财富。在人类漫长的历史时期里，我们曾经长期生活在人与自然相对和谐的系统中。在其中，我们实践着并积累起许多卓有成效的解决人与自然矛盾的规则和理念，这些生态智慧无疑可以为我们走向未来的实践加以利用和发扬光大的。日本环境社会学的"生活环境主义"从民间地域传统中汲取智慧进而改变政策设置，可谓成功案例。中国有丰富传统生态智慧可资借鉴，如道家、佛教的思想，传统农业中的物质循环的实践，传统生活方式中的节俭理念及其不浪费、循环再用的实践，均可为环境社会学研究提供灵感、启示及政策推进的参考系。

环境社会学的诞生:环境变迁与学科发展的关系

——莱利·邓拉普(Riley E. Dunlap)教授访谈录[①]

【导读】 环境社会学从诞生到发展至今,已经有 30 余年的历史。作为环境社会学创始人之一的邓拉普教授,从环境变迁与学科发展的角度重新解读了环境社会学诞生和成长的曲折历程。美国环境社会学在发展过程中经历了几个重要时间节点:(1) 1973 年至 1974 年的能源危机,引发各学科对资源环境问题的关注,早期环境社会学以研究资源短缺为重点,同时开始关注区域性环境污染问题;(2) 1981 年至 1989 年里根执政期,社会思潮转向,环境意识淡化,环境社会学步入低潮;(3) 1992 年 "21 世纪议程" 后重提可持续发展,环境社会学步入稳定发展期,以研究生态环境变量与社会运动、公众态度、阶层、种族、社会政策等的关系为主要内容。进入 21 世纪后,环境社会学开始走向国际化,理论视角和研究方法上出现 "三足鼎立" 的发展格局:(1) 以美国为代表的 "物质主义" 环境社会学,强调用定量研究方法研究生态环境变量与社会现象之间的关系,反对 "人类豁免主义" 范式 (HEP),推崇新生态学范式 (NEP);(2) 以欧洲为代表的 "非物质主义" 环境社会学,注重话语分析和定性研究方法,强调环境议题的 "不可知论" 和 "社会建构论";(3) 以

---

① 2013 年 11 月第 4 届东亚环境社会学国际研讨会结束后刘丹博士开始着手邓拉普教授的笔谈。2014 年 5 月完成笔谈一稿,2014 年 8 月参加在旧金山举办的美国社会学会年会,期间与邓拉普教授进一步磋商文稿细节,2014 年 10 月完成笔谈二稿,2014 年 12 月完成全部修订工作。邓拉普教授的学生,时美利坚大学 (华盛顿特区) 肖晨阳博士对中文二校给予了支持和帮助,在此表示谢意。本访谈录由刘丹整理并翻译,仲秋协助完成,英文稿经邓拉普教授最后审订。

东亚国家为代表的"本土主义"环境社会学，注重用本土方法和文化传统去研究环境议题。对于环境议题的解决方案，邓拉普强调需要加强欧美、东亚等国环境社会学的综合性发展，同时，对生态现代化持谨慎怀疑的态度，认为一味依赖生态技术手段，可能会重新倒退到"人类豁免主义"的范式思维之中。另外，他还梳理了环境社会学研究中最常用到的 POET、IPAT 和 STIRPAT 三种生态分析框架，认为STIRPAT 模型是运用生态框架进行环境社会学研究的最经典范例，同时认为环境社会学中业已存在非常成熟和强大的生态学视角，故没有必要再去建立"生态社会学"这样的新学科。

环境社会学产生的背景

刘丹（以下简称刘）：邓拉普教授，您好！首先，想请您谈一下环境社会学刚提出时美国国内及国外的资源、环境状况是怎样的？

莱利·邓拉普（以下简称邓拉普）：我第一次看到"环境社会学"这个词大概在 1974 年，那时的美国正经历着由中东战争引发的石油短缺问题，以及由此产生的其他严重问题。1972 年《增长的限度》一书的出版，引起了全社会对有限自然资源的极大关注，这也对早期环境社会学产生了主要影响。事实上，这些影响也体现在我跟卡顿的早期研究中，我们当时强调："生态限度"的时代即将来临，其潜在的社会影响也会随之出现。

随着时间的推移，我发现革新的技术提供了持续（或许是暂时）的资源供给，比如石油，但是经常会以巨大的环境成本为代价。这让我对"生态限度"有了更深入的思考。这种认识基于我跟卡顿提出的"环境的三种功能"，即任何环境（从区域生态系统上至全球生态系统）都必须提供"资源供给站"，或自然资源的来源，"废物存储库"或"水槽"来吸收污染排放物，以及人类和其他物种所必需的"生活空间"（Dunlap and Catton，2002）。当人类过度使用这三种具有竞争关系的功能，生态限度就会随之产生。我觉得在全球层面上最为迫切的问题是人类对环境的使用超出了"废物存储库"的限度，而非自然资源的消耗殆尽。举个例子来说，我们看到全球气候变暖，其实源于矿物燃料燃烧产生的废气超出了大气可以吸收的载荷；同样，航运水道及海洋环境的恶化也是由于废物排放超出了海洋自我净化和恢复的能力；等等。

因此，即便我们在不久的将来可能不会耗尽所有的石油，但我确信已有证据表明，特别是在全球层面上，人类的"生态足迹"已经过大，生态限度的结果正在显现。"竞争性功能"这个概念也有助于我们理解较小范围的空气污染和水污染问题，这也是 20 世纪 70 年代出现的另外一个重要问题，之所以成为问题是因为它们对"居住空间"产生了消极的影响。我知道这在中国的一些主要城市尤为明显，那里糟糕的空气质量造成居住空间的不健康，一些农村地区工厂的污染物排放破坏了当地居民、农民的饮用水安全和正常供给。

总之，从 20 世纪 70 年代早期开始，一个最大的变化就是我们开始注意到各种环境问题之间的相互关联，以及它们如何从局部性的水污染发展到区域性的空气污染再发展到诸如气候变迁、森林退化和海洋酸化等全球性环境问题。

刘：那么，您能再给我们介绍一下 20 世纪 70 年代环境社会学刚出现时的社会背景吗？

邓拉普：1970 年的第一个"地球日"被认为是现代环境运动（从旧有的自然保护运动演化而来）的诞生日，它在促使社会学开始关注环境议题方面扮演了关键角色。早期环境行动主义者还有 Rachel Carson、Paul Ehrlich 及 Barry Commoner 等先锋环境科学家很成功地使"环境质量"成为了一个主要社会问题而为人所知。地球日的成功源自传统自然保护组织如塞拉俱乐部和之后比较新的环境组织如自然资源保护委员会的有效联合，充分利用学生、市民的力量来制造一个规模宏大的社会运动。其他社会运动如市民权利运动、反越战运动及学生权利运动等所激发出来的强大力量都对地球日的成功起到一定帮助作用。当年美国境内参与第一个"地球日"的人数在 2000 万左右，作为运动的一个重要成果，环境质量作为一个主要问题开始正式提上公共议程。

当时，为数不多的社会学家通过研究公众态度、环境行动主义者和环境组织、政府政策等对这一运动作出回应，其中一些学者很快退出了这一领域而转向其他领域的研究。但是包括我在内的几个志同道合的学者一直执着于环境议题的研究，兴趣愈加浓厚，并将毕生的经历和事业都投入到这一研究领域之中。我有一篇跟卡顿合作的文章回顾了这些早期的研究以及这些研究是如何演化成环境社会学的（Dunlap and Catton, 1979）。

刘：20 世纪 70 年代初环境议题的跨学科研究状况如何呢？

邓拉普：在 20 世纪 70 年代早期关于环境议题的跨学科研究非常少，特别是社会科学，因为研究者刚进入这一领域，都试图运用本学科的视角来研究环境议题。当时在大学中也只有很少一些跨学科的环境研究或环境科学专业，不过在 20 世纪 70 年代后期有了快速和长足的发展。

刘：您能谈一下您之前的研究背景吗？您是怎样开始涉足环境议题研究的？您早期的研究背景和您后来的环境社会学研究之间是否存在某种内在的关联？

邓拉普：我有两篇文章比较详细地介绍了我当初是怎样对环境议题产生兴趣并开始致力于环境议题研究的（Dunlap, 2002a；2008b），我在这里就简要说一下。1967 年我怀着对政治社会学、社会运动及研究方法的浓厚兴趣进入俄勒冈大学研究生院，希望能致力于这些领域的研究，我的硕士论文是研究学生政治行动主义者，研究学生如何争取成为民主社会（SDS）的成员。1969 年在俄勒冈地区的尤金市发生了一起严重的环境事件，当地种植草种的农民们在收割结束后通过焚烧来清理田地，由于尤金处于山谷地带，结果造成非常严重的空气污染。关于这一问题的争论引起了我对环境问题的兴趣，于是我就跟我的老师说我想做一个相关研究。这事之后没多久，也是机缘巧合，俄勒冈学生开始组织动员参加 1970 年 4 月 22 日的第一个"地球日"，我当时突发灵感，为什么不可以把学生反战行动主义者和学生生态行动主义者做个比较研究呢？这应该非常有意思。于是我就跟一个叫 Gale 的老师一起合作了这个小课题，之后还发表了几篇相关论文（Dunlap and Gale, 1972）。

也正是因为这个研究背景，我最初的环境研究都是从社会运动的视角出发的。这也让我很快意识到环境议题非常重要，环境问题的解决也并非易事，于是我开始持续关注这一研究领域。我的博士研究论文就是关于俄勒冈州立法机构环保措施的票选研究，我还比较了共和党立法者和民主党立法者不同的票选记录，这也反映了我当时对政治社会学的研究兴趣依然浓厚（Dunlap and Gale, 1974）。

刘：作为一个社会学家，您是怎么想到把"人与环境的关系"作为您的研究主题的呢？

邓拉普：1971 年秋当我开始申请教师职位的时候，我决心继续从事我的环境议题和环境问题的研究，但是我依然视自己为政治社会学者和社会运动研究专家，因为当时还没有"环境社会学"之说。我在自己的简历上将"人（man）与环境的关系"列为一个专业领域以表达自己的研究意趣，这个术语被当时热衷于环境议题研究的社会科学家广为使用，我也就这么用了。那时恰逢女性（或女权主义）运动在美国刚刚兴起，我很快意识到"男人（Man）与环境的关系"带有性别歧视的意味，并不合适，之后就不再提了，不过在 1971 年它确实是对我研究兴趣的最为合适的描述。

刘：您已经提到很多，不过还是希望您能从个人经历角度来谈一谈您为什么会想到要建立环境社会学这门新学科？

邓拉普：关于为什么会建立这门新学科，详细的答案可以参见我早先提到的两篇文章（Dunlap，2002a；2008），我在这里简要谈一下。1972 年秋我受聘于华盛顿州立大学成为一名教员，起初我接受了人文科学学院社会学系的职位，但是几个月后我又获得了农学院农村社会学系一个兼职的研究性质的职位，我最终还是选择了后者，因为这意味着我可以较少从事教学工作，而有大量时间从事研究工作。显然，农村社会学系也希望我能致力于环境议题的研究，这也自然激励我更加投入到环境研究工作中，主要涉及公众态度调查或行动主义者研究。另外，通过阅读生态学者的著作也帮助我认识到环境问题研究极为重要，环境问题难以解决并会一直在我们身边存在。

这些经历都让我愈加觉得把环境议题作为我的主要研究方向非常适合，尽管一些同事曾经告诫我环境议题可能只是一个暂时性的议题，就如同社会运动一样，不可能长久。幸运的是，我当时相当自信地认为他们是错的。事实上，直到 1975 年我经历了一个个人的"范式转换"（相对于学科的范式转换而言）的过程，开始通过生态视角来观察世界，也让我深刻体会到自然的内在价值以及人类对它的依赖。这种视角与我年轻时经由社会化形成的视角完全不同，那时认为自然是人类有权开发的永无止境的资源。

　　另外，我在华盛顿州立大学的第二年，卡顿也加入到了社会学系，我们俩开始探讨共同感兴趣的环境议题。事实上，卡顿当时已经是非常有名的社会学家，而且还是我们系聘来的资深教授，他的加入让我更加自信选择环境研究是正确的。

　　基于这些，当我第一次听到"环境社会学"这个术语的时候，我知道这就是我想要的，"（男）人与环境"这个有性别歧视意义的标签从此可以不再用了。问题是"环境社会学"这个领域根本就不存在，没有人知道它究竟应该是什么样子。不过，我当时认为这个领域除了研究环境议题的公众态度、作为一种社会运动的环境主义，从社会学的视角如社会心理学、社会运动等来展开研究外，还应该涉及更多的内容。

　　我问我自己，如何才能形成社会学研究的一个专业领域，就好比政治社会学，有其独特的专业特征？我认识到定义一门社会学专业是从它所研究的社会现象入手的。在过去，经验研究者们通常把这样的现象称为"变量"，研究致力于考察自变量对因变量产生的影响。举个例子来说，在政治社会学研究中，需要把政治理念作为自变量，政治行为主义作为因变量，在个人层面和政治体系层面，比如是两党制还是多党议事制，来考察二者之间的作用关系。同样地，在国家层面，考察政府的有效性问题。

　　我清晰地认识到，如果环境社会学要成为一个独特的学科领域，它就需要涉及"环境变量"的研究。换句话说，它就需要考察诸如能源短缺会对社会产生怎样的影响这样的问题，比如在不同社会阶层会产生怎样不平等的影响，抑或社会不平等如何影响环境危害的分担问题等。从根本上讲，就是需要把生物物理环境作为"变量"引入到社会学的分析当中。

　　将环境社会学定义为"社会与环境的相互作用"或"相关性"，也带来了一些问题。首先，可以用于社会学分析的环境变量的数据来源非常少；其次，主流社会学家，至少是20世纪70年代以前的社会学家大多认为在研究社会生活中考虑物理环境现象并不合适。尽管如此，我跟卡顿在几年之后仍然依照初衷定义了这门学科。

　　刘：您当初建立环境社会学这门学科时遇到的最大的困难是什么？您是怎样克服的？

　　邓拉普：正如我之前提到的，把环境社会学定义为研究社会和环境相互作用的学科意味着我们需要将生物物理环境作为研究变量。但我很快发现这与社会学学术传统和当前研究实践相违背。当年迪尔凯姆在确立社会学独特学科地位的时候就强调了用社会现象来解释社会现象的重要性，其中并不涉及心理的、生物的或物理的因素。尽管迪尔凯姆后来违背了自己的"反还原主义"的原则，但是长期以来社会学家都把他对社会学的定义视为戒律。如果一个学者试图说明生物因素或地理因素对人类行为和社会生活会产生影响，就很容易被归为生物决定论者或环境决定论者的行列（Catton and Dunlap，1980）。

社会学家不希望用一个国家的地理位置来解释文化差异是可以理解的，一个世纪以前，一些地理学家说欧洲文化和北美文化要比非洲文化先进，因为欧洲和北美的地理气候条件更好。同样地，社会学家不希望用男人与女人之间的生理差异来解释性别角色的差异。不过到 20 世纪 70 年代之前，美国社会学家对迪尔凯姆的反还原主义原则的遵从其实转变成了"社会文化决定论"，拒绝承认自然资源短缺或空气、水污染的社会相关性（Catton and Dunlap，1983）。

所以当我跟卡顿决定定义"环境社会学"这门学科的时候，我们意识到需要克服对"环境决定论"的恐惧，这也让我们重新审视社会学传统，我们发现社会学家不仅极力避免考察生物物理环境，而且仅仅视物理环境为社会生活不变的基础。事实上，社会学中讲的"环境"只指"社会环境"，比如供个人或组织学习的文化或群体环境，很少涉及生物物理环境（Dunlap and Catton，1979）。

我们继续研究当代主流社会学，发现它开始宣扬西方先进国家的世界观，这种观点视资源丰富、技术先进、经济增长和这样的"进步"为理所当然。事实上，20 世纪 70 年代的社会学家倾向于认为科学知识、技术进步和社会组织（如劳动分工）已经使人类从对生物物理环境的依存中解放出来，人类社会可以无限地增长和繁荣下去。我们将这一视角贴上了"人类豁免主义范式"的标签，也就是 HEP，即认为人类社会可以从生态限制中豁免出来的观点。

我和卡顿当然认为在这样一个资源短缺和污染严重的时代，HEP 显然已经过时了，它需要被新的范式，也就是我们提出的"新生态学范式"或 NEP 所取代。这一观点认为现代人类社会不可避免地根植于并依赖于生态体系（Catton and Dunlap，1978；1980）。

我们对"环境社会学"的定义，也就是研究社会和环境相互作用的学科，在当时很容易得到认同，不过关于范式转换的呼吁遭遇到了一些反对的声音（Dunlap，2002b）。不过幸运的是，有越来越多的人开始认识到人类活动改变了全球生态系统，像全球气候变迁这样的问题已经对人类社会生活产生了影响，HEP似乎已经过时了，有越来越多的学者开始支持NEP了。现在有大量的研究开始构建一些新的理论视角，不再假设人类社会可以逃脱自然的限制，我的一个同事将之称为"后豁免主义"理论，这些新的理论视角多少都是基于NEP的基础上提出的，这让我感到非常欣慰。

美国环境社会学发展简史

刘：您能简要介绍一下美国环境社会学的发展史吗？

邓拉普：尽管社会学的学科传统不主张在社会学分析中运用生物物理条件，但是由于20世纪70年代的环境问题就摆在人们眼前，所以成立相关机构从事环境议题的社会学研究也就不算难事。我在大学任教没多久，应该是1973年，就开始在社会问题研究学会（SSSP）发起组建环境问题研究分会，SSSP是由对研究社会问题感兴趣的社会学家组成的全国性组织，这个组织也是权威学术刊物《社会问题》的出版者。第二年环境问题研究分会正式成立，我当时预想这个分会不仅会吸引一小批对环境议题（如环境态度和观念、环境运动、环境政治等）有研究的社会学家，还会吸引一些其他领域的社会科学家。在接下来的几年时间里，我们在SSSP会议上举行过多次反响良好的讲习会，而且这些讲习会与美国社会学联合会（ASA）的年会总在同一时间地点举行，这让我们备感荣幸。

1975年，我和卡顿还有其他7名学者向ASA联名提交了关于成立环境社会学部的申请书，很快获得批准并在第二年正式成立。卡顿被选举为主席，我被选举为委员会委员，很快就有200名会员加入其中，他们缴纳保留一个专业学部必需的学部会费，这足够让ASA分配给我们三个环境社会学分会场，到现在我们已经发展到500个会员。我们在这个学部里感受到了蓬勃的朝气和研究兴致，这让我们觉得一个崭新且重要的专业领域就要在我们手中诞生了。

　　除了关注环境态度和作为社会运动的环境主义外，我们开始更广泛地关注环境科学家和环境行动主义者是如何将环境质量上升为公众普遍认可的社会问题。1973年至1974年的能源危机促使更多的社会学研究转向能源问题，从家庭能源消耗到能源短缺对社会的影响等，能源成了当时另外一个重要关注点。政府机构对主要项目进行环境影响评估的要求，产生了对"社会影响评估"（SIAs）的需求，一些社会学家开始进入社会影响研究领域。另外还有学术团队致力于居住和人造环境研究，也有的关注灾害研究等。在环境社会学部成立早期，无论是从事人造环境研究还是自然环境研究（Dunlap and Catton，1983），我们都相处融洽。共同关注物理环境而不是社会环境，这也让我们的研究与主流社会学研究相区别。这是一个令人振奋的时期，每一个学部会员都有一种强烈的归属感和使命感。

　　可能对于一个年轻的还未获得终身职位的助理教授来说，投入如此多的时间和精力来组织这些活动，包括出版简报和组织会议论坛等，是件很不明智的事情，但是我仍然觉得非常高兴能有幸参与到环境社会学的组织建构中。

　　不过好景不长，里根被选为美国总统后政治风向标开始转向保守，他带来一种强烈的反环境主义情绪，拒绝环境科学，对生态限制的观念不屑一顾，并助长了美国社会的经济贪婪主义文化。在这种社会氛围下，很难吸引更多的优秀学生加入到社会学，特别是环境社会学的研究中。与此同时，像工商管理、计算机科学等专业在20世纪80年代一度风靡。这最终导致环境社会学在这一时期丧失了发展动力，1981年到1983年在我作为学部主席的任期内，尽管我做了大量的努力，但是还是眼睁睁地看着ASA环境社会学部的成员开始减少，这一度让我非常沮丧。

　　回过头来看那段时期，一些学者要么单纯运用社会心理学或社会运动视角来研究环境议题，要么对环境研究失去兴趣而转向其他课题，只有我们这群一心想建立环境社会学学科的人一直坚守着这一领域。直到20世纪80年代晚期，特别是90年代以后，环境社会学研究开始发生转机。首先，随着社会学家逐步证实诸如有毒废弃物等环境危害不平等地或较高比例地分布于贫穷地区和少数民族、种族居住区以后，环境正义（EJ）研究成为一个重要课题。之后，大规模的环境问题开始爆发，像臭氧层破坏、森林植被退化，特别是全球变暖的出现，让人们越加清醒地认识到人类社会对环境的影响的重要性，以及环境变迁如何反过来对人类生活产生消极的影响。在这样的社会背景下，20 世纪 90 年代后环境社会学研究开始出现复苏。

走向国际化的环境社会学

刘：您是如何看待国际层面环境社会学的发展的？

邓拉普： 虽然 20 世纪 80 年代环境社会学在美国的发展有些令人沮丧，不过在同时期的欧洲却呈现不断生根发芽的态势，特别是大规模的反核抗议和绿党的发展壮大吸引了社会学的关注。1989 年我被邀请参加在意大利举行的会议，在那里我惊喜地发现不仅意大利学者，还有其他国家的学者都在从事环境研究，而且对美国环境社会学的研究情况也非常了解。

1991 年我又应邀参加在日本举行的会议，见到了一些日本学者，他们也非常希望能在日本发起环境社会学的研究。随后的两三年时间，日本很快成立了日本环境社会学联合会并快速成长为一个大型活跃的组织，也是由他们发起创办了世界上第一个环境社会学期刊。1993 年我又有幸去了韩国，同样看到了环境社会学在那里的蓬勃发展，韩国现在也成立了自己的环境社会学联合会。我发现这两个国家在环境社会学研究中，除了运用欧美的理论视角外，还发展出了适合本土国情的一些独特的理论视角。

整个 20 世纪 90 年代，环境社会学研究几乎遍布整个欧洲，欧洲社会学联合会（ESA）建立起了非常活跃的环境社会学研究网络，其他许多国家的社会学组织，像英国社会学联合会也同样成立了自己的环境社会学研究群体。

1989 年在意大利的会议，开始将原有的国际社会学联合会社会生态学研究委员会（RC24），当时主要专注于人口分析，转变为新的环境与社会研究委员会，并于 1994 年正式成立。我很荣幸被推选为 1994 年至 1998 年 RC24 的轮值主席，新的环境与社会委员会现在已经发展成为国际社会学联合会（ISA）中规模最大、最活跃的学术机构之一。我们现在经常会收到很多来自世界各地的学者的文章，我们会将它们提交到 ISA 世界委员会常设的 16 个分会议进行交流和讨论。这确实是一个学术思想非常活跃的团体。

最近让我感到尤为兴奋的是，我看到了环境社会学在中国的建立和发展。2007年我与中国人民大学的洪大用教授共同组织了环境社会学北京国际论坛，那次论坛举办得非常成功，也促成了东亚环境社会学国际论坛（ISESEA）的发起和举办。到现在，ISESEA每两年举办一次，吸引了来自中国、日本、韩国及其他亚洲国家以及美国和其他西方国家的学者的加入。我认为环境社会学在亚洲的发展，特别是在中国的发展非常重要，像河海大学、人民大学开展的环境社会学专业研究对引领这一学科在中国的发展起到非常重要的作用。

对我个人而言，看到环境社会学在国际层面的广泛传播以及在许多国家的蓬勃发展让我特别高兴和满足。像ISESEA、ISA's24以及ESA业已形成的研究网络和长效工作机制有助于促进不同国家的学者之间进行交流，对于环境社会学学科发展来说，也是非常好的事情。

环境社会学面临的挑战与未来发展

刘：您认为当今环境社会学面临的最大挑战是什么？

邓拉普：我不太确定是否应该把它叫作"挑战"，不过我发现了一个非常明显的趋势，就是美国环境社会学和欧洲环境社会学开始出现分野。这种分野主要表现在研究取向上，当然也包括理论视角。

或许是因为有非常强大的后现代主义理论传统，欧洲环境社会学者更加注重"语分析"，以及环境问题和争议的社会建构过程。再加上欧洲学者更加喜欢定性而不是定量研究，使得他们很少涉及我前面提到的那种经验研究方法。后现代视角总是对自然科学知识持一种批判的态度，因此也更加强化了他们的研究取向。我的很多欧洲同事，当然远不能代表所有欧洲学者，都似乎对用自然科学知识解释环境问题持"怀疑"或"不可知论"的观点。他们在研究中似乎都不太愿意使用数据去分析温室气体排放、生态足迹及其他，更愿意去分析气候自然科学的不确定性。

这就导致环境社会学至少暂时出现了两个版本：一个是在欧洲盛行的"非物质主义"环境社会学，主要致力于环境问题的话语分析、社会建构，包括气候变暖是如何被建构成问题的，还有制度变迁，但是避免分析这些现象与生物物理环境之间的关系；另一个就是以美国为代表的"物质主义"的环境社会学，把生物物理环境作为研究变量以帮助解释社会现象，或者被社会现象所解释（Dunlap，2010）。因此，总体而言，美国环境社会学研究根植于物质世界，在我们看来是非常有必要的。当然，我们的欧洲同事也会告诫我们说，一旦你们从气候科学家或其他环境科学家那里获得的数据将来有一天被证明是错误的，那么你们之前的研究将有可能前功尽弃。尽管这确实是一个风险，但我仍然愿意承担，因为在我的一生当中目睹了太多环境问题与日俱增的证据。

这种视角上的分野甚至在生态现代化理论（EMT）中也有所体现。这个理论在欧洲非常流行，主要关注制度变革对环境状况的改善作用。美国评论家指出制度变迁，比如建立环境保护机构和环境保护法，似乎并不能有效改善生态环境状况，他们通过温室气体排放和其他污染排放指标的测量来进一步论证这一观点（York and Rosa，2003）。但是 EMT 的支持者回应说，你们不能用自然科学的定量数据来证明一个理论是否合适。但是对于美国学者来说，就非常困惑不解了，因为我们一直认为经验研究是证明理论有效性和实用性的最好方式（York et. al.，2010）。

这一方法论上的分野也使理论视角上的争论持续不断。美国环境社会学还一直关注并试图解释环境退化的根源，到现在环境状况也没有改善的迹象，特别是全球层面上。我们运用了大量的理论去验证资本主义、经济增长及现代化的其他特征在环境退化中起到的作用。

相比之下，欧洲学者更倾向于强调环境状况的改善，一些欧洲国家在环境保护方面确实取得了显著的进展，但是这种改善通常是通过向别国出口污染工业，再向本国进口所需产品的形式来改善本国的居住环境。造成的结果是欧洲国家，当然也包括北美国家，改善了自己国家的环境却造成其他国家乃至全球环境的退化。像 EMT 这样的理论视角过于乐观，他们相信通过资本主义的技术革新可以在不破坏环境的情况下实现经济和资本的持续增长。不过美国环境社会学家对这一取向持非常怀疑的态度，强调环境改革实施中存在的壁垒（McCright and Dunlap，2010）。一些美国理论学者甚至认为 EMT 又退回到了人类豁免主义的思维方式（Foster，2012）。

结果是美国环境社会学家认为要想实现未来的可持续发展就必须使当前的经济体系、永无止境的发展模式得到实质性的巨大改变。不过至少有一些欧洲学者似乎确信当前的经济体系在技术进步和精密规划的帮助下可以解决这些问题。我希望欧洲学者是对的，但是还是对此持非常怀疑的态度，我认为环境社会学家应该分析实现可持续发展的主要社会经济变迁以及实现这些变迁可能遇到的阻碍。

看看这些理论争论将如何进展是非常有趣的，虽然我会担心在没有对经验研究的有效性达成一致的情况下，这些争论不会得到有效解决。不过我还是希望不同的研究方法和理论视角可以激发更多的富有成果的争论，从而促进这一学科领域的继续发展。另外，当前的形势正是亚洲国家，特别是中国的环境社会学家，可以做出更重要的贡献的时候——正在快速变迁中的中国特色的政治经济体制以及当前中国面临的严峻生态问题，是进行环境研究非常重要的社会背景。中国还有其他亚洲国家的环境研究或许可以为目前欧美之间存在的"非物质主义"和"物质主义"的争论提供另一种解决方案，或许，随着亚洲国家的加入，我们的学科领域会实现更富有成效的整合。

刘：您是怎么看待生态社会学的发展的？您觉得生态社会学在何种程度上可以与环境社会学相区分？

邓拉普：在发展环境社会学视野时，我和卡顿使用"生态框架"有两种意义。一是我们认为人类豁免范式应该被生态范式所取代；二是提出一个更加具体的"生态框架"可以用于指导经验研究。具体地说，我们认为社会人类生态学者使用的 POET 模型可以为我们的研究提供一个有用的分析框架。POET 是一个反映以人为本的生态系统的简单化的模型，其中"P"代表人口；"O"代表社会组织，如劳动分工、经济系统等；"T"代表技术，包括所有人类开发并使用的技术；"E"代表环境，即所有非人类的因素，从其他物种、到自然资源、再到整个生态系统都是基本的环境因素。

我们后来将"O"从社会组织扩展到文化系统、社会系统和人格系统。这有助于我们划分所有导致环境退化的关键性因素，如人口增长，对生态有害的技术，基督教信仰中"人类有权支配自然"这样的文化因素，还有社会因素如资本主义对增长的需要，以及人格因素如以物质主义为导向的消费观等。同样，这一模型也可以划分所有可能被环境变迁影响的社会因素（Dunlap and Catton，1979；1983）。

有趣的是，尽管 POET 模型在社会人类生态学家中非常盛行，但是这些专家们都没有研究生态环境问题。相反，他们运用人口学技术研究人口迁移之类的问题，而且将"E"视为社会环境。举个例子来说，他们使用"非白种人所占比例"作为一种环境要素来分析并预测为什么白种人会从城市迁往郊区。社会人类生态学这一领域产生于将近 100 年前，在 20 世纪六七十年代达到学科发展的高峰，后来之所以消失并逐渐被环境社会学取代主要有两个原因：一是这一学科的专家们固守迪尔凯姆的反还原主义信条；二是他们是人类豁免主义者，认为社会组织和技术可以确保不断增长的人口适应生活其间的环境（Dunlap and Catton，1983）。

　　虽然 POET 模型非常吸引人，但是正如我之前提到的，环境社会学成立早期用于环境状况分析的数据少之又少。因此很难将 POET 模型还有我和卡顿的"生态框架"用于经验研究。尽管如此，POET 模型还有我们的 HEP/NEP 范式争论都被巴特尔（1987）标记为"新人类生态学"，这也标志着环境社会学开始正式取代社会人类生态学的位置。

　　后来，臭氧层破坏、森林退化、气候变暖等关于全球环境变迁的科学认知清楚地表明了现代人类社会正在改变全球生态系统，我和卡顿认为或许是时候提出真正的"生态社会学"了（Dunlap and Catton，1992）。但是，这一学科名称最终并没有落地生根是由于环境社会学在 20 世纪 90 年代出现繁荣发展之势，将"环境社会学"这一学科名称保留下来才是明智之举。后来，我只是将"生态社会学"或者更准确地说是"生态框架"，视为环境社会学诸多视角中的一个，而非一个独立的学科领域。

　　幸运的是，现在环境/生态状况的数据已经非常普遍，基于生态框架的经验研究已经在环境社会学中出现。其中有一种视角基于物质和能量流来检验"社会代谢"和解释社会的生态转换过程，比如如何从农业社会转向工业社会（Fischer-Kowalski and Haberl，2007）。还有一种是在著名的"IPAT 方程"基础上发展出的"STIRPAT"模型，可以将其操作化并运用到预测统计诸如跨国范围的生态足迹和温室气体排放的变化等（York、Rosa and Dietz，2003a）。

　　IPAT 是在生物生态学家 Paul Ehrlich 和 Barry Commoner 两人的争论中产生的。IPAT 和 POET 在关注人类社会及其环境影响的关键组成部分上有相似之处。两个模型中的 P 和 T 完全相同，只是 IPAT 中的"A"（affluence—经济财富）是 POET 中的"O"（organization—社会组织）的一种窄化说法；而 IPAT 的"I"（impact—影响）具体指代环境影响，相当于 POET 中的"E"。相比之下，STIRPAT 模型考察的因素大体上跟我和卡顿早期的研究相同，其创立者将其称为"结构人类生态学"，这是环境社会学研究中得到最广泛运用的生态学视角。

鉴于环境社会学中已经存在强大的生态学视角，所以我认为没有必要再去发展一门独立的"生态社会学"了。

刘：最后，您认为环境社会学的未来发展应该是怎样的？如何才能保持学科的生命力呢？

邓拉普：我认为目前是环境社会学发展的"黄金时期"，特别是美国在过去的 10 年间，这一研究领域无论是在规模还是学科地位上都有了长足的发展。现在在美国大学和学院的社会学系开设环境社会学课程已经非常普遍，有越来越多的环境社会学家受聘从事环境社会学的教学和研究工作。也有更多环境社会学研究的课题文章被权威期刊所录用，环境社会学无论在研究方法还是理论方面都有了快速的发展。

促进这门学科快速发展的一个关键因素是有越来越多高质量的生物物理环境数据能够作为研究变量用于经验分析。自从 20 世纪 90 年代以后，环境社会学家在研究环境现象时，比如区域层面的有毒废弃物排放点、国家层面的温室气体排放，还有生态足迹等都能够将大量的数据信息运用到研究中去。

我跟卡顿早期定义环境社会学应该是研究社会和环境的相互作用，但实际情况是要对社会和环境的相互作用进行经验研究相当困难。因为当时可供研究环境状况的数据资源非常少。但是现在不同了，可用于支持研究的数据资源非常丰富。另外，现在出现了很多新的研究方法和技术，比如地理信息系统（GIS），还有多层次分析模型等，使得分析社会和环境之间更为复杂的关系成为可能。环境正义研究者使用 GIS 数据更清楚地证明了社会经济地位和种族/民族身份与暴露于较差环境条件之间的关联；同样，比较研究者利用生态足迹、二氧化碳排放量研究一个国家的经济、政治特征以及对全球生态体系产生的环境影响，视野更为丰富。

还有一些学者用毕生精力都在研究环境议题的公众态度，试图了解环境态度和环境行为的成因和结果。我非常高兴地发现，最近有研究者开始分析气温变化的实测数据、极端天气事件和公众对环境议题，如全球气候变暖的认知之间的关系。研究环境议题的公众态度以及环境态度和行为的深入研究是很多环境社会学者非常热衷的研究领域，当然也是我的一个主要研究兴趣所在。现在我们已经完全可以将调查者对环境的认知与他们所处的社区、地区的实际环境状况这二者结合起来分析，这些研究工作真正使研究社会和环境的相互作用从理论层面走到了实际操作层面。

总之，当代美国环境社会学研究比起 20 世纪七八十年代环境社会学刚产生时研究更为深入和精细，研究结果也更为确凿。尽管我们的政府对环境社会学研究的关注度还非常有限，但是环境社会学家依然能够为政府提供与政策密切相关的信息，以推动环境问题的解决。我知道中国的学者大都受过很好的定量研究的训练，我相信这将非常有助于增强环境社会学的经验研究。或许中国政府，包括国家的和地方的政府，在制定相关政策以推动环境质量的改善时，都会非常愿意借鉴你们的研究成果。

另外，我觉得不断拓展的生态数据资源，逐步完善的数据分析工具，还有领域中的重要理论争论，可以确保环境社会学在整个社会学领域中的学科地位和学科生命力。加之不断涌现的新的生态问题和解决当前生态问题面临的诸多难题也使得我们这一学科领域更加具备社会现实意义。特别是中国，非常需要环境社会学家分析并解释产生生态问题并阻碍其有效解决的复杂的社会、经济和政治因素。所以我相信环境社会学将会在中国还有世界其他国家不断发展壮大。

总而言之，这个时代，是环境社会学家的时代！特别是在中国！

参考文献

Catton, William R., Jr. and Riley E. Dunlap. 1978. "Environmental Sociology: A New Paradigm." *The American Sociologist* 13: 41 – 49.

Catton, William R., Jr. and Riley E. Dunlap. 1980. "A New Ecological Paradigm for Post – Exuberant Sociology." *American Behavioral Scientist* 24: 15 – 47.

Dunlap, Riley E. 2002a. "Environmental Sociology: A Personal Perspective on Its First Quarter Century." *Organization and Environment* 15: 10 – 29.

Dunlap, Riley E. 2002b. "Paradigms, Theories and Environmental Sociology." pp. 329 – 350 in R. E. Dunlap, F. H. Buttel, P. Dickens and A. Gijswijt (eds.), *Sociological Theory and the Environment: Classical Foundations, Contemporary Insights*. Boulder, CO: Rowman & Littlefield.

Dunlap, Riley E. 2008. "Promoting a Paradigm Change: Reflections on Early Contributions to Environmental Sociology." *Organization and Environment* 21: 478 – 487.

Dunlap, Riley E. 2010. "The Maturation and Diversification of Environmental Sociology: From Constructivism and Realism to Agnosticism and Pragmatism." pp. 15 – 32 in M. Redclift and G. Woodgate (eds.), *International Handbook of Environmental Sociology*, 2nd Ed. Cheltenham, UK: Edward Elgar.

Dunlap, Riley E. and William R. Catton, Jr. 1979. "Environmental Sociology." *Annual Review of Sociology* 5: 243 – 273.

Dunlap, Riley E. and William R. Catton, Jr. 1983. "What Environmental Sociologists Have in Common (Whether Concerned with 'Built' or 'Natural' Environments)." *Sociological Inquiry* 53: 113 – 135.

Dunlap, Riley E. and William R. Catton, Jr. 1992. "Toward an Ecological Sociology: The Development, Current Status, and Probable Future of Environmental Sociology." The Annals of the International Institute of Sociology 3: 263—284. Reprinted in W. V. D'Antonio, M. Sasaki and Y. Yonebayshi (eds.), Ecology, Society and the Quality of Life, New Brunswick, NJ: Transaction Publishers, 1994.

Dunlap, Riley E. and William R. Catton, Jr. 1994. "Struggling with Human Exemptionalism: The Rise, Decline and Revitalization of Environmental Sociology." *The American Sociologist* 25: 530.

Dunlap, Riley E. and William R. Catton, Jr. 2002. "Which Functions of the Environment Do We Study? A Comparison of Environmental and Natural Resource Sociology." *Society and Natural Resources* 15: 239 – 249.

Dunlap, Riley E. and Richard P. Gale. 1972. "Politics and Ecology: A Political Profile of Student Eco – Activists." *Youth and Society* 3: 379 – 397.

Dunlap, Riley E. and Richard P. Gale. 1974. "Party Membership and Environmental Politics: A Legislative Roll – Call Analysis." *Social Science Quarterly* 55: 670 – 690.

Firscher – Kowalksi, Marina and Helmut Haberl. 2007. *Socioecological Transitions and Global Change*. Cheltenham, UK: Edward Elgar.

Foster, John Bellamy. 2012. "The Planetary Rift and the New Human Exemptionalism: A Political – Economic Critique of Ecological Modernization Theory." *Organization & Environment* 25: 211 – 237.

McCright, Aaron M. and Riley E. Dunlap. 2010. "Anti – Reflexivity: The American Conservative Movement's Success in Undermining Climate Science and Policy." *Theory, Culture and Society* 26: 100 – 133.

York，Richard and Eugene A. Rosa. 2003. "Key Challenges to Ecological Moderniza-
tion Theory. " *Organization & Environment* 16：273 – 288.

York，Richard，Eugene A. Rosa，and Thomas Dietz. 2003a. "Footprints on the Earth：
The Environmental Consequences of Modernity. " *American Sociological Review* 68（2）：279
– 300.

York，Richard，Eugene A. Rosa，and Thomas Dietz. 2003b. "STIRPAT，IPAT and
PACT：Analytic tools for Unpacking the Driving Forces of Environmental Impacts. " *Ecologi-
cal Economics* 46（2003）：351 – 365.

York，Richard，Eugene A. Rosa and Thomas Dietz. 2010. "Ecological Modernization
Theory：Theoretical and Empirical Challenges. " pp. 77 – 90 in M. Redclift and G. Woodgate
（eds.)，*International Handbook of Environmental Sociology*，2nd Ed. Cheltenham，UK：
Edward Elgar.

[**受访者简介**] 莱利·邓拉普，俄克拉荷马州立大学社会学系董事教授，劳伦斯·L和乔治亚·艾娜荣誉教授，美国环境社会学创始人之一，主要研究领域有：①环境关心。包括公众关于环境议题的态度变迁、公众环境意识的跨国比较及环境态度、观念和世界观的特征和来源。②环境运动。特别是美国环境主义的演变和当前状况、环境运动的公众支持及国际环境主义的发展。③气候变迁。关注公众对气候变迁的态度、气候变迁问题的政治极化及气候变迁否定论的本质和来源。除了经验研究外，邓拉普教授还经常被邀请撰写环境社会学手册及百科全书的综述和评价。他是当今环境社会学领域久负盛名的学者之一。

[**访谈者简介**] 刘丹，河海大学社会学系博士毕业生，普林斯顿大学移民发展研究中心访问学者，江苏省人口与发展研究中心助理研究员、项目管理部主任，江苏省人口学会理事。主要研究领域为人口社会学、城乡社会学和环境社会学，近些年主要从事人口迁移、家庭与生育、人口老龄化及环境可持续发展的议题研究。

生产跑步机:环境问题的政治经济学解释

——大卫·佩罗(David Pellow)教授访谈录①

【导读】 生产跑步机（The Treadmill of Production） 理论是环境社会学领域有重要影响的理论流派。施耐博格及其团队创立和发展了这一理论。作为跑步机理论团队的重要成员，佩罗教授为生产跑步机理论的发展做出了重要的贡献。在访谈中，佩罗教授描绘了生产跑步机理论产生的"多重危机"的时代背景，指出了生产跑步机理论的主要内容，围绕不平等、利益相关者等生产的跑步机理论的核心要素展开讨论。同时，该理论也关注经济增长和消费。生产跑步机理论尽管没有直接指出环境危机的应对策略，但是对认识和解决环境问题大有裨益。在过去 30 多年中，生产跑步机理论在扩展经验研究及与其他理论的对话中不断发展。最后，佩罗教授对全球环境状况的变化以及环境社会学的发展做出了自己的预测，并且指出环境社会学者可以走出书斋，加入到环境改善的行动中。

生产跑步机理论的背景及内容

耿言虎（以下简称耿）：作为美国著名的环境社会学家，您是"生产跑步机"理论的重要贡献者之一。感谢您接受我的采访。本次访谈主要围绕"生产跑步机"这一环境社会学中的经典理论展开。首先请问，为什么在 20 世纪 80 年代施耐博格的《环境：从盈余到匮乏》书中提出生

---

① 2014 年 2 月耿言虎提供书面问题由佩罗教授回答。2014 年 3 月耿言虎对佩罗教授进行了电话访谈。本文主要依据电话访谈录音由耿言虎整理而成，英文稿经佩罗教授审订。

产跑步机理论呢，能否介绍一下"生产跑步机"理论产生的时代背景？

　　大卫·佩罗（以下简称佩罗）：如果我导师还在的话，我想让他来回答。我将会尝试给你我的答案，当然我不是这本书的作者。《环境：从盈余到匮乏》（*The Environment：From Surplus to Scarcity*）① 在 20 世纪 80 年代出版，如果你看施耐博格的作品的话就会知道，他在 70 年代就开始做了一些前期工作，并且用政治经济学的视角看待这个问题。国家和市场虽然偶尔有冲突，但是大部分情况下是协力合作的，他研究这两股力量是如何造成环境危害的。当然，在 70 年代，无论是全球还是在美国，我们正在对抗能源危机，这是这段时期人们所忧虑的事情。在美国，人们被问到生活方式的问题，这种生活方式到底该不该为我们的能源危机负责？这种反思并不是仅仅应对欧佩克的石油禁运，同时也是在讨论我们是否能够降低和转变我们对石油工业品和矿物燃料的依赖性，这是这场争论的内容。70 年代，在美国，我们见证了第一个世界地球日，这后来成为一个全球都在庆祝的节日，这是人们意识开始觉醒的时刻。同时，在越南战争时期，在美国和其他一些国家，一些社会运动和草根运动开始高涨，围绕军事主义、帝国主义、战争，也涉及环境问题。人们在尝试集思广益。这一时期，一些社会运动组织在美国和其他国家成立，如绿色和平组织（Green Peace），并且迅速扎根，有些直到今天仍然是非常重要的组织。在这一时期，我们遭遇了经济滞胀，这集合了经济萧条和通货膨胀二者叠加的危害。更加确切地说，我们遭遇了经济危机、政治危机、生态危机。我认为所有的社会因素都成为施耐博格思考生产跑步机理论的重要因素。

　　耿：生产跑步机理论的主要内容是什么？

　　佩罗：施耐博格提出生产跑步机理论主要是来解释为什么美国"二战"以后环境衰退会如此迅速。他指出资本投资水平的提升和投资分配（investment allocation）的变化共同导致了对自然资源需求的实质性增长。本质上来说，该理论描绘的总体变化趋势是更多的资本在西方经济体中积累并被用于新技术开发，进而通过替代生产的劳动力来增加收益。新技术需要更多的能源和化学品来代替早期的劳动密集型的生产过程，因此造成

---

① Schnaiberg, Allan. , "The environment：From surplus to scarcity." New York：Oxford University Press.

了更深层次的生态破坏。新技术产生于大学和研究机构的科技研究组织，以及大公司的研发部门。并且，与之前劳动力使用不同，新技术代表了沉没资本（sunk capital）①的一种形式。为了增加收益，管理者需要增加和维持生产水平，因为工人的工资可以削减，但是工厂设备的投入却是固定的。

　　生产跑步机理论首先是一个经济变迁理论，但是对自然资源消耗和工人的机会结构（opportunity structure）具有直接的暗示意义。跑步机理论意识到资本投资会导致对自然资源的更大需求。每一轮的投资都会让工人的就业形势变得更糟，让环境状况更糟，但是可以增加收益。跑步机理论关注工人和社区居民这一利益相关者（stakeholder）的社会的、经济的、环境的状况。跑步机结构的扩张也会增强投资者和管理者这一利益相关者的经济和政治权力，进而能够驱动政府和工会支持更多的投资，雇用更多的工人，获得更多的税收。投资者们呼吁政府和政治家支持生产的扩张，支持任何形式的经济发展的工人和工会也呼吁政府支持生产的扩张，政府进而卷入生产跑步机系统中。每个人都在为跑步机的运转做出贡献。

　　跑步机理论为我们呈现了这样一个画面：一个社会在某一位置不停运转，但是却止步不前。它表明了生产系统的社会效率的下降。自然资源使用的社会效率的下降导致了对生态系统资源攫取的增加和生态系统污染排放的提高。工人们支持这种新型的资本密集型的生产形式，但是当跑步机系统抛弃工人时，他们想到的却是加速这种新型的投资形式。

不平等、利益相关者与生产跑步机

　　耿：社会不平等是环境社会学分析的重要视角。能否介绍一下在生产跑步机理论中不平等是如何呈现的，对环境造成了何种影响？

　　佩罗：不平等一直是跑步机理论的核心内容。公平地说，环境危机和社会危机是紧密相连的，并且这两种危机很大程度上是由于不平等引起的。这种不平等反映在阶级动力系统上。通过阶级结构，经济和社会结构制造了一个工人阶级，维持了一个精英阶级。精英阶级获益于工人阶级的

---

　　①　经济学中称已经投入并且不能回收的成本为沉没成本。

劳动，同时获益于一个高度不平均的地带。在这一地带维持了一个非常强有力的政府结构和企业、市场结构的状态。这个阶级系统让底层的人维持原位。工人阶级增加他们在工作中的劳动投入但是仅仅能维持薪水。当然20世纪六七十年代工人阶级获得的绝对工资（absolute wages）增加了，但是工人阶级的实际收入（real wages）下降了，他们维持相同工资的劳动时间不得不增加。

在生产跑步机中我们可以看到，不平等发生于生产者和企业之间。企业可以通过引入自动化和智能化来制造、提高利润和回收投资资本，因为这是企业家被期望做的，也是因为企业资本系统本身就是这样运作的。他们合法地需要增加他们的投资比重和利润。除了提高自动化水平外，最主要的方法还包括控制劳动力以及劳动力成本。所以引入自动化技术帮助了他们，同时，也破坏了美国工会和其他组织的努力。这些努力期望工人们自我组织起来以获得在工资、健康和安全上的提高。企业通过提高激励措施来实现这些目标，并且降低工会化水平，在这方面他们曾经很成功。工会化率（unionization rate）在美国大概是9%—10%的水平，60年前1%都不到。我们的工人阶级，处于这样一个形势下，在生产跑步机系统中，我们不得不不顾一切地喂饱自己，为自己和家庭提供一个最基本的生计，因此很难做出一定的决策或者支持相反的决策。所以，很多时候，环保主义者，政府或者企业制定了一个环境保护和可持续发展的政策，但是这些政策与工人阶级的利益是有悖的或者是对立的时候，工人阶级常常发现他们处于一个境地，那就是在环保和工作二者之间选择其一。这个选择是多么的可怕并且增加了我们之前所说的不平等。

耿：环境不平等在中国也有很多的呈现。比如说，东部和西部，城市和农村，等等。美国社会的环境不平等程度如何呢？

佩罗：你说了不同层次的不平等。你说在中国，可以分为农村和城市，东部和西部。在美国，污染最严重的一个地区是南部地区。为什么美国的南部具有很高水平的污染呢？一些学者研究，比如Robert Bullard就发现，其中的一个很重要的原因在于该地区有社会不平等的历史，可以追溯到奴隶制时期。从黑人远离政治权利、远离经济权利中我们可以看到奴隶制的遗留。在这个地方，工人不太可能有权利组织工会。在路易斯安那州，有一个地方我们叫作化学走廊（chemical corridor）或癌症小巷

（cancer alley），这里是美国污染最严重的一个地区之一。这个州历史上有奴隶制，历史上当地土著居民曾经被驱散和剥夺土地，历史上石油化工业曾经污染过密西西比河，污染过空气，危害过人们的健康，工厂里的工人曾面对奇高浓度的有毒物质。这一个地方很少有工会，工人阶层和有色人种拥有的权利和政治权力都是很少的。作为一个社会学家来说，我并不为这个地方有这么严重的污染感到吃惊。同时，有些人会说在有污染的工厂所在的其他城市，我们有很强大的工会。事实确实如此。但是作为一个地区，它的污染程度，受到如此低的关注，监管机构的运作是如此松弛，都是极为特殊的。与其他国家相比，美国有严格的法律。但是这些法律在不同社区的执行是非常不均衡的。在贫穷的社区，土著社区，移民社区，有色人种居住的社区，执行的法律是不同的。大量的研究都证明环境保护署（EPA）在中产阶级和白人居住的社区的管理和执法权威要远远强于贫穷和有色人种社区。

耿：利益相关者是生产跑步机理论中的重要分析视角。政府、企业和居民是不同的利益相关者。您是如何看待利益相关者这一分析视角的？

佩罗：对我来说，利益相关者是一个非常有用的视角对我去理解"对一个问题的立场取决于你所在的位置以及他对你意味着什么"（where you stand on an issue depends on where you sit and what that means is）这一句俗语。你对某个问题的看法常常是由于你花费了大部分时间在上面的，你投资最多的地方……不管你在政府上班，还是在企业上班，或者你是普通的工人，你就有了一个利益（stake）。利益相关者概念常常是非常复杂的，当我们看到很多工人常常是环保主义者，环保主义者又工作在工厂里。很多在工厂里上班的人同时也是工人和环保主义者。我认为将来可能会有一个办法让我们更加丰富地呈现复杂多样的"利益相关者"以及其中的细微差别。当然在生产跑步机中，利益相关者这个概念是指企业和投资者为了寻求收益的增加，他们愿意留在商业圈中，至少是市场经济的商业圈中。其一要实现投资回报的增加；其二是要实现效率的提高；其三要实现利润的维持和增加。但是追求利润的行为与生态可持续是根本对立的。从数学上来说，实现无限制地收益增加，在有限的生物物理世界中制造无限制的能源物质是不可能的。所以在市场中的企业是这样的利益相关者，这一群体的立场与生态可持续是对立的。环保主义者的立场当然是希望生产跑步机能够降速，但是他们也需要为家庭赚取钱财和物质，因为他们也是工人。实际上，政府如果不能关心每个人所关心的东西，那它主要为了确保资本能够继续获得利润，同时将来还会有投资。因为市场经济中的国家是一个资本化的国家（Capital State）。

所以，生产跑步机理论明白不同的利益相关者，工人、市民、环保主义者、资本家、国家等都有自身的利益，这些利益让他们对跑步机进行升速或者降速，或者是管理它。但是，悲观地说，在生产跑步机理论中，我认为施耐博格指出的唯一能挑战这一格局的就是为了扭转这一系统的来自底层的草根社会运动。从根本上来说，没有一个利益相关者，工人、环保主义者、政府对从根本上转变生产跑步机有兴趣。只有等待草根、企业、政府等利益相关者真正地愿意尝试转变这一系统。正像我早期所说的，生产跑步机理论证明了所有的利益相关者都深度卷入这一系统中。这是它很难被挑战的原因之一。

经济增长、消费与生产跑步机

耿：经济增长、GDP 是政府关心的重要目标，也是政府驱使政府前进的动力所在。从环境社会学的视角，您是如何认识 GDP 的呢？

佩罗：在美国，GDP 是最令人不安的指标之一。人们对 GDP 有如宗教般虔诚，把它作为衡量经济健康的最重要的指标。每年都要提高，每年都要增长。当然，GDP 是在一个特定年份经济交易的总和。曾经有一些有意思的工作，从 20 世纪 90 年代开始，很多经济学家开始质疑 GDP 的智慧。不仅在质疑为何我们每年都要它增长，同时会质疑在一个最基本的层面，它是否能够真实地判定或者反映经济的健康程度。很多可以列举的案例让我们质疑 GDP 的使用。如果 GDP 是一年中所有经济交易的总和，问题在于，我们假设所有的经济活动，所有的经济交易对经济和社会都是正面的和有益的。有两位旧金山的学者提出用 RPI（Retail Price Index）来代替 GDP 这一指标。RPI 是个进步的指标用来作为"好"的经济交易的指标，这种经济交易能够真正对社会有益。GDP 是衡量"好"的经济的"坏"指标。自然灾害、疾病以及随处可见的火灾等等都可以促进GDP 增长。在加利福尼亚，自然灾害和可怕的悲剧在很多案例中常常制造了大量的 GDP。购买新的不动产，建新房，用于赈灾的政府资金被用于地理勘查，新建工程和基础设施，所有的健康保健支出以及人们购买保险的支出等等。所有的经济活动都在为 GDP 的增长做贡献。但是我不认为人们在目睹了地震、疾病和自然灾害后会认为这对社会是好事情。这就是 GDP 的问题，用来衡量经济、社会和环境的健康程度是一个糟糕的指标。我们必须重新思考我们真正需要的是什么指标来涵盖真正的进步，涵盖生活品质和环境治理。

耿：消费在生产跑步机中也具有重要的作用，是生产跑步机运行的重要方面。生产跑步机似乎更多关注于生产领域。您是如何认识消费的呢？

佩罗：施耐博格和他的同事也在关注消费，其实生产和消费就像是一枚硬币的两面。在《环境和社会：持久的冲突》这本书中①，他和他的同事指出工人和居民被卷入生产中，工作在多样的工作场所中，他们一天几个小时的工作为了赚钱，之后才可以消费。比如说，他介绍了信用制度、信用卡、房屋贷款和教育贷款的引入，这些都扩展了工人、工人阶级的购买力，他们有能力购买住房了。你知道在"二战"后，人们无论是在质量上还是在数量上都没有能力购买被大火烧毁的住房。这些鼓励消费的措施都导致了工人阶级更大的消费。在房屋市场中的消费，同时也在基本的物质和服务方面的消费。所以，这些都是和生产绑定在一起的。当然，为了继续消费，他们必须不停地工作。

另一方面，我想说，生产和消费是紧密地联系在一起的。生产和消费的界限本身就是模糊不清和难以区分的。试想，这儿有一个工厂，这个工厂在从事汽车的生产，它必须要消费金属，还必须要消费木头和其他材料以满足生产的需要。所以，工厂也是要消费的。家庭层面和个体层面也是一样的。公平地说，在生产跑步机理论中，焦点主要是在生产领域，大量的工作是关于生产的。但是，我们也投入均等的力量在消费上。我认为一些学者做了非常好的工作。有一本叫《遭遇消费》（*Confronting Consumption*）② 的书就非常精彩，对这些问题进行了很好的讨论。所以从环境的

---

① Schnaiberg, A., & Gould, K. A. 2000. *Environment and society: The enduring conflict*. Blackburn Press.

② Conca, Ken, Thomas Princen, and Michael Maniates, eds. *Confronting consumption*. MIT Press, 2002.

视角，生产和消费是很难区分的。这两件事本身并没有完全的不同。

耿：勤俭节约历史上被看作是中国人的传统美德。但是，现代市场极大地转变了中国人的消费观念。美国的情况如何呢？

佩罗：在20世纪40年代以前，勤俭节约在美国也是被极为珍视的。但是，随着销售、广告科学和广告心理学的兴起，消费欲望被催生，勤俭节约的价值观也发生了变化。人们渴望拥有各种各样的物品，但是很多物品并不是他们真正需要的。所以，在美国，储蓄处于历史最低点，不管是为退休的储蓄，还是为子女教育的储蓄。三分之二的美国经济依赖于消费。我们的经济结构固定于这样一个观念之中，那就是消费者都必须出门购买东西。他们必须要购买，否则，我们的经济就会崩溃。官方的最重要的经济运行健康指标，除了 GDP，还有消费信心指数（Consumer Confidence Index）。这个指数不间断地测量消费者在市场中的信心，以及他们外出购物的欲望和动机。没有人注意和忧虑他们外出购物的社会代价和环境代价。我们仅仅需要确保他们在购物。广告科学简直制造了我们经济结构以及文化结构的剧烈转型。从勤俭节约到消费文化。所以我迫切希望我们能够转变把自己仅仅视为消费者的这种文化。我们或许应该转变为一个真正的价值的生产者，一个社区的、生态的、社会的、经济的健康的生产者。这个是有可能的。

生产跑步机理论的意义与理论进展

耿：与其他理论相比，生产的跑步机理论似乎更多专注于对生态危机的产生机制进行解释，而并没有提出解决对策？您是如何理解呢？

佩罗：我认为有三点对理解对策是有帮助的。首先，理解这个问题的本质。只有当我们了解这个问题本身的复杂程度、困难程度，以及在我们的文化中，在个体的意识中，在集体的意识中，在社会结构中，生产跑步机是如何根植的（entrench）。当我们明白了这个问题之后，我们才会开始思考解决之道。这是非常重要的。很多人在没有完全明白之前就开始开"药方"了。对这个问题没有很深入的理解是很难有一个好的解决对策的。这是第一点。

第二，社会不平等居于核心位置。这个非常重要，因为很多环境运动，历史和当下的活动忽略了社会不平等在制造、维持和加剧环境问题上扮演的根本性的作用。如果你认为我们可以通过简单的政策措施，逐步淘汰温室气体排放产业，不同的立法措施等就可以解决环境问题，而完全忽视了权力和社会平等的这一角色，那就错了。生产跑步机理论所说的可能的解决措施是建立在理解社会不平等是其根源的基础上的。如果可以从社会不平等入手，我们可以比其他人更快地趋近于解决这个问题。

第三，关于环境问题的解决方法，生产跑步机理论一直强调的唯一路径或者是最有希望的路径是从草根，从底部，从被系统排除在外的、边缘化的、无所依托的这部分群体着眼。因为他们没有什么可以失去的，但是却可以获得很多。同时，他们在系统中的投资也是最少的，因为他们从跑步机中得到的利益是最少的。

我能想到的就是这三点，也许还有更多的，但是这三点最重要。首先，理解问题的复杂性；其次，理解社会不平等的角色；最后，理解最有希望的路径是从草根，从颠覆性的社会运动。施耐博格和他的同事们并没有详细地勾勒和规划关于一个"后跑步机社会"（Post Treadmill Society），但是暗含线索、建议，最重要的是工具只能从这些东西中获取。

耿：任何理论都在发展变化。30 多年来，生产跑步机理论有何变化发展呢？能否给我们介绍。

佩罗：有很多的变化。施耐博格和他的同事们，包括我在内，通过不同的方式回应关于生产跑步机的各种批评。在 2008 年，《生产跑步机：全球经济中的不平等和不可持续性》① 这本书就是我们的一个回应。不得不说，生产跑步机理论变得全球化了。最初生产跑步机很大程度上被施耐博格看作是一个国家层面的现象。从 20 世纪 80 年代开始，它更加具有跨国性和全球性。系统运行的规模在 90 年代中期确实发生变化了。他意识到从规模的意义上来说，并不是意味着它有多大，而是它的延伸、后果、影响，当然还包括利益相关者投资的增长跨越了不同国家的边界，这在以前是很少看到的。这是理论变化的一方面。

另一方面，在于一些学者如何接受、批评、使用生产跑步机。很多人

---

① Gould, Kenneth Alan, David N. Rellow, and Allan Schnaiberg. *The treadmill of production*: *Injustice and unsustainability in the global economy*. Paradigm Publishers, 2008.

从经验层面上进行研究，比如 Richard York、John Bellamy Foster 等人。很多人比如 Rodrigo、Chad Smith 做了很多工作，他们从理论上、概念上和经验上检验其他学者的不同的理论。坦白地说，就是将生产跑步机理论的解释力同其他理论做对比。比如，生态现代化理论。我很高兴在看到的论文中，都表明生产跑步机理论比生态现代化理论有更好的解释力。我认为 Gregory Hooks 和 Chad Smith 发表在美国社会学评论（American Sociological Review）上的他们称为"毁灭跑步机"（treadmill of destruction）① 的论文是非常精彩的。公平地说，军队以及军事主义在生产跑步机理论中并没有得到应有的关注。"毁灭跑步机"用来指涉制造严重环境危害的生产跑步机内在的扩张机制。"毁灭跑步机"这个概念解释了政府、军队以及军事工业是如何运作从而加深生产跑步机的生态后果，拓展了生产跑步机理论的研究内容，这些内容施耐博格、我以及其他人在过去都没有明确表达过。我很高兴地看到生产跑步机理论有很强的解释力。我也很乐意看到人们提出批评，修正和拓展它，从而让它不断前进并发展出新的研究方向。最美妙的事情是看到科学以及知识的生产和消费能够不断地前进。

环境变迁和环境社会学发展

耿：与过去 30 年相比，全球的环境状况发生了怎么样的变化？一些发达国家的环境状况似乎出现了改善？您对将来世界的环境状况以及环境社会学的未来发展有何看法？

佩罗：与过去相比，全球的环境更加糟糕了。大部分的科学报告，全球生态资源和生态系统的研究，无论是空气污染，还是野生动物的自然栖息地、渔场、露天煤矿的开采场地，水循环，森林砍伐，等等，几乎每一个指标都显示环境的恶化。我认为你提到了重要的一点那就是，为什么我们必须用全球的视角看待这一问题。在我 2007 年写的书里，我提到要反思生态现代化理论②。在美国，很多环境社会学者不同意生态现代化理

---

① Hooks, Gregory, and Chad L. Smith. "The treadmill of destruction: National sacrifice areas and Native Americans." *American Sociological Review* 69. 4 (2004): 558 –575.

② Pellow, D. N. 2007. *Resisting global toxics: Transnational Movements for Environmental Justice*. The MIT Press.

论。如果我们只看特定的国家的生态状况，比如美国，这是正确的。在这里，我们看到了一些生态改善。但是我重申，这些改善，至少有一部分是向其他国家转移污染有害物质的直接结果。表面上看很多社区、国家环境改善了，但是却很大程度上以其他社区、国家为代价的。如果你看很多生态不平等交换（Ecological Unequal Exchange）的作品的话，你就会看到这些"转变"是一个发生在经济增长的名义下的相似的过程。我们看到财富很大程度上被从贫穷国家吸附到富裕国家，当然，并行发生的是，穷国家也会遭遇更大的环境破坏，更高层次的生态失序。

关于未来的环境状况，我认为有两种趋势还会继续：首先，不断增加的社会不平等；其次，越来越多的环境破坏。这两种趋势是相互关联和相互增强的。第三种趋势可能包括如下一种或两种情况：①社会运动会促进剧烈的转变以应对以上两种趋势；②社会运动对现有占统治地位的社会制度的改变微乎其微；③①和②的某种结合。

我对环境社会学的光明未来很有信心，特别是中国以及其他亚洲国家等新兴力量在环境社会学领域的发展。我相信不断增长的不平等以及生态系统的破坏会极大促进很多环境社会学家发展理论、方法，推进应用。这些都会促进我们对社会—环境危机的理解。我也相信越来越多的社会运动会将自然环境和社会正义联系起来，越来越多的环境社会学家也会这样做。

耿：学术研究和政策制定有很大区别。环境社会学家如何能影响到政府决策呢？如何能通过实际行动改善环境？

佩罗：我认为有很多种方法。Robert Bullard 就是非常成功的一位学者，不管是在地区层面还是在联邦层面。他曾经是克林顿总统的过渡小组成员之一。这个小组真正帮助了克林顿总统开启了第一个四年的总统任期。Robert Bullard 的主要责任是协助克林顿总统制定环境平等方面的总统令（Executive Order）。总统令规定联邦机构必须制定环境平等的计划和项目来确保联邦政府不仅能改善生态系统，还要确保其不制造环境不平等。我认为其他的学者同样也在环境事务上为其他的总统提供过咨询。在一些地区层面工作的学者，比如我，就在曾经作为工作组的成员为政府在土地污染、资源的回收利用方面提供帮助。

在很多方面，美国学者可以通过引起政府对环境问题的关注这一层面影响政府，并且很多都取得了成功。但是美国政府很多时候做的仅限于此，它并不想卷入激进的环境保护和环境公平实践中。很多对此疾呼，并且抱以希望的学者都不算成功。我想说，那并不是因为美国的特殊情境导致的。世界上任何国家的政府都对挑战制造环境负面后果的制度没有兴趣。因为那样会挑战他们的存在。我认为目前需要做到的是两块：首先，继续影响不同层级的政府和国际性机构，如联合国等，还包括环境方面的多样的国际公约。其次，学者们认识到我们可以在很多方面影响到以实现生态可持续为目标的环境平等也是非常重要的。

如果我们故意忽视政府，而为其他利益相关者和行动者服务，支持他们，最终，地球上没有一个政府会支持这样的生态可持续的政策框架。因为每一个政府某种程度上都致力于生产跑步机。所以，我想学者们必须想办法超越不同层次的政府，超越民族国家，从而创造一个积极的结果。

[**受访者简介**] David Pellow，现为美国加州大学圣巴巴拉分校环境研究系讲席教授，主要从事环境社会学研究，研究领域主要涉及生产跑步机理论、环境正义、社会运动等，生产跑步机理论团队的核心成员之一。出版著作多部，发表论文多篇。曾获美国环境社会学施耐博格杰出出版奖（Allan Schnaiberg Outstanding Publication Award）。

[**访谈者简介**] 耿言虎，社会学博士，安徽大学社会学系讲师，主要从事环境社会学研究。

社会建构主义与环境

——约翰·汉尼根(John Hannigan)教授访谈录①

【导读】约翰·汉尼根（John Hannigan），环境社会学社会建构论代表人物。访谈中汉尼根教授回顾了自己如何从一个社会运动者到与建构主义结缘的过程，他在早期研究中发现面对环境问题时现实的钟摆往往过度偏向"客观主义"或"现实主义"，对"主观主义"探讨甚少，于是决定要从社会建构主义视角来研究环境议题。汉尼根教授重点谈到风险社会中存在的"科学缺场"与"媒体论战"问题，认为科学家垄断知识生产的破灭，一定程度助长了民众对赋予政治目的媒体的盲从和崇拜。媒体擅长设置议程、讲述故事，将不经考证的信息不加批判地"灌输"给受众，却不能激发更深层次的环境思考，实际造成建构论视角下"权力"与"话语"分配的不平等。社会学家在环境议题政策讨论上的"被边缘化"和"集体失声"就是一个明显的例证。汉尼根教授认为，尽管社会学家在研究环境议题时常常会由于自身"装备不齐"而不能对某一环境声张的真实性，特别是那些有赖于复杂科学论证的环境问题作出有效评估，即所谓的"不可知论"，但是并不代表对环境问题"无能为力"，社会学家完全可以在权力和文化背景下去研究环境问题实际的或可能的社会反应，并对真实存在的环境问题毫不犹豫地表达批判的观点。对于"新生态

---

① 2014年10月汉尼根教授接受了刘丹博士的笔谈邀请。2014年12月汉尼根教授对访谈主题和提纲进行修订，2015年2月完成笔谈一稿，随后刘丹就一稿中存在的问题向汉尼根教授进一步求证，2015年5月进一步细化访谈内容完成笔谈二稿，2015年12月完成全部修订工作。本访谈录由刘丹整理并翻译，英文稿经汉尼根教授审订。

学范式"，汉尼根教授肯定但不推崇，认为是一种有用的分析工具，但不具有足够的理论支撑或原理基础。对于环境社会学的未来发展，他认为面对环境风险的跨国界发展趋势，需建立新的环境灾害管理机制，由"保险逻辑"取代"人道主义逻辑"成为应对环境风险的主导原则。环境社会学要努力发展成一门致力于探究有助于实现低碳未来的问题的新学科，环境社会学研究者要以开放的思想迎接各种环境问题带来的挑战，深海环境问题是亟待社会学家介入的全新研究领域。

从社会运动者到与建构主义结缘

刘丹（以下简称刘）：汉尼根教授，您好！我想从了解您的个人历史开始这次访谈。您能简要介绍一下您的学术发展轨迹吗？

约翰·汉尼根（以下简称汉尼根）：好的。我是在加拿大西安大略大学完成我的社会学学士和硕士学位的。毕业后我在联邦政府工作了一年，然后又重新回归学术，于 1973 年报考美国俄亥俄州立大学社会学系的博士研究生计划。在俄亥俄州，我是灾害研究中心（DRC）的应急预案研究员，该中心在当时是北美地区研究自然灾害的顶尖社科研究中心。今天，灾害社会学和环境社会学有很多地方相交叉，以雪莉·洛什卡（Shirley Laska）、雷·墨菲（Ray Murphy）和斯蒂芬·皮库（Stephen Picou）等人的研究工作著称。但是，在 20 世纪 70 年代，这两大领域相互独立，所以我并没有意识到巴特尔、卡顿和邓拉普、施耐伯格等其他先锋者正在进行环境社会学的研究。读博阶段，我的研究领域集中在集合行为和社会运动（这两个方面在那时是结合在一起的，现在分开了），复杂组织及城市社会学。我的博士论文研究的是安大略地方政府对警察局、消防部门及应急相应部门的组织效应。1976 年博士毕业后，我接受了安大略大学社会学系的工作邀请，一直工作至今。1998 年我荣升为正教授；1999 年至 2002 年，任系研究生主任；2000 年至 2003 年担任加拿大社会学和人类学学会（CSAA）秘书。

刘：您是在什么时候第一次接触到社会建构主义？

汉尼根：我记得大概在研究生时期，伯格（Berger）和拉克曼

（Luckmann）的《现实的社会建构》一书已经被公认为是这一领域的经典之作。我在 DRC 时曾与凯瑟琳·蒂尔尼（Kathleen Tierney）在一个办公室工作了一段时期，凯瑟琳的博士论文就是"看美国家庭暴力运动的社会建构过程"。另外，我还与俄亥俄州立大学的另一个叫斯蒂芬·波弗尔（Stephen Pfohl）的研究生一起研究儿童受虐事件的"发现"。凯瑟琳的工作成为越轨社会学和社会问题研究中形成建构主义范式的关键基石。不过，我与社会建构主义最具意义的邂逅却发生在将近 25年之后。

刘：我想知道您早期接触到社会建构理论时，这些学者的思想给了您怎样的影响？

汉尼根：1985 年我在《社会学季刊》上发表了一篇关于欧洲重要思想家阿兰·图海纳（Alain Touraine）和曼纽尔·卡斯特（Manuel Castells）的观念如何为社会运动理论指明方向的文章。之后不久，我收到了一封来自雷纳尔多·斯特拉索尔多（Renaldo Strassaldo）的来信（注：是纸质信，当时电子邮件时代还未来临），这位温文尔雅的意大利学者，就是当时国际社会学学会（ISA）"社会生态学部"（之后与 ISA 的"环境与社会部"合并）主席。斯特拉索尔多教授非常欣赏我在《社会学季刊》上发表的文章，并邀请我参加在意大利北部城市乌迪内举行的环境社会学会议。我接受了他的邀请欣然前往，在那次会议上我有幸结识了许多环境社会学领域的杰出代表人物。三年后，我参加了在荷兰沃德斯霍顿举行的ISA 学术研讨会，并提交了一篇关于"环境社会学的当代发展"的文章。为这次会议作主题演讲的是巴特尔教授，他说，一些全球性的环境问题之所以获得广泛传播并被认为很重要，并不见得这些问题真的更具风险性和潜在破坏性，而是因为它们被建构和推动得更为成功。1992 年巴特尔与彼得·泰勒（Peter Taylor）在《全球环境变迁》杂志上发表了相关论述的文章，但是之后，他很快就放弃了建构主义论，担心这一研究诉求有可能会降低追求环境变革的合法性。尽管如此，我还是深受巴特尔那次讲话的影响，决定一回到多伦多就着手将社会建构主义与环境的讨论扩展成一本书厚度的手稿。读了史蒂夫·耶尔莱（Steve Yearley）极富见地的书《绿色情境：环境议题的社会学》（1992）之后，更加坚定了我的信心，也为我接下来的研究指明了方向。

刘：您如何给建构主义和客观主义之间划定界线？您是否认同没有任何一项研究是绝对的建构主义或绝对的客观主义？

汉尼根：是的，我认为这是一个非常精确的描述。现实主义和建构主义的严格区分只有在纯哲学争论的神秘参量里才具有意义。这让我想起凯斯·特斯特（Keith Tester）的一个论点：一条鱼就其本身而言，无法在社会分类之外存活。在真实世界里，很难划清二者之间的界线。让我给你举个例子，一些非洲国家的反叛群体不断地大量使用童子军，如果认为其不会造成社会不安、没有危害是不对的，但是与此同时，认识到这些童子军和对他们的改造再教育如何被媒体、学者和人权主义者视为有问题的和可控诉的，也是非常重要的。事实上，甚至"童子军"的定义本身也已经受到法律和道德上的挑战。

刘：您如何看待当今建构主义在西方发达国家的发展？

汉尼根：当我第一次开始写关于社会建构主义的时候，这个概念还比较新，还有些争议。我认为在今天并不是那么必要的，至少在大学的院墙内。现在，社会学家几乎用建构主义分析一切。相比之下，在政治科学领域，建构主义已经经历了更加艰难的时期，特别是在面对国际关系现实主义理论的反对时，该理论将反建构主义视为应对策略和博弈对象。

刘：接下来我们来聊一聊环境，您是如何介入到环境问题研究中来的？

汉尼根：不像很多北美第一代的环境社会学家，他们最初的职位是农村社会学或自然资源社会学，我是以一个社会运动学者的身份进入环境研究的。这或许会让人有些惊讶，在我的书中并没有广泛地涉及环境行为主义和环境运动。不过，其中有很多关于社会运动的重要概念，如帧和帧定位，这些概念非常有助于理解为什么有些环境议题和环境问题能够那么成功地抓住公众的视线和注意力，而有些却不能。

刘：您是怎样被吸引到环境社会学这个领域并运用社会建构主义视角展开研究的？

汉尼根：正如我之前谈到的，20世纪80年代晚期到90年代初期，我在国际社会学学会环境社会学会议上有幸结识的那些学者给了我重要的启发，尤其是巴特尔，比尔·弗罗伊登伯格（Bill Freudenburg）和迈克尔·拉德克利夫（Michael Redclift）。大约在同一时间，我和我的妻子露丝（Ruth）在地区环境政策研究方面开始活跃起来，以成功发起运动关闭毗邻我们社区的过时的垃圾焚烧炉为开端。我开始发现，在环境议题上学术和政治是如何相互关联的。

刘：您如何看待环境社会学的定义？

汉尼根：在 20 世纪 60 年代和 70 年代，这一领域更有可能被描述为"环境的社会学"。邓拉普和他的同事们发现这一领域延伸的界限过于宽泛，应在一定主题基础上给这一领域做出定义，而不是根据任何独特的理论视角。为了在学科中开拓出独特的新类别，卡顿和邓拉普声称"环境社会学"必须依据"生态中心主义观"的人与自然的关系来界定。我从来不接受这种设定。事实上，这一领域做得最好的一些研究都是来自政治经济学的视角，这些研究视角并不必须（当然也并不排除）要效忠于"新生态学范式"。

刘：您在组织《环境社会学》这本书时，为什么会想到用社会建构论和其他后现代主义视角？

汉尼根：我想郑重声明，我从来都不是"后现代主义者"。如果读过我在城市研究方面写的文章就会非常明了，这也是我的另一个主要研究领域。20 世纪 90 年代中期，我在《当代社会学》期刊上发表了一篇"趋势报告"，我在结论中指出，"后现代城市"具备的一些特征，用生态学或政治经济学模型来解释都不充分，但是后现代分析家在依赖印象主义的主张和经验证明之间却出现了脱节。

回答你的这个问题，我有意选择社会建构主义来组织这本书是因为我认为现实的钟摆已经过度偏向"客观主义"或"现实主义"的方法。特别是邓拉普和卡顿的"新生态学范式"，在"拯救地球"这一必然行动的驱动下，为环境社会学提供了一个压缩了的现实主义模板，并不加批判地接受激进生态主义者的主张，认为正在逼近的"环境危机"是未加抑制的人口增长和工业扩张造成的结果。

风险社会的"科学缺场"与"媒体论战"

刘：后现代是否意味着科学信仰的逐渐缺失，以及对赋予政治目的的媒体的极力推崇？

汉尼根：方法上，如贝克的风险社会的论点非常热衷于评论科学家垄断知识生产的破灭，以及相伴而来的最终赋权于个体公民和公民科学的自反现代化的动力的增长。然而，当涉及诸如全球气候变迁这样的环境议题的争论时，似乎已经褪色的权威科学又一遍又一遍地为行为主义声称不断辩护。当这种"共识"受到挑战时，进一步的科学论战反而回避一侧，争论的战场直接转向媒体层面。

刘：您如何看待媒体（特别是网络新媒体）对受众环境问题认知的影响？

汉尼根：媒体的角色根本就不是直截了当的。20世纪50年代至60年代的"皮下注射"模式，使媒体可以有意将不足信的信息不加批判地"灌输"给受众。后来，这一模型被另一个强调信息传递者、个人影响力和双向沟通的模型所取代，再后来又被以"构思、修辞和叙事"为特征的建构主义模型所替代。

媒体可以对受众环境问题的认知产生影响吗？在一定程度上，答案是肯定的。媒体非常擅长设置议程、讲述故事、识别英雄还是恶棍。但是，它们却不能激发更深层面的对环境议题的思考，也不能保证"兜卖"出什么特别的或有价值的观点。例如，主流英国媒体多年来一直全力以赴警告说，与人为的气候变迁相关联的世界末日正在逼近，但是调查显示，很多英国人就是拒绝接受这种说法。

建构论视角下"权力"与"话语"的重要性

刘：想请您谈一下环境议题下的权力关系问题。

汉尼根：我长期以来一直坚持认为，环境社会学家应该把如何在社会建构主义框架内清晰阐释权力关系放在优先考虑的位置。我在《环境社会学》"环境话语"章节中对此有过一些讨论。后来比尔·弗罗伊登伯格（Bill Freudenberg），在我看来是这一领域的伟大人物，他在探讨风险、权力和合法性的交互关系方面做了大量的研究。权力同样在环境正义议题中扮演着核心的角色，如大卫·佩罗（David Pellow）在这本书的访谈中提到的出现在路易斯安那州"癌症走廊"一带的权力和不平等问题。

刘：如何运用社会建构主义去解释当今的环境问题？您能介绍一下您相关的案例研究吗？（比如说酸雨问题、生物多样性缺失、牛科动物荷尔蒙的增加等。）

汉尼根：在20世纪90年代中期，当我刚开始写酸雨问题和牛科动物生长激素问题时，这两个问题在环境议程中已经减弱了。酸雨作为20世纪70年代一个重大环境议题，它反映了综合性的因素：科学证据详尽但不确定；利益集团政治的胜利远过于环境政策的胜利；把酸雨归于更为广泛的全球气候变暖的环境议题等。与此同时，一些符合社会建构主义分析的新的环境议题也已经出现，在《环境社会学》第3版中我加了新的案例研究的章节"水力压裂"（"页岩气开采"）作为一个新出现的紧急的环境议题。

刘：您可以谈一下当今我们面临环境问题研究挑战时，社会建构主义能够给予的贡献吗？

汉尼根：从第1版《环境社会学》出版以来的20年里，我不断认识到社会建构主义中话语的重要性。因此，我最近的一本新书围绕深海地缘政治的四个关键叙事——海域、深渊治理、主权博弈和拯救海洋，以及与之相关的不同解释和政策含义来构架全书。

刘：您为什么会说，在环境威胁这个问题上社会学家应该有意站在"不可知论"的立场？

汉尼根：在20世纪70年代我还是研究生的时候，"价值中立社会学"的必然践行仍是一种典范。不过，这终究是不足信的，很大程度是由于它被不适当地用来支持社会现实的合法性，以及反对社会和政治变迁。但是，我认为真正的危险是社会学家拒绝任何价值中立的假装，抱守某一原因，以"再不行动，为时不多"为理由不允许出现任何自由的讨论。我在《环境社会学》第3版新增的"地球处于危险之中"一章中指出，世界末日说是如何持续40多年之久的。20世纪70年代，罗马俱乐部的报告《增长的限度》对此做了概括，今天，这一世界末日说又变为"难以控制的气候变暖"的叙事。不过，这一叙事的基本要素并没有发生变化：由于资本主义的某些联合、过度人口、食品产量下降、自然资源减少、不加遏制的工业主义、控制碳排放的失败，以及有毒污染、人类的贪婪、追求物质主义生活方式等使地球仍处于危险之中。

刘：您是否认为环境社会学家本身就是环境问题的一部分？

汉尼根：我认为大多数环境社会学家都由衷地关心地球的状况。但我不认为他们在政策讨论上具有多深的影响力或者围绕环境议题拥有更多的主动权。例如，罗伯特·布拉德（Robert Bullard）试图在美国促成环境正义立法却并未奏效。再如，2010 年 2 月来自亚洲、欧洲和美洲的 14 位杰出的自然社会科学家齐聚英国的哈特韦尔屋，探讨现有方法在气候变迁认知上的失败，并推荐另一种可替代的方法。然而，这次会议并没有邀请一位社会学家参加。

刘：对真实存在的环境问题持不可知论是社会学家的唯一选择吗？

汉尼根：我认为社会学家在面对真实存在的环境问题时，要毫不犹豫地表达自己批判的观点，而不应认为违背了价值中立的立场。我在第 3 版《环境社会学》中对"水力压裂"（水平压裂）或"页岩石开采"有着非常直接的反对立场，因为我认为这会导致非常严重的环境破坏。是的，我知道在 10 几年前史蒂夫·沃尔加（Steve Woolgar）和他的合著者在"本体论的嬗改——任意筛选那些被认为是问题的和有研究价值的问题"一文中就对违背价值中立的立场提出了责难。与此同时，我也承认，正如巴特尔和泰勒在 1992 年发表的一篇文章中所指出的，环境社会学家确实没有特别好的资格去评估某一环境声张的真实性，特别是那些有赖于非常复杂的科学论证的环境议题。不可知论本身也是有价值的。

"环境社会学家"还是"生态斗士"？

刘：您如何看待卡顿和邓拉普有关环境社会学的研究方法，以及他们对建立"新生态学范式"的提议？您为什么会说卡顿和邓拉普的方法是一种行动主义而不是理论分析？

汉尼根：邓拉普在创建和培育环境社会学这一领域做出的巨大努力是值得称颂的。事实上，他是我在意大利乌迪内一个冰淇淋售卖亭见到过的第一个环境社会学家。现在 HEP/NEP 范式广为人知，我想人们肯定容易忘记在 20 世纪 60 年代卡顿和邓拉普刚提出这一范式的时候是多么的具有创造性和实用性。即便如此，我也从来不是这一范式的忠实粉丝，也没有使用 HEP/NEP 的标尺去研究态度或公众舆论的类别。一方面，它并不必然与"实际的行为"相联系,更甚者,研究者会很容易陷入这样的陷阱,就是盲目探寻不同类别间 HEP/NEP 分值的显著性差异,如年轻人与老人,男人与女人,农村与城市,自由党与保守党,共和党与民主党等,而没有提供任何理论支撑或基本原理。正如我在《环境社会学》中指出的那样,我一直认为卡顿和邓拉普的"环境的三种竞争性功能"(资源供给站、生活空间和废物存储库)有着相当大的分析潜能,但不明白他们为什么没有将这一模型深入发展下去。就这一点而言,我非常高兴地发现,邓拉普在这本书的访谈中援引了他的"环境的三种竞争性功能"作为对"生态限度"的评论。

刘:为什么您会说生态学范式并不适合您所推崇的知识社会学的方法?

汉尼根:这也并不是说完全不可能。不过,"新生态学范式"的传播者经常会禁不住滑向"斗士"的角色,而不是作为分析的一个功能。你可以在当前很多关于"气候变迁否定者"的社会学文献中察觉到,研究者们几乎无法隐藏他们的愤怒和沮丧,因为科学家和政治家在那里,他们不愿意采纳社会学家的观点,正如前面提到的气候变迁政府间会议(IPCC)上根本没有社会学家的声音。

刘:您声称社会学家的角色不是探寻环境问题的社会成因和后果,他们应该限制自己这么做,而要审视环境问题认知产生的社会成因。您这种认识是如何产生的?

汉尼根:我不记得我曾经这样说过。我在俄亥俄州立大学的博士论文导师亨利·夸兰泰利(Henry Quarantelli)曾经教导我们用他的"5Cs"来分析社会现象,即背景、类别、条件、成因和后果。我总是把它们铭记在心。

刘:您是否依然认为社会学要忽略环境问题的人类成因和后果,而把这些问题交给生物学家或其他自然科学家?

汉尼根:我需要澄清一点,我从未宣称过社会学家要忽视环境压力的人类成因和后果。我所要表达的,也是巴特尔和泰勒曾经说过的,社会学家常常由于自身"装备不齐"而无法对谁是正确的,谁不在科学争议之内做出筛选。例如,在我最近的一本新书——《深海的地理政治学》的结论章节中,探讨了关于"丢失的热量"的争论,讲的是为什么在过去的 2000 年到 2010 年的 10 年间，尽管温室气体排放持续增加，但世界空气温度却趋于平稳的秘密。一种解释是"丢失的热量"暂时被掩埋于 300 米以下的深海层中，不过将会重返陆地表面侵扰我们。气候建模学家报告的一些数据支持上述论点，但是还没有被其他人所批判。作为一个环境社会学家，我可以从社会科学视角对"丢失的热量"的争论进行质问，但我没有科学背景或专业技术来确定"热量埋藏于海洋"的解释是否正确，或者数据是否有效。我完全赞成康丝坦斯·利弗特雷西（Constance Lever–Tracey）所观察到的——"可以论证的是，社会学家没有资格去评估由自然科学家描绘的情境的可能性，但是我们可以在权力和文化的背景下研究实际的或可能的社会反应"。

环境社会学研究的前景和方向

刘：您最近出的新书是关于环境灾害的，您能给我们介绍一下这本书吗？以及为什么会把这个主题看得如此重要？

汉尼根：《灾害无边界：灾害的国际政治学》这本书受剑桥大学政治出版社的委托于 2012 年出版。我在这本书中指出，国际社会在处理全球自然灾害方面一再错失建立有效的具有约束力的多边机制的机会，特别是在南半球的脆弱国家。尤其在灾害概念化的方式与适合的管理灾害的制度架构方面并不匹配。自然灾害往往被认为是偶然发生的短暂事件，适合由人道主义的救济和重建来进行干预，而不是必须要通过集体行动来减少长远的风险和培育复原能力，特别是减少草根阶层的灾害风险。

刘：您能介绍一下您这本新书中的 SCPQ 框架吗？

汉尼根：SCPQ 代表着安全化、灾害情境重建和风险模型、私有化和量化。我在这本书的结论章节中提到，一个关于资源、关系和制度的新的构架在国际灾害政治学中开始出现。SCPQ 在现存的有关灾害管理和规划的人道主义框架下并不完全适合，它将新的"保险逻辑"作为指导性的原则推上台面。关于灾害救济和灾害重建的语言正在发生转换，像问责制、时代的结果、可测量的结果、经济生存能力、成本效益、支付意愿等词汇变得更为重要。远程传感，也许还有支持国家安全的地理空间情报，将成为自然灾害监控的标准工具。管理灾害风险将从公共部门转向私人部门，市场机制将逐渐发挥主导作用。

刘：在您看来，当今环境社会学面临的最大挑战是什么？您怎么看待环境社会学这门学科的未来发展？

汉尼根：在《环境社会学》第3版中，我建议环境社会学最有前途的发展方向是努力发展成为一门致力于勘探那些有助于实现低碳未来的问题的新学科。像迈克尔·拉德克利夫（Michael Redclift），约翰·厄里（John Urry）这些学科的引领者已经为这一前景做出了非常有用的贡献。不过，并不是所有环境社会学家都赞同。例如，雷·墨菲（Ray Murphy）认为这种认识过于乌托邦，建议社会科学家应加强揭示和分析由人类活动导致的气候变迁的社会成因和后果。

我也一直非常确信未来环境问题和冲突将会围绕深海不断增加。我不理解是什么原因社会学家总是忽略这一话题，而把对海洋环境的思考留给地理学家和法律学者。深海最终将会以其引人注目的生态多样性而被认为是生态热点。世界海洋正处在不断下降的危险的轨迹上，受到酸化、石油天然气钻探、过度捕捞，以及从长远看的深海采矿、生物勘探和地质工程等的威胁。我最新的这本《深海的地理政治学》就是试图讲述这一议题。

刘：您可以对从事环境社会学的年轻学者提一点重要的建议吗？

汉尼根：保持开放的思想。

[受访者简介] 约翰·汉尼根，加拿大多伦多大学社会学系教授。研究领域主要集中在社会运动；媒体社会学；后现代城市社会学；环境议题和问题研究等。主要著作有：《环境社会学》、《幻想的城市》、《灾害无边界：自然灾害的国际政治学》和《深海的地理政治学》等。

[访谈者简介] 刘丹，河海大学社会学系博士毕业生，普林斯顿大学移民发展研究中心访问学者、江苏省人口与发展研究中心助理研究员、项目管理部主任，江苏省人口学会理事。主要研究领域为：人口社会学、城乡社会学和环境社会学，近些年主要从事人口迁移、家庭与生育、人口老龄化及环境可持续发展的议题研究。

生态现代化:可持续发展之路的探索

——阿瑟·摩尔(Arthur P. J. Mol)教授访谈录①

【导读】 生态现代化理论是一个有着重要影响的思想流派,其主要观点可概括为"经济发展与环境保护能够实现双赢发展"。这与当下世界各国正在探索的可持续发展理念十分契合。受访人结合自己的学术研究历程,首先强调了多学科、跨领域进行环境社会学研究的视角和方法,进而澄清了生态现代化理论发展的脉络,总结了其团队在生态现代化思想传播、生态理性及生态层研究、消费的生态现代化研究以及全球化与环境的关系等方面所做的研究等,认为生态现代化是解决当下资本与生态冲突的一种有益探索,并预见了未来生态现代化研究将转向消费、海洋研究和全球环境网络、环境流动等领域。以中国为例,受访人重点分析了中国走过的生态现代化之路,对中央与地方政府的关系做出了独到分析,并认为中国若要克服生态现代化道路上的阻碍,必须改变中央对地方的激励机制,壮大市民社会的力量,从而自下而上地促进环境改革的发生。

邢一新 (以下简称邢):摩尔教授您好,很荣幸有机会对您进行访谈。本次访谈是"什么是环境社会学"系列访谈之一,围绕"生态现代化"主题展开。首先,您能简要介绍一下您的学术背景吗?

阿瑟·摩尔 (以下简称摩尔):我在瓦赫宁根大学完成了环境科学专业学士和硕士阶段的学习,并顺利取得了学位。那时候环境科学更多意义

---

① 邢一新 2014 年 12 月 15 日对摩尔教授进行电话访谈。本文由邢一新根据电话访谈录音整理并翻译,英文稿经摩尔教授审订。

上是为学生所设置的一门自然科学课程。在硕士阶段，我学习了关于社会学、科学哲学和法学等方面的课程，这在当时（20世纪80年代早期）并非常设课程。取得硕士学位后，我进入荷兰阿姆斯特丹自由大学工作，在那里我进行了2年的环境研究。1990年我到阿姆斯特丹大学读环境社会学博士，同时担任瓦赫宁根大学环境社会学专业的助理教授。1995年，欧洲化工工业领域出现了一些对环境变化的社会科学研究，也是在这一年我取得了博士学位。1999年，我晋升为瓦赫宁根大学环境政策系教授，并担任该系主任。在这期间，我承担了许多工作，并担任了4年的国际社会学协会环境与社会研究委员会主席。2009年我成为中国人民大学的教授，2013年成为清华大学的教授。去年（2013年），我被任命为马来西亚国家大学的教授，并兼任日本千叶大学的教授。这大概是我的一点背景。

邢：您在环境领域主要参与哪些学术活动？

摩尔：可以分为两个方面。首先是学术研究。我从1978年开始从事学术研究，此后一直致力于环境问题的研究，因此我所有的学术训练和科研工作都围绕环境退化和环境改革展开，从水污染、废弃物污染这样的地方性问题或局部性问题扩展到跨国环境研究这样的全球性问题。其次，我还是一些非政府组织的成员，承担一些工作，如为"地球之友"撰写关于可持续经济发展的报告和书籍。我还曾撰写一些关于可持续消费的报告。虽然这并非严格意义上的科学报告，但能为环境非政府组织制定策略提供参考。我同时也是联合国粮食与农业组织（FAO）环境与粮食可持续发展问题的研究顾问，以及联合国环境可持续发展委员会的顾问。因此我在环境领域的参与分为两部分：一是学术研究，旨在理解环境问题、环境治理和环境改革；二是实践方面的，为企业、政府和社会中的环保人士提供一些建议，以增进他们在环境影响中的功能。

邢：您是如何定义环境社会学的？

摩尔：我认为环境社会学是关于环境和社会关系的研究。关于环境政治学、环境社会学、环境史学和环境地理学等的学科界限存在很多争论，对此我并不十分担心，我认为应该从多学科、多研究视角来获得关于"环境—社会"关系更好的理解。例如，环境与社会是如何互动的？互动的结果是什么？时间和空间上的互动有什么不同？哪一种互动导致了环境退化或环境改善？我经常做更多的跨学科研究，以借鉴不同的学科思想和见解，甚至应用一些自然科学方法。所以尽管我曾研习过所有的社会学理论，我并不将自己定义为一个严格意义上的环境社会学家，我的许多同事也认为我更像是一个"理论上的环境社会学家"。为什么我认为自己"是一个环境社会科学家而不是一个纯粹的环境社会学家"呢？因为我并不仅仅将我的理论和研究视野基于马克斯·韦伯、埃米尔·涂尔干、卡尔·马克思等经典社会学家的研究基础之上，而是综合了地理学家、政治学家等非纯粹意义上的社会学家的研究，并将他们的研究应用于我们的概念化过程。我认为这能够帮助我们进一步理解多样化是如何产生的。同样可以在欧洲大陆和英国看到这一现象。因此如果比较欧洲和美国的环境社会学，将会发现美国倾向于将环境社会学归于社会学的学科分支。对美国社会学家而言，环境社会学应该与经典社会学研究相结合，这是至关重要的。而在欧洲，我们从不担心这一点。欧洲的环境社会学家同时也以其他多种学科为研究基础，并从中获得深刻见解。从这个意义上出发，欧洲并没有纯粹意义上的环境社会学研究团队或协会。例如，欧洲社会学协会中，研究环境问题的学者当中既有社会学家，也有政治学家、人类学家、历史学家、地理学家，等等，他们来自不同的学科背景，都尝试理解和研究环境与社会的互动。

生态现代化理论发展脉络

邢：我们来谈谈生态现代化理论。您能谈谈生态现代化理论产生的背景吗？

摩尔： 我认为如果真的想了解生态现代化理论，必须了解它是从何而来、何时产生以及为何产生的。如果追踪理论的起源，我想应该追溯到德国的马丁·耶内克（Martin Jänicke）[①] 和约瑟夫·胡伯（Joseph Huber）[②]，他们是最早定义"什么是生态现代化"的。他们提出了生态现代化的概念，因为他们对当时的社会科学家以及环境运动人士如何看待、分析以及

---

① 德国社会学家，20 世纪 80 年代生态现代化理论的奠基者。

② 同上。

试图改善环境状况十分不满。当时，不仅是在德国，也在欧洲其他国家，环境运动和环境倡议几乎都来自左翼政治团体，尤其是马克思主义学派，聚焦于"为什么当下社会导致环境退化"。因此当时很多先进的理论都在分析"为何在70年代和80年代早期的社会，环境并未得到改善"，并将原因归结于经济结构，以及国家对经济体制的依赖。马克思认为企业需要赢利来生存，因此并不关心环境。马丁·耶内克和约瑟夫·胡伯发现在这样消极的结构性分析中，改善环境几乎渺茫无望。在当时他们也发现了一些环境并未退化的地方，或者并未出现环境退化的议题。例如，当时一些国家的水污染状况有所改善，空气污染问题开始得到重视，固体废弃物也得到较好地处理和循环利用。他们看到了这些环境改善的发生，并努力构建一些概念和理论来揭示这些现象为什么会发生，最终形成了生态现代化理论。这一理论证明，现代社会能够实现环境改善。现代欧洲社会是一个资本主义社会、民族国家社会、技术社会、民主社会，所以很显然环境改善很有可能会发生。不能为了改善环境而绝对地批评现代社会，完全地摒弃资本主义经济和工业体系，终止现有的民主制度。那么在什么情况下各界人士都能联合起来致力于改善环境呢？马丁·耶内克和约瑟夫·胡伯初步设想了生态现代化的理念，认为生态现代化不必一定与经济增长、工业发展、社会福利增加、技术应用等背道而驰。当时这一观点也在欧洲环境运动中引起了争论。当时德国、荷兰、丹麦和英国的反核运动十分激烈，主要针对核电站及其国家、工业、技术和民主主义，这在后来被证明是消极的、错误的运动。随后同样也对大型化工企业提出了策略要求。事实证明，这些运动并未促成进一步的发展，仅仅带来了环境运动组织与警察间的打斗和抗争，并未带来实质性的环境改善。所以马丁·耶内克等试图提出一种能够实现社会可持续发展的举措，生态现代化就是这一再调整的努力。德国绿色运动和绿党的出现，以及后来在荷兰和丹麦的环境运动中，都提到我们如何努力建设一个更为环境友好的社会。因此得益于当时的社会科学研究和社会运动，以及19世纪80年代末期传统理论方案的缺憾，生态现代化的理念应运而生。当然80年代晚期可持续发展观点的出现也是非常有帮助的。布伦特兰委员会于1987年发布了《我们共同的未来》报告，可持续发展的观点恰好反映了生态现代化的思想。可持续发展借鉴了生态现代化的一些思想观点，这两个概念间有着十分密切的联系，这也使得科学界和社会中的其他人士开始关注生态现代化并着手相关研究。

我初次接触生态现代化理论是在 80 年代中期。1985 年我取得了硕士学位，进入阿姆斯特丹自由大学工作。我具有新马克思主义的理论背景，所做的也是经典的社会学研究。但我对经典社会学对环境改革的解释力并不满意，所以我开始寻求其他不同的观点和理论视角。那时环境社会科学方面的文献并不多见，20 世纪 80 年代末或 90 年代初如果能够找到环境议题方面的一本新书、一篇新文章都是令人欣喜若狂的，所以我们开始试着发展自己的理论。我们能够读懂德语，发现并选择了马丁·耶内克、约瑟夫·胡伯和其他一些只用德语写作的学者的研究著作。之后我们深化了他们的理论观点，尤其在概念化方面，我认为这是瓦赫宁根大学在生态现代化理论体系建设方面的贡献。并不仅仅是概念和观点，我们还建设了理论体系框架，这是我们在 80 年代末主要做的工作，并在 90 年代持续做。在当时，我们与丹麦、英国、德国的学者及环保人士展开了密切合作，也因此形成了关于生态现代化理论研究的学术团队。团队成员兴趣广泛，有的关注组织，有的关注话语分析，有的关注政治科学或政治机会，也因此产生了不同的学术观点，但这些观点都基于一个基本观点，即现代社会能够促进环境改革，无须为拯救地球而抛弃现代社会，这就是生态现代化理论产生的基本背景。20 世纪 50 年代以前，构建理论或对"发展"的分析是不可能的，因为这在当时并不合适。生态现代化理论的产生是与特定的时间、空间条件相关的。也许在百年后，这一理论将不再适用于分析当时的环境社会关系。这也是我们所称的实质理论而非形式理论，后者在任何时空条件下都能适用。生态现代化理论是试图解释当下环境—社会关系中发生了什么的实质性理论，也试图为建设环境友好社会做出进一步的努力。

邢：您提到了生态现代化理论的奠基者。目前有两种不同的观点：一种认为生态现代化起源于约瑟夫·胡伯；另一种认为起源于马腾·哈耶尔（Maarten Hajer）。您是如何看待的？

摩尔：不，这两种观点间并不存在太大的争论。马腾·哈耶尔对生态现代化的研究要晚得多，甚至晚于我们在瓦赫宁根大学所做的研究。哈耶尔主要从 1995 年开始进行研究的。有些人对约瑟夫·胡伯和马丁·耶内克究竟谁先提出和使用生态现代化的观点存在争论，我都曾与他们有过密切的合作，他们两人也是十分要好的同事。我们统一认为，马丁·耶内克是首次提出和使用生态现代化概念的。当时他是柏林社会民主党的议会成员之一，1979 年他首次在议会的一次政治演讲中提出了生态现代化的观点。约瑟夫·胡伯使用这个概念稍晚一些，是在 80 年代早期，在他 1982 年的著作 *Die Verlorene Unschuld der Ökologie* 中使用的。我们并不能清晰地辨别他是从马丁·耶内克那知晓这一概念，还是几乎同时使用了这一概念，但胡伯确实使生态现代化的概念开始出现在科学文献中，马丁·耶内克也在其后开始更多地在学术上应用这一概念（之前他较多地在政治领域应用这一概念）。

邢：您能谈谈在生态现代化研究方面，早期的经典研究学者对您产生了什么样的影响吗？

摩尔：我认为约瑟夫·胡伯和马丁·耶内克的研究对我有着深刻的影响。约瑟夫·胡伯（Joseph Huber）是一个社会学家，他将生态现代化与不同的社会学理论联系了起来，将生态现代化置于更广泛的社会科学讨论和环境社会学讨论之中。他的巅峰之作是 1982 年所作的 *The Lost Innocence of Ecology*，这本书目前尚未被翻译出版。在这本书中，他从不同的社会学理论角度探讨了生态变化，并将环境与经典（或第一代）生态现代化理论联系起来。他的研究帮助我们进一步将生态现代化定义为一个理论或社会科学概念。但我与他不同的一点是，他特别强调"技术"的重要性，尤其在他后期的研究中。我确实认为技术是环境改革进程中的一个重要因素，过去如此，未来也会如此，但我并不像胡伯那样以对"技术"的研究为核心。

马丁·耶内克的贡献在于他将生态现代化与政策制定和环境政治紧密结合了起来。他的著作《国家失败：工业社会的政治无能》（*State Failure: The Impotence of Politics in Industrial Society*）于 1986 年首次以德语形式出版，1990 年被翻译成英文。尽管这部著作并不仅仅是关于环境的研究，但马丁·耶内克在书中揭示了国家在环境治理方面失败的原因。在当时，他展示了国家应对环境问题更好的策略，并将前期关于生态现代化的研究与国家政治联系起来。约瑟夫·胡伯关注的是何种生态现代化发展能够在国家之外生存、发展和被分析，主要针对的是新社会运动尤其是市场行动者，如保险公司和一些大企业。马丁·耶内克的理论与"国家"的关系更密切，所以他对国家进行了分析并指出国家在不同层面上如何改变、如何与非国家行动者合作来达到生态现代化。他提出了政治现代化或德国环境政治的现代化。我认为这是十分有益的，马丁·耶内克创造了我们现在所指称的环境政治的雏形，即国家并非是解决环境问题的唯一主体，也并非在环境改革中起主导作用，不同类型的行动主体都应参与进来，国家和非国家行动者应通力合作，这是一种多层面、多行动主体的治理。马丁·耶内克向我们展示的这种多层面的治理已经在 20 世纪 80 年代产生了，我认为这比其他环境社会科学研究者的理论提出都要及时，因此对我以及生态现代化学派都有十分重要的意义。20 世纪 90 年代末期，马丁·耶内克仍旧提出了一些新的观点，他本人在学术圈也仍十分活跃，并在生态现代化、政治现代化领域就多主体治理做了相当精彩的研究。

邢：您能谈谈与早期的研究者相比，您在生态现代化领域的突破主要是什么？

摩尔：哦，这很难回答。首先，与德语写作相比，我们开始用英语写作关于生态现代化的著作和文章，这有助于将不同的理论扩展到不同的国家。在这之前，生态现代化的观点仅限于在德国境内传播，因为约瑟夫·胡伯和马丁·耶内克在当时几乎不用英语写作（现在当然不同）。德国是一个大国，处于社会科学研究的前沿，拥有众多的学术听众，我们最早开始用英语写作和翻译生态现代化的著作文章，这有助于在德国以外的国家和地区传播生态现代化的思想。

其次，我们将生态现代化正式引入社会科学理论研究领域。我们建立了该理论的基础，在丰富的社会科学理论中正式引入了生态现代化理论。阐述了生态现代化与其他环境社会科学理论的相似及相异之处、理论的概念化过程、理论的特点，等等。我认为我们对生态理性的研究以及对独立的生态层的研究是十分重要的贡献。

再次，我们将生态现代化研究扩展至消费领域。早期的生态现代化研究更多地关注国家或工业，但我们所做更多的是展示消费领域的生态现代化：什么是可持续消费？如何推进可持续消费？如何动员市民社会的力量而不是仅靠国家来调节消费？等等。我认为这可以算作一项非常合时宜的贡献。

最后，我认为我们打破了生态现代化研究的民族国家界限。我们对生态现代化的研究是全球性的，我们关注全球多样性和全球互动而非单一国家或地区内的问题。我们关注国际投资和贸易、国际合作、国际运动、全球网络和流动。我们 2001 年的著作《全球化和环境改革》（*Globalization and Environmental Reforms：The Ecological Modernization of the Global Economy*）阐述了上述内容，非常有助于其他学者了解生态现代化的全球多样性。当时，全球化与环境的关系被视为是非常消极的，全球化仅仅被视为导致环境退化的因素之一，而忽视了其同时也是改善环境的机遇之一。因此我们试图平衡这一事实。全球化带来了一些消极影响，但同时也带来了机遇，例如，带来了新的信息通信技术（ICT）、全球环境运动，欧盟也可以帮助制定更好的环境战略。同时国际竞争带来了环保产品，并推动环境问题成为重要的国际问题。2006 年在我们的著作《全球环境流动》（*Global Environmental Flows*）中，我们提出了全球化和环境研究的新框架。我认为这就是我们对生态现代化的几点贡献。

生态现代化理论

邢：现代市场经济条件下，资本寻求利润最大化。当资本追求剩余价值时，将导致对自然资源的过度消费。您是如何看待资本与生态的关系的？

摩尔：这是生态现代化学者和其他学者，尤其是具有新马克思主义学术背景的学者间的主要争论。我认为，生态现代化理论强调的是，资本与生态资源间并非一对一关联，在环境或自然资源不恶化的情况下可以获得资本增长，或资本发展的经济增长。存在一种更加有效的方式来利用自然资源，资本能够利用更少的自然资源来生产各种产品，并很有能力对资源进行再利用，来创造新的资本。我认为，在探索循环经济或再回收、再利用的巨大潜力方面，我们才刚刚起步。这意味着能够最大限度地实现资源再利用，能够利用越来越少的资源（水、能源、材料等）来生产产品。当然，这取决于你关注的是哪种资本以及你所定义的资本是什么。如果仅仅关注物质资本或工业资本，未免太过狭隘，因为各种各样的资本能够被、而且正在被创造出来。文化资本、服务资本、自然资本甚至社会资本等等，经济增长可以利用这些各种各样的资本，且生产这些资本几乎不用自然资源。在这个意义上，资本型经济增长（如果你想这么定义的话）与自然资源利用的联系似乎并不密切，这当然是我们应该关注的重点之一。我认为对国家甚至企业而言，缩减其市场资本是很不易的，我们在过去已经看到这一现象，在未来也会看到。他们能够做的是使得所生产的资本非物质化。这当然要重新定义资本、经济增长这样的概念。我们要保证所利用的资本是环境友好的、尽可能非物质化的，物质材料是能够再利用、再循环的，这也是生态现代化试图解释的。可能存在这样一种经济形式，既利用资本又生产资本，但并非一定要消耗与资本等量的自然资源。关键问题在于我们如何设计这样的经济形式，以及如何推进这种经济发展来达到上述效果。新马克思主义认为，它不是一个自动实现或自然演进的过程（automatic or evolutionary process）。所有的学者致力于重构经济。生态学家、环境经济学家、社会学家、政治学家、公共管理学家都对此进行了研究，他们都关注于重构经济体系和政治体系，以达到既增加经济福利、又减少环境影响的目的。通过减少资本消耗、减缓经济增长来达到改善环境的目标当然是比较容易的（在必要措施上），也是可能的，但很难获得支持。如果在对民众宣传或在选举中透露出"收入会大幅减少"的信息，那么你将得不到任何政治支持。我认为在中国也是一样的，假如你对领导者说"要减轻环境影响，必须降低5个至6个经济百分点"，这在技术上是可行的，但领导者或民众不会非常同意这一做法。很多其他学者认为应该争取这样做，但我认为这只有在极端权威体制下才有可能实现。多数人认可可持续消费，如果有配套体系，也可以劝说他们更多地购买公共交通、电影或自行车而非产生污染的汽车。这关乎他们如何设计更好的生活，或者拥有更好的生活对他们来说意味着什么。但他们拥有的更少又是另外一回事了。

邢：对废弃物可以进行再循环、再利用，那有没有可能因此接受废弃物的存在，从而忽略从源头上进行清洁生产？

摩尔：不，我认为清洁生产会更多地被提倡。不仅是政治家，普通民众也普遍认为固体废弃物是不可被接受的，而且应该被禁止。首先，应该在清洁生产中就禁止废弃物的产生；其次，我们应该关注如何将废弃物定义为一种资源，使其再利用、再循环。通过对生产流程的重新设计，可能将废弃物产出量控制在最小程度，并对这些废弃物进行再循环、再利用。

有一种观点认为，应该将废弃物放在人们看不到的地方，这也是为什么一些垃圾场通常设在城市边缘或农村地区的原因。我认为这是很糟糕的。应该让人们随时看得到这些废弃物，那样的话人们就会意识到这些废弃物污染是确实存在的，我们应该控制它。最好能够让人们知道，废弃物是可以再利用的。当然，要求居民进行垃圾分类是需要相当大的努力的，这也可以通过企业来实现。政府不应该总在消费者和居民背后做太多，不应该在环境改善方面做一些居民不知道或者关注不到的事情，而应该在广大的消费者和居民当中有意地寻求支持。如果人们看到了政府的努力，他们也会为之做出更多的努力，将政府的要求视作规范并遵守它。我不认为清洁生产会消失，现在它更重要了。《清洁生产》（*Journal of Cleaner Production*）杂志的主编曾告诉我，在拒绝了80%多的来稿后，杂志每年仍会出版20多卷、超过20多篇关于清洁生产的文章。所以能够看出，各类科学家、企业都开始研究清洁生产的措施，提出、介入、改进并宣传这些措施。我认为这一趋势是会持续下去的。

邢：生态现代化起源于欧洲国家，那么您认为该理论在发展中国家的适用性如何呢？

摩尔：我认为它同样适用于发展中国家，但这很大程度上取决于国家的自然状况等，而且这一理论的操作化也"因国而异"。在发达国家和发展中国家也是十分不同的，所以生态现代化并不是一个固定的、适用于任何国家的理论。我们已经全面地论述过中国生态现代化和欧洲生态现代化的不同，也对越南的生态现代化进行了一些研究。在非洲的一些国家，生态现代化也开始兴起了，而且与欧洲生态现代化有很大的不同。尤其在非洲，国家力量并不十分强大，生态现代化主要靠企业和国际发展、国际生态产品出口市场来推动。因此各国拥有不同的生态现代化模式，不同的推动力、不同的情境发挥着不同的作用。所以那种认为发展中国家不能进行生态现代化的观点是错误的。但发展中国家不能仅仅复制欧洲或当下中国的生态现代化，而应该寻求适合特定国情的发展可能。当然对一些十分贫穷的国家来说，推行生态现代化很困难，或许能够在农业生产中实施，但要在工业生产中实施就很难了，因为他们没有发达国家的技术。一个有趣的现象发生在中国对非洲和一些亚洲国家的对外投资中，即如何在引进外资时附加环境条件，从而对进出口银行提供的出口信贷加以规制（两优贷款等），这也引起广泛讨论。我认为这是一种有趣的发展模式。中国或欧洲国家的生态现代化发展模式能够传入一些发展中国家，这些国家可以通过中国或欧洲公司的投资而获得利润，而且这些投资具有相当严格的环境规制条件。

邢：长久以来关于环境污染的问题，在发达国家和发展中国家一直存在巨大的争议。世界体系理论指出，污染在全球范围内流动，一些国家或地区的生态环境改善是以其他国家的生态恶化为代价的。发达国家的生态现代化似乎已经实现了，但实际上这些污染并没有被消除，只是被转移了。您是如何看待这一现象的呢？

摩尔：历史上这种现象是存在的。欧洲、荷兰、美国、日本，或许还有现在的中国，都曾以环境为代价来发展经济，在这个意义上，环境产品和服务从发展中国家流向了西方发达国家。发展中国家承担了环境后果，而发达国家从中获利。我不否认这种情况在过去发生过，但我认为现在这种情况并不会向着未来自发演变。世界体系理论认定的规则在当下或未来并不一定仍然是正确的。我认为当下的全球时代，一些新的事情正在发生，越来越多的人知晓并想了解它们。美国取得霸权后，利用发展中国家来发展经济，许多事实真相并未被披露，信息透明度和媒体公开度很低。而现在情况不同了，关于跨国公司在非洲的作为、中国企业对非洲的做法、非洲国家或发展中国家承担怎样的后果的报道越来越多。尽管这是一个举步维艰的全球进程，但我认为基本的趋势是：以发展中国家自然资源破坏为代价，实现西方国家（或中国）利益，这是不公正的。这一点可以在关于气候变化的争论中得到印证。所有的国家都承认它们对气候变化负有共同的但有区别的、不均等的责任，而发达国家作为引起气候变化的主要国家负有更大的责任，因此他们需要在解决气候变化的努力中付出更多。我认为这种新的争论正在兴起，同样在其他环境问题中也可以看到这一点。我们越来越清楚，信息高度透明揭露了不同国家和企业在其他国家的作为，即世界体系理论家所标榜的"环境不均等交换"。在全球经济中，这是一个十分有帮助的信号。当然，要在国际经济中完全实现这一点，使得发展中国家也能够以更加公正的方式从自然资源中获利，还有很长的路要走。西方国家并不仅仅要为从发展中国家获得的资源埋单，还要为他们过去的所作所为埋单。但这也会对像中国一样的国家产生重要影响，这些国家现在也是全球主要的资源用户之一。世界体系理论所认为的"环境不均等交换"仍然存在，即环境产品流向发达国家、环境污染流向发展中国家。但现在不仅仅是环境保护和发展的积极分子，还有广大民众，都已经清醒地认识到这一点。因此与100年前相比，"环境不均等交换"持续存在的可能大大降低了。当然，全球经济流向方面，中国、美国等国家仍然比马来西亚、不丹等国家拥有更多的决定权，因此权力不平等在国际体系中仍十分突出。如果像中国、美国这样的国家不愿意反转国际环境流向，那就不可能发生。但是相比100多年前，国际社会促使他们为此负责并表明后果，中国和美国的人民也有这样的要求。为向前发展，我们科学家需要准备好解决办法和想法，重新设计那些糟糕的国际制度，使之变成更加公平公正的国际制度，对气候变化等此类全球环境问题提出更公正的解决办法。我们是智囊团的成员之一，当然作为科学家我们并不是制定政策的人，那是政治家和国家要做的。

邢：那么我们应该乐观地面对未来？

摩尔：是的，除此之外我认为没有其他可能，对我来说这是生态现代化给我的最重要的经验。我认为你可以得出"没有任何办法"的悲观结论，我曾经也这样认为，令人信服的结构分析表明了环境退化的持续性，除非完全改变整个体系，否则没有机会来改变任何事情。但到了最后，问题在于我们从中获得了什么。新马克思主义视角通常认为，如果你说明世界哪里出了问题，那会动员更多人，让他们愤怒，从而把世界变得更好。但那并没有实现。所以现在的策略是对一切说"好"，我们现在可以设计一个更好的制度，让更多的人享受更好的制度，表明这是可行的，并且不需要降低生活质量和失去快乐。我认为这是一种更好的进步方式，来创造动力。在这个意义上，我们需要保持乐观，需要寻求切实可行的解决办法。那种认为"整个制度不起作用"的想法是毫无帮助的，事实也绝非如此。这是我们从生态现代化中获得的基本经验。

未来发展趋势

邢：您能谈谈今天的生态现代化出现了哪些新的流派吗？或者您如何看待当今全球的生态现代化？

摩尔：我把他们称为新的流派，但更多的是从生态现代化角度出发所做的一些新的研究、开发的一些新的领域。其中之一就是对中国的研究。中国的生态现代化研究始于新千年，当时生态现代化被用于理解中国发生了什么、将会发生什么。所以我认为生态现代化从北欧、西欧国家开始传播出去，尤其传播到更多的新兴市场国家，如巴西（某种程度上印度也是新兴市场国家但不明显）、越南、马来西亚、泰国和亚洲、拉丁美洲的一些其他国家。我认为在这些地区开展的研究是新颖的、有趣的。另一个生态现代化的主要研究领域是，我们之前讨论过的，从仅仅对技术和生产的研究转向对消费和文化的研究。大量研究始于 21 世纪早期。我的同事哥格尔特·斯帕加伦（Gert Spaargaren）早在 20 世纪 90 年代中期就已经开始了这一方面的研究，关注于可持续消费。我认为现在这方面的研究已经兴起，许多人开始关注地方性消费，并发展了很多所谓的分支理论或实践理论，这些理论与生态现代化之间有较强的关联。变迁理论也是生态现代化理论的一种，或者说与生态现代化有关。很明显，这些新的领域不只重视大型工业（这当然是传统的环境污染源头之一），而且越来越重视一些分散的主体，如消费者、农民、小型工业企业、汽车工业等。在这些不同的分支理论中，新兴的研究十分有趣。我认为马丁·耶内克和他的学派的研究别出心裁，现在关于"私人治理"的研究也是政治现代化研究的一个变种和进步，尤其关注私营企业、私营机构和非政府力量如何为环境改革而努力的。我非常期待对这一领域的研究。

邢：一直以来，生态现代化面临着来自不同理论视角的多方挑战，您如何回应这些挑战？您认为生态现代化的局限性如何？

摩尔：局限性是一定存在的，我们强调的一点是，所有的理论都有其优势和局限，这取决于你提出了何种问题、用哪种理论解释是最优化的。如果想要了解为什么企业持续污染环境，就该用新马克思主义的生产跑步机理论来解释。我认为在分析某些领域持续存在的环境退化问题上，这个理论是一种很有力、也很有用的理论，而生态现代化在这一方面没有什么好补充的。但如果想要研究环境治理的新制度、新实践或新行为模式，生态现代化就比跑步机理论、新马克思主义更具解释力。所以这样看来，我对理论的态度是兼容并蓄的。我认为对待环境社会科学方面的问题不能完全依赖于某一理论，而取决于你想知道什么，你的问题是什么，你想获得什么样的见解，哪一种理论是最合适的。我们试图证明，尽管存在差异，生态现代化和生产跑步机理论也有很多共同点。他们在分析某些环境问题的时候有相似之处，两种理论也起源于相似的传统理论。因此认为一种理论完全正确、另一种理论完全错误的观点是很奇怪的，我并不支持这种看法。理论是人们共同提出的、抽象的东西，学者可以用它们来研究特定的问题。如果有些问题不易用生态现代化的理论框架来分析，我会用其他理论来分析，例如，我用政治生态学的一些理论来研究海洋污染问题。如果以这种方式看待理论，将理论视为非个人所有的，那么对生态现代化和一些其他理论的优势和局限、对何时何地应该使用并更合理地使用这些理论会有更好的探讨。我一直试图推进关于理论的这些讨论，但那并不容易，当然在美国并不这样。在现代美国，理论被视为更政治化的东西，如果一个学者用了某种理论或框架，就会被控诉为政治不正确的。我认为这是很有问题的。我把理论当作一种工具，如果能使人从中获得更好的见解或对当下发生的事情的结果有进一步的认识，理论就证明了它的价值。生态现代化可以做到这一点，生产跑步机理论也可以做到这一点，这取决于你更感兴趣的问题和解释，以及作为一个科学家你认为可以在哪些领域做出主要的贡献。

邢：在您看来，生态现代化当今面临的最大挑战是什么？生态现代化的未来会如何发展？

摩尔：我认为生态现代化面临的挑战之一来自发展中国家，尤其从全球的角度来看。我对全球化做了大量的研究，但还有很多值得研究，因为我们越来越走向一个全球化的、相互依赖的世界。现在我们意识到了挑战，那就是生态现代化理论和其他一些理论都在国家或民族社会内寻求他们的解释。如果我们想要分析环境问题，我们通常会关注国家和民族社会，关注国家是如何运作的。我越来越认为国家正在失去权威，我们应该对环境网络和流动多加思考和分析。如果想要理解现代社会，就不能仅仅关注国家和民族社会，应该也关注全球网络，人际、组织、国家、行动者、跨国公司网络等跨界网络。同样也应该分析流动，关于人际关系、产品、环境污染、环境服务、外商直接投资、环境理念、环保人士等的跨国流动。这些都是跨界问题。所以问题是，生态现代化是如何与这些融为一体的？我们对这些研究得很少，但需要做的很多，因为环境网络和环境流动日益决定我们的环境政策、环境破坏和环境改革。如航空污染，或者旅游业，这是现在主要的环境问题之一。城市、保险公司、环境运动组织和领先企业等构成了全球网络，全球范围内的气候变化通过这一网络引起热议和重视。这不能从个体国家的角度来看待。解决气候变化的一项创新在于国际城市网络的兴起。如何从生态现代化的角度来分析这一现象？我们需要什么样的概念或视角？这构成了很大的挑战。同样我认为我们对全球消费的分析还远远不够。例如，全球价值链的力量越来越体现在零售业和消费者身上，日益远离最初的生产者和加工者。所以环境改革并不仅仅发生在国际生产方面，还尤其表现在产品消费方面，例如，它们是如何被消费的、消费者的偏好、消费如何与身份和文化相联系等。因此如果想要对可持续消费提出一个改革方案或者生态现代化的方案，主要特点是什么？主要问题是什么？采取什么样的视角？这些我们都不是很了解。令人高兴的是，一个月前（2014 年 11 月）我们在中国建立了一个新的可持续消费的网络，在这里中国的社会科学家也开始关注这些问题，因为这与中国、印度等人口快速增长的国家息息相关。如果可持续消费会有发生些什么，那么至少在这些国家会发生，因为这些国家具有主要的影响力。因此我猜测未来几年这一方面的研究会增多。另一个未来的研究方向体现在海洋研究领域。很多生态现代化的研究都关注陆域问题，如森林退化、淡水污染、空气污染、自然资源退化或开发，等等，但未来十年内的研究将主要转向海洋研究方向。渔业长久以来一直占据十分重要的地位，源于海洋的能源生产（石油、风能、潮汐能等）也越来越受到关注和投资，货物海运和海洋旅游日益兴起，海洋矿藏开发也越来越热。我认为海洋已经成为生态现代化和其他学者研究的主要焦点。在海洋研究领域，不同的社会力量正在发生碰撞。在陆地上我们有固定的居民，他们会关注到环境污染的发生，并抱怨和反抗它们。但在海洋上并没有永久居住的社区，没有一种可被视为"社会监察者"的群体来关注污染的发生。所以我们需要更多地依赖抽象信息。我们不知道如何动员人们让他们警醒并关心海洋，这与环境关心、环境抗争、古村落保护抗争或饮用水资源保护抗争不同。我认为海洋环境问题（包括北极圈），将会花费我们未来三四十年的时间来建立研究机构或进行研究实践，以正确地、可持续地控制它。这是可能的，但我们应该认识到海域的社会环境与陆域的不同。

中国的生态现代化

邢：我们知道您对中国的生态现代化做了很多研究，您如何看待现代中国的生态现代化发展？

摩尔：中国正在发生的事情在很多方面都是很吸引人的。尤其从"十一五"计划开始，中国更加严肃地对待环境问题，这种做法完全可以从生态现代化的角度进行解释。尽管生态现代化也适用于中国，但只在特殊意义上适合。所以当我们分析中国的生态现代化进程时，我们从几个不同的维度来看。有一些方面在当代中国表现得十分突出，尤其在技术创新方面。强有力的政府表现得十分明显，但市场力量也开始突出，尽管并不像其他西方国家一样明显。当然，市民社会和社会运动在中国并不十分强大和突出，并以特别的方式在发展。在欧洲和美国等西方国家，环境非政府组织和市民社会通常作为领导组织，促成将环境问题列入议程。在过去这一行动是通过对抗性的途径，因此主要的措施是大型抗争、游行、阻断工厂生产甚至蓄意破坏，采取各种各样的策略。但与之相比中国有很大不同。中国环境运动刚开始发展，但并不十分具有冲突性，而是更多地与当前政权保持一致。在中国还有所不同的是，地方环保部门与国家环保部门的关系十分特殊。一般来说，国家层面的、主流的环保部门的做法十分先进，试图将环境问题提上日程，制定了种类繁多的环境政策，实行了许多生态现代化的实践。而地方政府对此并不积极，因为他们的主要目标是发展地方工业和地方经济。这种能动的表现在西方国家从来都不明显，因为在西方国家许多环境法案就是自下而上地从地方发展起来的。在这个意义上，中国十分特殊。我同样很感兴趣的是，在国际议程中，中国将在国际舞台中扮演什么角色，然而我对这一点的研究并不多。中国日益成为世界主导力量之一，这意味着中国在环境议题中将发挥主导作用。在欧洲，欧盟愿意发挥全球性的引导作用，而在美国，国家和地方社会的力量很强大，但联邦的力量并不十分强大。那么中国将发生什么？我发现在中国很有趣的是，每件事情都发生得很快。在中国，如果一项环保创新措施能够获得国家政治支持，就可以发展得很快。所以目前中国有很快、很新的方案或者环境技术。同样地，关于绿色信贷和绿色保险的政策也很有趣。如果与欧洲国家相比，这些新的事物正以飞快的速度扩散传播。随着充分民主的实行，科层的、更集中的体系有助于技术发明的传播。这些都使得中国的生态现代化与西方国家相比呈现出不同的活力。

邢：您认为从生态现代化的角度出发，中国应该怎样应对环境问题？

摩尔：重视生态现代化，主要问题之一就是中国应该怎样做才能赋予市民社会更多的自由。可以看到，与 10 年前相比，中国已经有了巨大的进步：环保 NGO 获得了更大的发展空间；媒体更有可能披露环境灾难和环境事件；政府信息公开提高了环境信息透明度；中国政府也开始越来越多地报道环境污染问题。这些都是进步的方面。如果市民社会能够获得更多的自由来组织自己，起诉或者起诉企业，更自由地向中央政府阐述错误的、不力的政策执行问题，那么生态现代化将在中国得到真正的进步。首先这需要强大的市民社会力量。困难之一是这一步要适应当前中国政治体系是很不容易的。另一个问题是近几年市场的影响力渐渐扩大。中国越来越多地注意到市场的力量，并能够在环境改革中发挥市场的作用，比如绿色信贷政策、绿色保险政策、水和能源的计价收费，等等。但是还有更多可做的，例如，对违规企业征收更高额的罚金，以及对自然资源收取更高的费用，反映环境外部性的同时提高资源使用率和再利用率。掌控这样一个大国并非易事，但从生态现代化的角度来看，中国的政策正在迅速跟进。当然，像其他国家一样，推进中国的生态现代化需要政府的力量，而实际上许多地方政府仍然对促进经济发展、企业发展感兴趣，对提高市民的生活质量并不十分感兴趣。所以中国需要改变激励机制，确保地方政府不能从地方经济中谋取私利，而将追求生活质量作为最高目标，并将此作为国家对地方的考核标准。

[受访者简介] 阿瑟·摩尔（Arthur P. J. Mol）教授，荷兰瓦赫宁根大学（Wageningen University）环境政策系主任，兼任清华大学与马来西亚国民大学客座教授。《环境政治》杂志社主编，《环境政治新视野》系列丛书的主编。主要研究领域为全球化理论与实践、环境与社会理论、生态现代化、信息控制、中国可持续生产及消费、城市环境治理。

[访谈者简介] 邢一新，河海大学社会学系博士研究生，主要从事环境社会学研究。

本访谈录由邢一新整理，并经 Arthur P. J. Mol 教授审订。

批判人类生态学:政治经济与生物
物理环境之辩证法

——理查德·约克(Richard York)教授访谈录①

【导读】 理查德·约克(Richard York)是美国批判人类生态学的代表人物,他在邓拉普 NEP 理论基础上发展出 STIRPAT(Stochastic Impacts by Regression on Population, Affluence, and Technology)理论,该理论方法在批判人类生态学(CHE)的框架内解释社会与环境的相互关系,用经验研究方法考察人类生态系统的四个重要组成部分——人口、社会组织、环境、技术之间的相互作用关系,强调产生环境影响的社会结构性动因。STIRPAT 理论被看作是对人类生态系统概念的操作化解释,自 2003 年至今,该理论已成为当今美国环境社会学的重要流派之一。访谈中约克教授阐述了他对环境与社会关系的独到见解,认为自然环境是人类社会的基础,社会系统应该与生态原则相一致。人类生态学和政治经济学都没有很好地解释环境与社会的关系,前者不能完全理解具有破坏性的全球资本主义的发展动力,后者不太会考虑整个社会或者非资本主义制度是如何影响环境的。所以他致力于发展批判人类生态学就是试图回答跨越不同时空和不同社会类型的人与环境的相互关系。对于人类未来发展走向,约克教授认为"生态现代化"理论依然没有跳出资本主义发展方式,它否认增长的

---

① 2015 年 2 月在邓拉普教授的引荐下,刘丹博士跟约克教授取得联系。2015 年 4 月跟约克教授共同确定访谈主题和提纲,2015 年 7 月完成笔谈一稿,之后约克教授又提供自己的最新研究文献以丰富访谈内容,2015 年 9 月完成笔谈二稿,2015 年 12 月完成修订工作。本文由刘丹整理并翻译。

限制，用解释而非实证的方法去评估社会的环境影响，缺乏科学理性精神，过度关注环境政策和体制变革，对环境中实际正在发生的状况关注甚少。可持续发展需要一种可替代资本主义的新的发展策略，即跳出生产驱动消费的发展方式，既能减少人类社会对能源资源的过度依赖和消耗，同时又能增进人类福祉。

问题的提出：社会系统如何与生态原则相一致

刘丹（以下简称刘）：约克教授，非常高兴您能接受我的采访。首先，您能给我们介绍一下您的学术经历吗？

理查德·约克（以下简称约克）：好的。我于2002年获得华盛顿州立大学的社会学博士学位，在那里环境社会学的分支学科很大程度上可以上溯到20世纪70年代。毕业后我就到了俄勒冈州立大学，一直工作至今，从最初的副教授到现在的社会学教授和环境研究中心主任。

刘：那是什么让您开始更多地关注环境议题的呢？

约克：我是在俄勒冈州长大的，那里有原始森林、高山湖泊，自然环境非常优美。到了20世纪90年代我上大学的时候，在西北太平洋地区开始出现乱砍滥伐、破坏森林的状况。从那时开始，我就对环境议题产生了兴趣，之后就一直把它作为我的主要研究领域。

刘：那该如何理解人类发展与环境影响之间持续发生的关系呢？我们可不可以认为，破坏环境和它对人类幸福的影响之间的冲突仍然没有得到很好的理解呢？

约克：很显然，主导我们社会超过两个世纪的资本家—工业家发展方式破坏了自然环境，根本就是不可持续的发展。尽管人类引起的环境退化并不是什么新鲜事，人类行为在很长一段时间促成了其他种族的灭绝、森林的消失等。现代社会的人类发展方式已经极大地扩展了人类对环境施加影响的规模，同时为少部分人提供利益，并没有改善世界上大多数人的生活质量，在很多方面人类的福祉在减少。我想我们还不能完全理解的是如何转变发展方式，让这种发展方式可以在不破坏生态系统和其他物种，不破坏我们赖以生存的生态根基的前提下改善人们的生活质量。

刘：您怎样看待"环境社会学"这门学科的发展？您能从自己的观点出发来为这门学科做个定义吗？

约克：环境社会学关注人类和环境之间的相互关系。从 20 世纪 70 年代学科确立，特别是邓拉普和卡顿的工作推动，环境社会学采用了一种现实—科学方法去理解人类如何影响环境以及如何被环境所影响。在这里，环境社会学是高度跨学科的，与理解社会、政治、经济和文化系统如何对生态进程起作用相结合。环境社会学确立的中心推动力是而且仍然是对现代社会造成的环境危机的深度关切。尽管这个领域已经成长并且非常多元化，但是它的核心仍然是承认自然环境对维持全人类社会所起的基础作用及改变社会系统的需要，以便使它们同生态原则相一致。

批判人类生态学视角下的 STIRPAT 模型

刘：您能给大家简要介绍一下您非常著名的 STIRPAT 模型吗？以及如何将它应用到环境社会学的研究中？

约克：STIRPAT 模型，也叫人口、财富和技术的随机影响评估模型，最早是由汤姆·迪茨（Tom Dietz）和吉恩·罗沙（Gene Rosa）两位教授开发出来的。STIRPAT 模型来源于非常著名的 I = PAT 方程，该方程是在 20 世纪 70 年代早期保罗·埃利希（Paul Ehrlich）、约翰·霍尔德伦（John Holdren）与巴里·康芒纳（Barry Commoner）关于环境退化的主要原因的一场争论中产生的。I = PAT 方程指明一个国家或其他宏观体的环境影响是人口、财富和技术的乘积函数。例如，环境影响可能是某额定载荷的二氧化碳排放（注：等于人口规模 P 乘以美元支付的人均国内生产总值 A）与普遍的生产技术 T 带来的单位 GDP 的二氧化碳排放量之间的乘积。I = PAT 方程有个优势是强调了在环境影响测度中社会所起到的关键作用。不过，它只是一个数学上的恒等式，实际上 T 解决的是方程平衡的问题 [见 T = I/（PA）]，它还不是一个可供假设检验的模型。STIRPAT 把 I = PAT 转化成了一个可以用经验数据进行假设检验的统计模型，这一统计模型不是对各要素作用效果的影响做出先验假设，而是允许其他要素包含其中。

STIRPAT 是通过采用所有变量的对数和使其成为弹性模型来进行估算

的，这一模型并没有像 I＝PAT 模型那样强加一种假设，即每一因素都按一定比例来测量影响。实质上，STIRPAT 模型由于考虑到使用一个一般的、基于生态学的结构形式来评估各种因素对多种环境影响的作用效果，使其已经改进成为一个非常有用的工具模型。通过实证分析已经确定，由 I＝PAT 模型认定的基本要素，特别是人口和财富要素，尽管它们的作用效果并不成比例，但是在决定各种大规模环境影响方面起了非常重要的作用，同时也显示了其他要素的重要性。

刘：您能解释一下批判人类生态学视角下的一些关键概念吗？

约克：批判人类生态学视角（CHE）是我和我以前的学生菲利普·马库斯（Philip Mancus）发展的，为帮助人们理解跨越不同历史时期和不同类型社会的人与环境的相互关系提供了一个广阔的理论框架。批判人类生态学将马克思主义政治经济学与人类生态学传统的关键视野结合起来，特别是承认人类社会的生态嵌入性，克服了传统理论视角相互孤立的限制。大多数政治经济学理论主要的一个不足是，它们特别强调资本主义的生态矛盾，不太会考虑整个社会如何影响环境，也不会去充分证实那些非资本主义社会已经或者确实造成的环境危机。一些社会主义社会，跟资本主义社会一样，无止境地扩张工业生产却不抑制人口增长，从而造成了生态破坏。所以我们不能仅靠资本主义来减少环境问题。人类生态学在这方面做得更好，它承认不是简单的一个资本主义就可以取得可持续发展的社会。但是，人类生态学家一般不能完全理解具有独一无二破坏性的全球资本主义独有的发展动力是什么。批判人类生态学旨在通过审视多种不同的因素如何促成环境退化来超越政治经济学和人类生态学之间的二元张力。一些环境问题源于农业，一些源于工业，还有一些源于资本主义。批判人类学强调从资本主义视野转移出来是克服全球经济危机的一个必要条件，而不是充要条件。

刘：正如您在《生态断裂》一书中提到的，气候变迁是更广泛的生态灾害的一部分，是由依靠持续增长、无止境的财富积累和日益深入的人类异化的经济系统造成的。您说过如果没法超越资本主义，不把帝国主义世界体系作为目标，就没有办法解决世界生态问题。这是否意味着您对资本主义生产方式持一种批判的态度？

约克：是的，当然。我认为如果不远离资本主义，就无法从根本上解决当前的生态危机。这并不是说资本主义不在了可持续社会就会出现，而是说如果我们致力于发展一个旨在改善人们生活而不是通过扩张生产消费来增加企业利润的公正的社会，那么远离资本主义至少可以使解决环境问题成为可能。

刘：您是否可以从您个人的观点来给我们关于"生态断裂"或"新陈代谢断裂"更深层次的理解呢？

约克："新陈代谢断裂"这个概念源于马克思，后来由约翰·贝拉米·福斯特（John Bellamy Foster）发扬光大。从根本上说，新陈代谢断裂分析致力于审视社会进程如何改变社会与环境之间的生态流的类型。举个例子来说，马克思阐释了由资本主义工业化驱动的城市化如何通过向城市出口农作物（注：营养物质含在其中）而破坏农场土壤的营养循环，这些作物最终以下水道污水或被丢进垃圾填埋场而告终，并不像传统社会那样通过再循环重新回归土壤。我和布雷特·克拉克（Brett Clark）在马克思对土壤问题的关注之外，通过研究全球资本主义经济如何破坏碳循环进一步扩展了新陈代谢断裂分析。随后，其他学者开始用新陈代谢断裂框架来研究政治经济进程如何破坏各种各样的生态化进程。关于"生态断裂"这个术语，我们是在一般意义上使用，指的是社会如何破坏丰富多样的全球生物地理化学的循环。

刘：您的一项研究结论表明经济发展推高了二氧化碳的排放，这一速度比改善人类寿命更快。而且在大多数国家一味追求经济增长并没有鼓励可持续的发展过程。您提到是需要把我们的星球带回到可持续人类发展中去了。您能详细解释一下这点吗？

约克：如果我们想改善人类的生活质量，如改善人类健康和主观幸福感——我们就应该更直接地去做这些事，而不是靠推动经济增长本身和希望借此使我们过得更好。有大量证据可以证明即便没有高水平的能源和原材料消费，人们依然可以过高质量的生活。所以，尽管经济增长与环境可持续性不兼容，也会损害减少二氧化碳排放量的努力，但是人类幸福与环境可持续性是兼容的，而且并不以经济增长为必要条件。

刘：您说大多数国家需要在不依赖高水平的资源消费的基础上更好地改善人民生活质量，但是在当前全球人口和经济形势下如何才能达成这一目标？您是否认为我们只需要缩减碳排放和自然资源使用量，而不需要改变现在的经济增长方式?

约克:我认为事实上已经有可以改善人们生活而不给环境施加负担的好消息了。首先,让我们考虑促成不断升级的环境问题的人口增长。很显然,减少生育率的最好的方式是赋予女性权利,减少性别不平等,改善医疗保健,特别是减少婴儿死亡率,提供给所有人可获得的安全、有效和可负担的生育控制。这些在我看起来是很有价值的目标,而且可以确定让人们生活得更好。所以,如果我们想要把生育率降到世代更替水平以下,我们不需要强制性的"人口控制"措施,只需要采取措施减少贫穷和不平等。同样地,正如我先前提到的,我们可以不扩大物质消费就能改善人们的生活质量。关键是为更强大的社会公正而努力,提供给每个人诸如食物、住所、医疗保健等基本需要,赋权给人们,使他们可以跟朋友、家人过上有闲暇时光的创造性的生活。当然,我们需要放弃汽车、超大的房子,还有司空见惯的廉价塑料垃圾制品,但并不意味着我们要放弃实现美好生活的努力,恰恰相反,是为让生活变得更好。

改变社会系统本身是生态可持续的关键

刘:正如我们所看到的,有越来越多的国家趋于发展和应用绿色技术,如改善能源效率的绿色技术或那些利用可替代能源资源,像太阳能、风能等的绿色技术,以此来减少温室气体排放,从而减少人类对全球环境的影响。但是您的研究给了我们完全不同的认识,似乎您并不认同可替代能源资源能够取代化石燃料。您能给我们展示一下您研究中的关键性结论吗?

约克:退回到2012年,我在《自然气候变迁》这本杂志上发表了一篇论文,记录了从1960年到2009年世界主要国家的数据统计分析的结果,评估了非化石燃料或者叫可替代能源资源,能在多大程度上有助于抑制化石燃料的使用。我发现,尽管可替代能源资源可以抑制一些化石燃料的使用,但是效果很不明显。所以非化石燃料资源很大一部分并没有替代化石燃料,而是专门置于化石燃料资源之上。这就意味着,从某种意义上在过去50多年流行于全世界的政治经济背景下供给一直驱动着需求,就是说,提供更多的能源可以增加能源的消费。这当然不是必然的,这只是发生在近代的一般模式罢了。很显然，如果我们为了阻止气候的急剧变迁而放弃使用化石燃料，我们就需要其他类型的能源。所以，当然，我们肯定需要可替代的能源资源。但是，单靠发展可替代的能源资源并不能终止化石燃料的使用。我们需要积极的作为去阻止化石燃料的使用，而不只是单纯地发展可替代能源资源。这项研究也是强调不要只顾寻找不同的能源资源，还要承认减少能源消耗的需要的重要性。

刘：您是否认为科技进程可以加速减少全球生态足迹？

约克：依靠科技来减少生态足迹的问题在于，通常用于提高效率或者提供绿色可替代品来加速生产和消费增长的科技，反而扩大了我们的生态足迹。当然，这并不意味着技术在原则上不能帮助减少生态足迹，我确信有很多具体例子可以证明这一点。但是要强调社会学的角度，即依赖于社会、文化和政治经济背景并应用其中的科技的有效性的问题。我认为如果单纯依靠科技进步来摆脱环境危机，而不致力于改变全球经济的主要结构特征，只能使我们在当前的发展道路上裹足不前。在这样的道路上，我们持续不断地发展更新、更先进的科技，同时仍持续不断地消耗越来越多的资源。

刘："生态现代化"理论怎么看？

约克：我很长时间以来一直在批判生态现代化理论，我认为这一理论和基于该理论的分析有很多缺陷。首先，与早期美国环境社会学家的传统相反，生态现代化理论很大程度上持人类豁免主义立场，拥有普罗米修斯式的观点，即认为现代社会在发展中不用面对生态限制，他们否认任何增长的限制，这一立场与科学理性相违背。第二，与第一点相关，像摩尔（Mol）和斯巴格伦（Spaargaren）这些主导的生态现代化理论家，在争辩科学进步具有帮助社会解决环境问题的潜能的同时，却对应用科学方法分析现代社会如何影响环境存在敌意。他们通常拒绝运用定量研究方法对环境结果进行严格的实证分析，而乐于用解释的方法去评估社会的环境影响。他们这些非科学的方法致使一些学者，比如邓拉普将他们的认知论立场视为"有点后现代"。第三，基于上述两点，生态现代化理论家在很大程度上忽视了这样一个事实，即实证证据有足够分量指出，现代化进程特别是包括经济增长在内的现代化进程，是环境退化的关键而持续的推动力。

　　生态现代化理论家总是试图择优挑选那些现代社会中环境改革的描述性的范例，而不考虑现代化对全球环境的整体的、大规模的影响。例如，发生在现代化中的一个关键性的过程涉及地理重组，即环境影响发生的地方与产生环境影响的力的地方有关。富裕国家仍然在持续消耗诸如木材、矿物和化石燃料等大量的资源，而大部分这些资源是从贫穷国家引进的，这些国家的环境影响与砍伐森林、环境污染等环境压榨的发生有关。另外，制造业已经大规模地从富裕国家转移出来，所以与工业相关的污染排放发生在其他国家。虽然这一进程主要是由一些核心国家高水平的消费和对公司利润的追求驱动的。所以，许多生态现代化理论家所指出的发生在富裕国家环境改善的例子并不是因为这些国家减少了他们对环境的影响，而是他们将环境影响转移到了其他国家。

　　生态现代化理论家经常会误解环境中正在发生什么，因为他们主要致力于环境政策，而不是去审视真实的环境结果。所以，举个例子来说，富裕国家试图拥有很好的环境法律，但是他们依旧在消费大量资源和产生大量废弃物。而像撒哈拉以南非洲这样的贫穷国家，环境法律很落后，但是那里的人们消耗很少，对全球环境问题的贡献率也极少。生态现代化理论家一味致力于环境政策和制度改革，而忽视了环境中实际正在发生的一切。

　　刘：我发现您的其中一篇论文涉及目前社会科学对性别与环境的影响。您能告诉我们的读者一些这方面的研究吗？

　　约克：我与我从前的学生合作做过几个跨国分析，一个与克里斯蒂娜·俄格斯（Christina Ergas）；另一个与卡利·诺加德（Kari Norgaard），研究不同国家女性地位在支持环境条约和二氧化碳排放方面的关联程度。我们发现，控制其他变量因素，如果一个国家的女性有较高的地位，环境条约更有可能被批准，二氧化碳排放量会更低。这一关联的准确原因还不很清楚，很可能有许多不同因素作用其中。但是，这个发现符合我们对社会不平等如何导致不致力于促进大众公共物品分配的行为的理解。

　　刘：您如何看待在全球环境议题上，贫穷国家及其公民相比发达国家及其公民所发挥的作用？

　　约克：很显然，富裕国家对全球环境退化的贡献率最大，环境问题的主要责任在他们。生活在美国和其他富裕国家的人们消费得太多，需要转变他们的生活方式来解决环境问题。贫穷国家的人们虽然对环境问题的贡献率小，但是随着日益增加的工业化和经历的快速经济增长率，他们对环境的影响也可能增加。所以，发生在像印度、中国、印度尼西亚这样国家的历程很可能会决定我们这个星球的未来命运。这些国家不要跟随西方流行的发展道路，而要寻求一条不通过大规模消耗能源、物质就能改善人们生活质量的发展道路。富裕国家有明确的责任和义务去按比例削减自身的消耗水平，同时也要帮助贫穷国家改善他们国民的生活质量。所以，我想贫穷国家要给富裕国家施压，要求其对业已造成的环境问题负责是完全适当的。但是同时，我想贫穷国家的人们寻求一种可替代的发展策略也是很重要的，现在的发展策略导致了我们所有的环境问题。

刘：您如何看待"环境社会学"未来的发展？如何保持其活力和独立性？

约克：环境社会学还有很多事情可以做来帮助我们理解全球环境问题的变迁特征。特别是，美国和其他富裕国家围绕理解的过程，使环境社会学很大部分的工作得以发展。某种程度上，在这一背景之下发展的理论可以帮助我们理解"在中国、印度，还有其他经济增长体正在发生什么"仍是一个开放式的问题。我认为环境社会学在视角上变得更加国际化和全球化。我认为继续发展位于环境社会学中心的理论传统非常重要，同时还需要发展新理论和分析类型来理解变迁中的世界。

刘：最后，您想对那些有志于加入环境社会学的年轻学者们提哪些建议呢？

约克：环境社会学强调了我们这个时代最重要的议题，它也是一个充满理性活力，在未来重要性日益凸显的学科领域。因此，它是年轻学者从事研究的重要领域。我鼓励那些步入环境社会学研究的年轻学子继续用现实主义的方法传统去研究环境问题，重视科学、坚持批判性的传统已经成为环境社会学家的共识，它挑战主导的权力结构，促进社会公正，承认与我们共同生活在这个星球上的其他物种的生存价值，提出了改变社会系统、不再继续破坏生态世界丰富性和多样性的深层伦理要求。

[受访者简介] 理查德·约克（Richard York），美国俄勒冈大学社会学和环境研究教授，美国批判人类生态学代表人物。主要研究领域为环境

社会学，人类生态学和生态经济学，世界体系的政治经济学，动物与社会，科学以及统计学。主要教授环境社会学、统计学与研究方法课程。

　　[**访谈者简介**] 刘丹，河海大学社会学系博士毕业生，普林斯顿大学移民发展研究中心访问学者，江苏省人口与发展研究中心助理研究员、项目管理部主任，江苏省人口学会理事。主要研究领域为：人口社会学、城乡社会学和环境社会学，近些年主要从事人口迁移、家庭与生育、人口老龄化及环境可持续发展的议题研究。

　　本访谈录由刘丹整理，并经 Richard York 教授审订。

日本的环境社会学与生活环境主义[①]

鸟越皓之

【摘要】 本文首先介绍了日本环境社会学的创立经过，以及创立之后建构起来的各种分析模式在环境社会学中的定位。接着笔者从创始人的立场，就这些分析模式中的生活环境主义模式的理论构成做了说明。生活环境主义模式对中国、日本等人口密度较大的国家是有效的，但是对北美以及澳大利亚等人口密度较低的国家却不一定适用。本文使用了大量篇幅对依据生活环境主义模式的调查方法进行了说明。这种调查方法与社会学通常所说的调查方法出入不大，只是调查更加深入生活，因而具有其自身的特点。

生活环境主义的形成经过

环境社会学的创立

"环境社会学"从 20 世纪 90 年代起在日本社会学界为人们所熟知。在此之前，日本社会学界也发表过一些环境社会学方面的论文，但是当时的研究学者并没有将自己的研究归类为环境社会学。众所周知，日本在飞速实现工业化的过程中，也遭遇了工业发展带来的悲惨的负面影响，那就是公害问题。特别是被称为"四大公害"的这 4 个公害的受害程度尤其严重，自 20 世纪 50 年代后期开始，这些问题引起了世人的强烈关注。这里所说的四大公害是指"水俣病"（1956 年）、"新潟水俣病"（1964

---

① 原文发表于《学海》2011 年第 3 期。2013 年第四届东亚环境社会学研讨会期间，本书主编陈阿江教授曾向鸟越皓之教授谈及访谈录之事，他建议收录此文。

年）、"四日市哮喘病"（1960—1970 年）、"痛痛病"（1955—1972 年）。为了治理四大公害和其他公害，日本政府尝试执行了种种对策；与此同时，反公害人士也向政府施压，要求政府采取更强有力的治理措施。然而，遗憾的是，即便是时代的步伐进入 1990 年代之后，公害问题仍没有得到圆满解决。

1962 年，日本政府实施了第一个综合开发计划，政策出台以后，全国各地掀起了开发热潮；与此同时，1970—1980 年代开始，综合开发对自然环境造成的破坏也迅速引起了人们的关注。特别是著名的《增长的极限——罗马俱乐部关于人类困境的报告》日文译稿于 1972 年发行之后，日本国民开始认识到无限制、过度的开发反而会给自己的生活带来负面效果这一点。

当时从事于环境问题的相关调查和理论钻研的社会学者，主要有以下 3 个团队。第一个团队，是受福武直的影响，最早着手水俣病等公害问题研究的饭岛伸子团队。饭岛伸子曾经在医学部工作过，因此她与社会学领域以外的学者们一起开展的共同研究比较多。第二个团队，是舩桥晴俊、长谷川公一等学者以社会运动论为理论基轴开展的反公害运动研究。第三个团队，同时也是本文的主题，即基于批判地域开发所带来的自然环境破坏而提炼发展起来的鸟越皓之、嘉田由纪子团队。

随着环境问题的日益严峻，日本社会学会于 1988 年、1989 年连续两年召开了以环境为主题的专题讨论。正是通过这两次学会，研究环境的社会学家们相聚一堂。从我个人的经历来讲，在此之前，虽然对上文提到的其他团队学者的名字早有耳闻，但未曾谋面。之后，以这些学者为中心，于 1990 年正式创立环境社会学研究会，并于 1992 年正式成立了环境社会学学会。当时的会长是饭岛伸子，事务所所长是鸟越皓之。当然，这种安排是按照年龄顺序的，并无故意轻视舩桥研究团队的意思。

现在，日本环境社会学能够共享的研究模式有 4 个。它们分别是"受害构造论"（也称加害/被害论）、"受害圈、受苦圈论"、"生活环境主义"以及"社会两难论"。前 3 个理论分别出自上文提到的 3 大研究团队，最后一个"社会两难论"是海野道郎将数理社会学中的研究模式应用于垃圾问题研究时引进到环境社会学中来的①。若将上述研究模式简单

---

① 舩桥晴俊研究团队对引进社会两难论也贡献巨大。只是，数理社会学对社会两难论的关注可以追溯到 1980 年代，比舩桥老师他们要早。

的图式化可以做如下理解，即"受害构造论"（也称加害/被害论）比较适合研究类似水俣等导致大量受害者出现的公害研究；而"受害圈、受苦圈论"对于研究因建设铁路而引起的震动、噪声等公害问题，即对研究伴随着工业化、城市化发展而产生的环境问题非常有效；"生活环境主义"则比较适合分析考察自然环境的破坏问题；"社会两难论"对阐明垃圾、洗涤剂污染等日常生活领域中的内在矛盾非常有效①。

生活环境主义的诞生

生活环境主义是从对 1980 年代琵琶湖综合开发的纷争现场，即琵琶湖畔的农村社区开展集中性社会调查中诞生的。琵琶湖位于滋贺县（日文表述的县，相当于中国的省），是日本面积最大的淡水湖，琵琶湖四周的居住人口比较多，湖畔周边地区分布着多个规模较大的城市。1982 年我们几位社会学家（代表——鸟越皓之）受滋贺县研究机构之托开始调查。当时对如何看待琵琶湖的开发和环境保护，主要有两种观点。而且，当时大家都希望能基于这两种观点制定相应可行的政策。这两种观点：一种认为不经过任何人为改变的自然环境是最理想的自然环境，该观点也是当时自然保护运动的理论支柱。自然保护运动综合了生态学的研究成果，因此它的理论一般又被通俗地称为生态论。我们将它命名为"自然环境主义"。与此相反，另一种观点则认为近代技术的发展有利于人们修复遭到破坏的环境，对这一理论，那些掌握着基础建设方面预算的政府机关人员比较青睐。为了便于区分，我们称后者为"近代技术主义"。

不过，我们这些社会学家通过走访调查以及深入细致的观察发现，琵琶湖周边的居民和经常来此走访的机关行政人员，甚至包括部分提倡自然保护的活动家们，在具体处理当地的实际问题时所依据的既不是"自然环境主义"，也不是"近代技术主义"，而是依据有别于这两种理论的另一种思维方式。我们从当地居民处理问题的思维方式中获取灵感，将之提炼总结，理论化后得到的就是"生活环境主义"。言简意赅地说，生活环境主义就是通过尊重和挖掘并激活"当地的生活"中的智慧，来解决环

---

① 关于这些模式的详细说明，请参照鸟越皓之著：《环境社会学》，宋金文译，中国环境科学出版社 2004 年版。

境问题的一种方法。换句话说，就是既能从生活的角度'安抚'自然，又能使其成果得到反馈，用来改善并丰富当地人的生活的一种方法①。

如果将其简单的图式化，可以这样来理解：如果只是单纯地推行自然环境主义，就可能会产生尽量不让人们生活、居住在森林、湖泊、河川等自然附近的决策。其结果，就会出现类似支持建设美国国家森林公园之类的想法。但是，琵琶湖的四周生活居住着数百万的居民，将这些人统统赶走这一做法显然是不切实际的，因此这种保护纯自然的想法，作为一种理想来谈可以，但要应用到具体的政策中，就比较牵强了。现实中，自然主义者们采取的只能是将当初的理想中途搁置这种折中的办法。与之相比，近代技术主义者们则采取了以下的措施：为了改善水质，就在琵琶湖的岸边填湖建废水处理厂；为了整治河流，就在河道的两侧和河床这三面都筑起水泥堤坝等诸如此类的办法。很明显，近代技术主义会不停地改变自然，因此这样的政策让坚持自然环境主义的生态保护者们怒气冲天。总之，双方各自所坚持的生态保护和近代科技观点都具有其自身的价值，只是在当将它们应用到实际的生活中时，结果发现，自然环境主义靠不住，而近代技术主义到头来反而是加速了对自然环境的破坏。

小河与生活环境主义为了帮助大家从整体上把握生活环境主义，我们用某村的一条小河做个例子。政府的工作人员来跟居民讲希望将这个小河的三面都筑上水泥。这条小河最终汇入琵琶湖，河里有鲇鱼等各种鱼类，当地的居民也经常在小河里洗菜，冰镇西瓜等水果。对孩子们来说，小河更是他们戏水玩耍的好地方。用生活环境主义的方法去调查时，我们首先要考察的是上文提到的人们所有的利用小河的方式。然后，再基于如何丰富当地人们的生活这一出发点，也就是从人们对小河的利用中观察出他们爱护小河这一事实，并从尊重事实的角度制订施政的方案。要想丰富人们的生活（包括丰富他们利用小河的方式），必定会站到反对将小河三面水泥硬化的立场上。但是，因为这个村无法对政府的提议说不，小河最终还是被水泥硬化了，结果，河里再也没有鱼了，河水的深度再也不能冰镇西

① 这里所说的从"生活的角度'安抚'自然"，与现在的施政术语"可持续性发展"比较相近。不过，需要指出的是，现在执行的所谓的可持续性发展政策，在具体地区的实施过程中也凸现了许多问题。

瓜等水果，小河对生活的贡献也越来越少，现在它只是用来容纳生活污水，变成了一条臭水沟。以上的例子告诉我们，最应该重视的是，只要上文提到的多种利用小河的方式存在，村民就会自觉地管理好小河，做到不往小河里排生活废水。因而，小河的污染程度就会降低。它的水流入琵琶湖，虽然也会带入一些有机物，但这些有机物数量有限，不至于造成琵琶湖的污染。换句话说，人们使用小河，也就意味着小河不是纯粹的自然，而变成了人们改造后的自然，但这并不是坏事，这就是生活环境主义的政策观。

在这里需要补充说明的是，生活环境主义并不是一概反对河川堤坝的水泥硬化。这也是它与自然环境主义不同的地方。比如说经常有洪灾的地方的河川用水泥硬化也是理所应当的。也就是说，生活环境主义的着重点，不是将判断问题的标准放在是使用土巩固好还是用水泥硬化巩固好这样的硬件方面，而是将基准放在能否丰富当地人们的生活上。只要当地居民过着充分利用自然的生活，他们就不会破坏环境（就不会让小河成为臭水沟）。

在自然环境遭受破坏的地方，人们期待社会学解决问题时采取有别于生态学的基准。人们期待社会学不要停留在思考自然生态系统以及土木建筑工学中提及的如何保全自然这一层面上，而是能提出让当地居民也能接受的政策建言。否则，即便是制定出从自然科学方面来看是完美的保护生态系统的政策，倘若那些熟知当地自然和生活方式的居民并不认同的话，他们就不会由衷地支持这些政策的实施，结果这些政策只会成为空谈，这一点，相关的政府官员比谁都清楚。"生活环境主义"正是充分吸纳了人们对社会学的这些期待而创立的一种理论。在这一理论中，较之"自然"，考察的着重点在"人们的生活"。

生活环境主义具有 3 大特色。第一，它吸取了日本社会学实证研究中比起考察"社会"（society）更擅长考察分析民众的"生活"这一特点。第二，它吸收了二战后日本社会学一直擅长的参与观察式田野调查这一科学特色。关于生活环境主义的调查方法在后文还会做详细阐述。

至于第三个特点，一般鲜为人知，即生活环境主义模式的思想体系，受到了中国、韩国以及日本传统的思想、科学方法论的影响。

我们的团队将调查琵琶湖的研究成果编著成《水と人の環境史——

琵琶湖報告書》（《水与人的环境史——琵琶湖报告书》，鸟越皓之、嘉田由纪子编），于 1984 年出版发行。该书出版之后，先后增版印刷超过 10 次，备受关注。同年，饭岛伸子出版了专著《環境問題と被害者運動》（《环境问题与受害者运动》）。1985 年，舩桥晴俊、长谷川公一等又出版了《新幹線公害——高速文明の社会問題》（《新干线公害——高速文明的社会问题》）一书。这些书成为环境社会学领域的首批专著。受到当时社会学界和其他学术领域的广泛关注。

之后，生活环境主义研究团队又紧锣密鼓地先后出版了以下专著：鸟越皓之编著的《環境問題の社会理論——生活環境主義の立場から》（《环境问题的社会理论——从生活环境主义的立场出发》），1989 年出版。嘉田由纪子的专著《生活世界の環境学——琵琶湖からのメッセージ》（《生活世界的环境学——来自琵琶湖的信息》，1995 年出版），鸟越皓之的专著《環境社会学の理論と実践——生活環境主義の立場から》（《环境社会学的理论与实践——基于生活环境主义的立场》，1997 年出版）等。

生活环境主义的理论构造

经验与历史的个性

生活环境主义的一个很大的特点是重视"经验"和"历史的个性"。这一特点也与生活环境主义理论格外关注如何丰富个人与社区生活（Life，Existence）密切相关。通常，在社会学的理论结构中，将"行为"作为分析的基本单位。不论是马克斯·韦伯的行为类型（handlungstypus）理论还是塔尔科特·帕森斯的一般行动理论（general theory of action），都是如此。社会学分析的单位从社会中的个人转移到社会中的行为，是受 17 世纪西欧新兴科学哲学（具有代表性的有 Francis Bacon 等）的影响，该哲学标榜元素主义和客观主义的自然科学观。社会学在其影响下也吸收了这种自然科学观。简单地说，就是将水分成 H 和 O 两个元素加以分析的思维方式。在这种科学观的影响下，社会学在分析社会时，将分析的对象从"社会中的人"转移到分析"人的行为"这一元素上。当然，我们不能否认这种元素主义对丰富社会学做出的贡献。但是，反观社会学的学术史我们也会发现，在社会学的历史长河里，元素主义并不是一统天下，比如大家熟知的，主张现象学的阿尔弗雷德·舒茨曾与帕森斯针锋相对，主张与元素主义相对立的整体主义（holism）的方法论。这里所说的经验论，因为重视个人和社区等集体的经验，具有整体主义的特点。

因此，在必要时，我们需要做有别于行为论的分析。我们的生活环境主义团队认为较之分析行为，分析经验更有用。下面我将具体阐述作出这一判断的理由。

通常，我们能够观察到的，是能用肉眼看到的人们的行为。我们观察人们的行为结果，通过采访或是以发放问卷的形式获取信息；根据这些信息以及其他的各种条件，可以推测出人们采取某种行为的理由（动机）。

比方说，自己居住的社区出现了反对建设垃圾处理场的集会，要想知道他们反对的理由用不着特别费力。并且，我们还可以很轻松地知道他们有多少种反对理由，以及他们的反对理由与其所从事职业的相关性。这种调查，只要研究经费和时间允许，分析的对象还可以无限地扩展下去。比如，仅调查采取这些行为的人们的社会属性，就包括职业，年龄，性别，学历，居住地，居住年数，家庭构成等要素。也就是说，可以做更详细的调查。而且，像这类调查，不必深思自己的立场和所依据的哲学思想，也就是我们通常说的具有客观性。当然这种调查有时也很有用，我们的团队偶尔也采用这类调查方法。

不过，在采访持续一段时间后，我们注意到了以下这样复杂的问题，即当地居民对某件事表示反对，并采取了相应的行为，但这种意见与行为与其说是一成不变的，不如说是存在某种偶然，实际上当事人是基于多种理由偶尔作出了诸如反对的选择，对他来说可能的选择项有很多个。比如说，碍于朋友或亲戚的情面，他作出了参加某个赞成或是反对的集会这一具体行动。但是，他可能心中另有己见。从无数的选择项中，偶尔被采用的这一个，客观上就作为他的意见展现在众人面前了，而其他可能存在的选择则被埋没于他的"脑海中"。但是，这些潜在的选择项，只要条件成熟，就有被选择的可能性。因此，我们有必要深入调查，将这些被埋没的众多可能性从人们的"脑海中"挖掘出来。

我从事了多年的社会调查，在因环境问题纷争的调查地点，我们经历了许多当地居民突然半路变卦的事实。看到这些，我们认为不必将其看成是居民没有主见而一言蔽之，而是需要理解他们中途变卦的理由，并构造其他的理论方法做进一步深入地调查。换言之，居民最初给出的意见和做出的行动，只是从无数可能的选择项中偶尔选中，并体现在行动上展现出来而已。如韦伯的行为理论中提及的，通常来说社会学中解释行为是从动机上找突破口的。但是社会中的人，在采取某种行为作出某种决定时，除了自己的动机之外还有自己以往的生活经验，以及周围的人际关系，甚至还包括许多无法道明的理由等多种因素的交融。我们将这些浓缩到了"经验"这个词汇里。我们认为较之将考察的视角聚焦在人们的行为上，考察经验能够看得更深刻，更能作出正确的判断，因而更有利于做出的政策建言。另外，"经验"这一概念里涵盖了"时间"，因此，做经验分析就必然要触及并关注当事人的生活史以及他所生活的社区的历史。所以说，我们研究团队的调查也经常需要查阅历史资料。

在进一步深化经验论的分析时，我们会发现"历史的个性"的重要性。日本社会学家有贺喜左卫门（1887—1979）对历史的个性的重要性做了相应的理论阐述。不过我认为更明确提出这一点的是日本的国学家本居宣长（1730—1801）和中国的社会学家费孝通（1910—2005）。这里所说的历史的个性，有别于那些所谓的因为各个人和各个地区都具有区域多样性，因此我们应该尊重其个性的多样性；而是认为，各个人或是地区都有个性，而且这些个性的重要性要高于整体社会的共通性。因此，这种历史个性论，对自然界的法则秩序，也就是所谓的一般法则不是很感兴趣。也就是说，这一历史个性论是建构在基于自然科学的规律法则构造的理论之外的。在这里举个例子。比如说，将 20 度的水烧到 40 度后水便会膨胀，这是一般法则。在这种情况下，40 度的水的体积不会缩小也不会结冰。但是，相对于 X 这一外界刺激而言（比如提高水的温度），会产生与 Y（膨胀）不同的 Z、W 等多种情况，这也是一种看问题的方法。费孝通在他的《乡土中国》中，曾举过两个事例，来说明我们本文所说的历史的个性的重要性。第一个例子是说，老农看到蚂蚁搬家，就知道要下大雨了。他之所以觉察到天要下大雨，是因为他熟悉蚂蚁搬家的意义。费孝通进一步指出，老农的这些从自己的生活经历中得来的知识是个别的，并不是抽象的普遍原则。第二个是关于孔子的例子，费孝通提到，他通过读《论语》得知孔子在不同的人面前说不同的话来解释"孝"时，感到了乡土社会的特性，即孔子列举具体的行为，因人而异地答复他的学生"孝"的内涵没有一般原则，而需要做子女的在日常生活中去摸熟父母的性格，承他们的欢，做到自己的心安。而这无法用一般原则阐释的"心安"才是孝的真谛。通过这些例子，可见费孝通的观点绝不是自然科学的。另外，它与模仿这一方法论的社会科学的思维方式也是截然不同的。但是，与一味拷贝自然科学方法论截然相反的社会科学也有它存在的意义。至少，在环境社会学这门需要解决具体环境问题的课题解决型的社会科学里，忽视这种个性，就无法作出正确的决策。这一看法也并非稀奇，我认为它在社会福利等需要解决具体社会问题的领域里也同样适用。

生活环境主义的 3 个分析概念

科学史家托马斯·库恩采用范式这一学术用语之后，该词在社会科学的领域中迅速普及。我们科学工作者在分析某种现象时会带有某种倾向。这种倾向是指，某一特定领域的科学家团队之间培育了共同的知识体系，因而面对某一调查对象时这些科学家就会不自觉地在设问或是在作答上形成某一固定的答问模式。库恩称这一现象为范式。换言之，库恩的观点中比较有趣的是，它告诉我们，研究人员并不是站在所谓的纯客观的立场上考察问题，而是依据他们之间共通的既有的知识体系来解释问题，这里面不自觉地已经有了主观的介入（Kuhn，1962）。

据此，从某种意义上说，生活环境主义也是众多范式中的一个，只是我们采用了比范式更通俗的概念，在用词上选用了模式一词而已。生活环境主义模式从 3 个层次构成。第一是所有论，第二是组织论，第三是意识论。我们又从中分别抽取了"共同占有权"、"说法"、"生活常识"这 3 个分析概念。下面将分别阐明。

生活环境主义模式中的所有论概念，是与环境权这一观点密切相连的，在具体分析时所采用的视角是"共同占有权"。众所周知，日本是资本主义社会，在经济上采用的是市场经济的运营方式。在资本主义社会这个构成体中，个人的所有权高于一切，这不仅适用于经济系统，也同样渗透于整个法律体系。承认独立个体的存在，这与资本主义社会的体系也非常匹配，只是在思考环境问题时却遇到了麻烦。比方说，附近有个绿荫葱郁的小山，开发商把它买下来，用挖掘机将土铲平，想整理成平地盖大量的商品房。之前有着美丽曲线的绿荫葱郁的小山，在不断地挖掘下，作为景观供人们欣赏的美好一面遭到了极大的破坏，为此，附近的居民组织起来，采取了要求开发商恢复小山原貌的环境保护运动（图1）。

图1　山坡被开采，仅剩山头一缕绿荫的小山

　　在事例中出现的居民发出保卫环境权利的主张就是环境权。然而，即便他们依据环境权这一权利主张向法院提出诉讼，法院也没有审理这类案例的法律依据。因为这些土地已经被开发商买走了，也就是说开发商现在对这些土地拥有私有权。在资本主义社会（市场经济体系）的法律体系下，私有权受到法律的保护。因为市场经济的前提是参加交换的双方所交换的物品必须是拥有私有权的双方的私有物（品）。与此相反，环境权是那些没有私有权的人们以保护环境的名义去侵犯某些人的私有权。目前来说，日本还不存在承认个人私有权可以侵犯的法律，所以，环境权无法靠法律的力量去争取。

　　在日本，司法和行政拥有裁决权，司法上的裁决权是法官做出判断的依据。同样行政部门也有裁决权，只要与法律的出入不是很大，政府的执政人员也可以作出独立的判断。生活环境主义模式所采取手法是尽量从地方执政机构（地方政府）一方打开突破口，依据行政裁决权改善事态。如上文所述，在新阶段法律（学）对事态的解决显得无能为力，所以就需要社会学努力创造出应对权利纷争的办法。放眼日本的地域社会，我们发现，事实上具体到某个社区内的土地如何使用这些问题上，各个社区都有它自己的处理规则（local rule）。在那里，较之土地的所有权，人们更关注土地的利用权。在社区内的土地和水等对象的物权中，累积了许多历史积淀下来的复杂的利用权，这些利用权往往比是否拥有所有权更重要。生活环境主义模式融合了日本社区内存在的对所有权和利用权的理解，并从中提炼出"共同占有权"这一概念，将"共同占有权"存在于各个社区里这一现实传授给执政机构，并告诉政府的执政人员，尊重这一权利，就能帮助当地居民过上好日子；因而通过行政裁决权坚守该权利是政府执政人员分内工作。以上这些也是生活环境主义模式在分析所有权问题时的理论构造方式。

接着我们再来看第二个构成层次——组织论，它主要关注的是居民意见中存在的分歧。大家普遍认为应该重视居民的意见。但是在存在环境问题纷争的地方，居民并不见得会意见统一。只要居民意见相左，政府执政人员就无法采取他们的意见。通常，居民分化为赞成派、反对派、附加某些前提条件的赞成派等不同的派别。这些派别分化完之后，他们会分别就各自的赞成或是反对意见构建支持他们意见的理论。起初在参加派别集会时，很多人只是单纯地表示赞成或反对，或者是并没有坚决的意识判断，只是因为自己的亲戚或朋友参加了这一派自己也跟着加入了，理由仅此而已。但是这些看似没有主见的人们在加入到各派别中之后，也开始努力将团队的理论看成正确的理论，并使之变成自己的见解，最后套用该理论去批判其他派别的人。我们称这里所说的理论为"说法"（saying）。

这里的"说法"，具体到各个派别时，他们都坚持"维持本地区的生活环境"这一表述内容。只是，我们用说法表述强调的是，它的产生不是源于纯理论的逻辑思维，而是源于各个派别立场的不同（既有居住几代的老居民，也有居住时间相对较短的新居民；既有住在路边的居民，也有住在离路较远的居民），据此，会产生表述上的微妙偏差。但是，对于当事人来说，这些微妙的偏差事关重大，因为其他派别的人不承认这一认识偏差。基于此，各派别首先在表述中剔除那些较为直白的与个人利益相关的如"卖掉自己的土地可以获取较大的利益"等表述，取而代之的是那些能让其他人也信服的诸如"赞成修建宽马路以支持地方经济的深化发展"、"反对噪声带来的环境污染"等理论。

所以说，说法在具备一定理论性的同时，更具有"追求正当性"的特点。而且需要强调的是，说法不是个人的理论，它是派别内共有的理论。派别内的成员开始抛弃自己原本所持有的见解，改用自己所属派别的理论向别人做解释说明。

面对某一具体的环境问题，居民的意见很难达成一致，这就是"说法"成立的前提，因此，就需要通过考察各派别的理论和各派别构成人员的社会属性，并弄清居民的意见和组织的特性。这是生活环境主义组织论模式较为典型的调查方法。在此基础上，我们才能进一步考察全体居民都信服的理论是哪一种。

第三个层次是意识论。它主要是对生活意识的分析。通过现象学家舒茨以及后来的伯格和卢克曼（Berger and Luckmann，1966，p. 26）等学者的努力，"生活世界"这一概念在社会学中得以普及。社会中的个人依据自己的生活体验形成生活意识，我们可以称支撑这些生活意识的共有的观念世界为生活世界。当人们采取某种具体的行为时，这些生活意识就是他们作出各种判断的知识依据。作为个人行为判断基准的生活意识又可以细分为以下三种。

（a）个人的经验知（它不是指个人的具体生活经历，而是指通过生活经历知识化了的认知）。

（b）生活组织（村落，社区等）内的生活常识；

（c）生活组织外的通俗道德。

（a）个人的经验知，是指通过个人自己的经历获取到的知识，并基于这些知识形成自己独有的认知。这个概念很容易理解，在这里无须做进一步说明。与（a）相反，（b）、（c）的规范都是来源于外界社会。个人接受来自外界社会的知识会有很多，仅就环境问题来说，源于外界社会并能够左右个人行为的生活意识主要有以下的这两个。

先来阐述一下（c）通俗道德。它指的是国家创立的社会道德。在日常生活中，我们以为是基于自己独立的思考提出的那些规定其实有许多是我们在以往的生活中不知不觉获取的社会常识。因为，今天的我们是从小就生活在社会大家庭里，通过与人交往逐渐社会化了的我们，出现这种情况也是理所当然的。纵观日本130年的近代化历程，我们会惊诧日本这个国家颂扬的国民道德对国民影响力是如此深远。第二次世界大战之前的国民道德集中体现在1890年国家颁布的教育规范即"教育敕语"（教育诏书）"里。当然，国民所领会的国民道德，并不是教育敕语中提到的艰涩的理论，而是支撑教育敕语根基的诸如勤勉、俭约、孝行、正直等概念群。这些道德目录不仅在近代，在之前的封建时代也是随处可见，它的一贯性，正说明了它在国家进行国民统治时发挥的思想指导性功能。

历史学家安丸良夫，曾经称该道德为"通俗道德"，将其定义为"是支撑依靠封建性浓厚的诸类社会关系不断完善并迅速发展起来的日本资本主义的思想意识这一上层建筑的一部分"〔安丸，1965，p. 1—2〕。对讲座派（日本马克思主义学者的流派之一)① 的这种界定本身是赞成还是反对我们无须表态，但它指出了国民道德具有统治国民思想意识的功能这一社会事实，在此，我也仿照安丸，将这种生活意识称为"通俗道德"。

安丸进一步指出，通俗道德"具有解决近代日本社会中蕴含的矛盾和困难（如贫困等）的重要组织原理"〔安丸，1965，p. 1〕，同时还指出它具有独特的处理问题的机制。如"我贫穷，通俗道德就会告诉我那是因为我不够勤勉；要是我家庭不和，它就会教育我那是因为我不孝。其结果是，在面对众多的困难和矛盾时，会让人产生幻想，认为这一切都是基于他的生活态度＝实践伦理，而这一切又都会在幻想中得到解决……另外，现实中也有许多对这些幻想进行职业性宣传的宣传家或是崇拜者，他们会引导人们忽略现实中的种种社会关系，到幻想中去寻找解决现实问题的依据，这样就渐渐地构造了一个意识形态的统治体系"〔安丸，1965，p. 2〕。

与特定的知识分子不同，对于那些居家过日子的普通人来说，他们的生活图景就是作为社会中的一员正常地生活。毋庸置疑，这就意味着他们需要在日常生活中实践通俗道德。因此，当现实社会的各种矛盾降临到自己身上时，他们不是去现实社会中探寻这些不幸的原因，而是将之理解为"是我自身还不够遵守道德"。

在社会问题纷争的地方，这种通俗道德可能会成为生活者自己的意识判断基准，或是作为说服他人的理论根据粉墨登场。而全盘接受这些通俗道德，也就意味着将自己置身于担当"统治思想捍卫者"的角色中。当然，因为这种统治是间接的，当事人可能并没有意识到自己也在为国家统

---

① 1920—1930 年代日本的经济、历史、政治学、社会学家依据他们对马克思主义的理解在如何界定日本封建社会时分裂为讲座派和劳农派两派。

治贡献力量。通俗道德概念的特点便在于此。

关于（b）生活常识的含义如下：以前大部分农渔民在小学毕业之后，为了成为一名农民或是渔民自立生活，需要跟村里的长辈学习很多知识。那么这种教育是如何开展的呢？在村落里，传授的不只是如何从事生产的具体技术，还包括传授给他们作为社会中的一员如何平安度过一生的生活智慧，也就是我们通常所说的生活常识。这些生活智慧主要是指如何跟村里的年长者或是负责人、异性等具有不同属性的人接触，如何跟伙伴交往的方式，对待村里神明或是掌管生产的神灵的基本礼数，以及尽自己本分时的具体做法，等等，涉及生活的方方面面。在村落里我们看到的这些比较典型的，大家为了平安生活积累下来的智慧，我们称之为"生活常识"。如果把"生活常识"定义为"人们为了更好地生活，在生活组织中（比如村落里的生活组织等）逐渐形成的生活智慧的积累"的话，那么它与"通俗道德"的区别就更加明显了。

每个人的生活体验都会经过"生活常识"这个过滤器过滤之后成形，并通过他们的行为具体表现出来。以上这些就是生活环境主义的3个主要的分析概念，通常在做社会调查、分析时使用。

生活环境主义的调查方法

在这里介绍生活环境主义模式典型的调查方法有助于帮助大家加深对该模式的理解。在上文提到的3个分析概念中，着重介绍与"共同占有权"中的所有（权）部分相关的调查内容，应该更有助于大家理解我们的调查方法。"共同占有权"，不仅阐明了各国法律规定的"所有（权）"概念相对于各地区的实际具有的不安定性，还明确指出现实中的"利用"累积，有时会达到与实质性的所有权相匹敌的效果。另外，在保护环境方面，"共同占有权"认为空间共同利用非常重要和有效，因此特别关注共同利用方面。

从正面思考土地所有的本源意义的是卡尔·马克思，他在《资本主义生产以前的各种形式》一书中有详细的论述。他把那些归共同体占有的权利命名为本源性所有（ursprungliches eigentum）。他在分析共同体时指出，共同体中所有的生产者拥有他们的生产手段，即土地，那才是本源性所有的本来面目。日本的经济史学家们在考察中通过实证研究发现，即使是在马克思所指意义上的共同体解体之后的近代日本农村，耕种田地的人们（投入劳动的人们）还是对土地保持着实质上的所有权。他们参照马克思的《经济学批判纲要》，认为他们看到的实证结果就是马克思所指的本源性所有。经济史学家岩本由辉曾给出这样的论点，即"耕种这一行为本身就是土地所有（权）的根源，而且，这里的耕种，不仅仅是农民一家一户的问题，是他们共同的问题，因此，村里的土地应该作为共同的权利来考虑"（岩本，1985，pp. 8—13）。当然，这一说法与马克思所指的本源性所有在概念上是否一致还有待讨论。但是从他们的研究成果中，环境社会学学到了许多宝贵的思考问题的方法。通过这些研究，我们知道了耕种的人 = 投入劳动的人对他们投入劳动的土地拥有本源性所有这一原理。当然，每个时期国家都会出台相应的法律，而且，各个社区也都有他们自己处理事务的规则，因此，本源性所有并不是常规性的问题。不过，认识到本源性所有是所有权的基石这一点很重要。历史学家们提出的近代以后也存在本源性所有，这可能扩展了马克思当初设定的本源性所有仅存在于资本主义生产方式诞生以前的界定，因而，在将该概念导入环境社会学时（为了避免概念上的混淆），我们将本源性所有另命名为"共同占有"。在当今社会，相比"劳动投入"，"共同占有"这一表达方式更有效。在思考国家规定的所有（权）与居民利用的相关性时，"共同占有"这一表达可以帮助我们厘清思路，同时也能避免理论上的混乱。不仅如此，在环境社会学领域，实证研究表明，不仅在农村，在现代都市里，"共同占有"权利也在发挥作用（鸟越，1997）。

另外，"共同占有权"与各个地区的社区内部规则（local rule）紧密相连。因此在调查时需要弄清该社区内的所有（权）与利用的相关规则，同时领会"共同占有权"的存在和它的强弱度，在此基础上考虑如何制定符合该地区的环境政策。

在解决与地域环境相关的问题时，可以从把握土地和建筑物的所有权以及使用的实际情况上找突破口。改善环境，不是说如何将自己的庭院打扫得更漂亮，而是需要考虑如何将众人共同利用的空间建设好，也就是通常所说的如何完善公共空间，这个问题非常重要。

　　由于这篇论文是写给中国的学者的，所以在这里，我举一个我们在中国开展的"村庄里的水的利用"的调查事例。文章中的村庄是太湖边上无锡市 A 行政村的 Y 自然村。

村庄概况

　　关于 Y 村的情况，我们只是大致了解了一些。村里大约有 200 户人家，700—800 人。村的前面（东边）是太湖，后面（西边）竖立着陡峭的石唐山，山脚处有山泉涌出（图 2）。

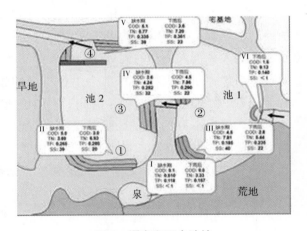

图 2　涌泉和两个池塘

　　在 1950 年代土地改革之前，该村除了 1 户大地主和 1 户中等规模的地主外，其他的均是自耕农、自耕农兼佃农、雇农。当时该地区划分了富农、上中农、中农、贫农这四个阶级。可以说贫富和阶级差别比较大。之后经历了人民公社时代，那段时期农民基本上是平等的，人民公社解体之后至今，每个人均可自由地使用土地。

　　在池塘的周边和下方，是拥有多年历史的农家宅院，靠近太湖的一侧，以前是一片稻田。现在，房屋与太湖之间的空间已变成了某工厂的厂房。村里大多数人都以农业为生。因此，对太湖的利用主要也是用来补助他们的农业生产。这些利用方式，主要是以村里的小孩为主，比如，他们去太湖捕鱼，拿回家里就是饭桌上的菜肴，诸如此类等等。鱼的种类，主要有鲤鱼和白鱼等。村民也食用岸边的水生植物。孩子们经常去湖边游玩。那些自家有船的村民也常去湖里打捞淤泥，用作旱田或是稻田里的肥料。有的村民还去割湖边的草喂兔子或鸡等家禽。

村里的水系

从图 2 可以看到，该村的北面有 2 个大约 15 米宽的池塘。朝着山望去，在右边有一个泉眼（涌泉）。

先从涌泉说起，涌出的泉水汇集成大约 3 米宽的小池。这个涌泉的最主要用途是当地居民的饮用。不过，因缺水引起图中的池塘 2（有 2 个池塘，为表述方便，在这里将靠近山的称为池塘 1，下面的为池塘 2）的水质下降时，人们就去取来泉水，提到池塘 2 的①的台阶处淘米洗菜。这个泉水是自然涌出的，村里人称它为"甜水，好喝的水"。现在村里已经安装了自来水，但是村里人很少喝自来水，依旧是喝泉水。另外，村里也有井，但是井水也不用来饮用，而是用来洗衣服等其他生活用途。以上这些，都体现了村里的人们对泉水作为饮用水的重视程度。当地人称该泉水为"山泉水"，他们会组织人定期打扫。在当地，还流传着关于这个泉的传说。传说泉水中住着水怪，所以需要定期将里面的落叶以及垃圾及时清理干净。

下面再说池塘。上文提到过，泉眼的旁边有 2 个池塘。从山上自然汇集的水流集成一条小河流入池塘 1。流入池塘 1 的水又通过连接两个池塘的水沟流入池塘 2。所以，池塘 2 中的水自然要比池塘 1 的脏，但是当地人却认为池塘 2 中距离泉眼最近的地方是两个池塘中水最干净的地方。当地人在池塘 2 的排水口附近用砖将池塘 2 隔出一半，当地人认为被隔开的这些排水口附近的水最脏。图 2 标示了①至④这几个数字，数字越大表示当地人认为其水质也就越脏，并相应地采取了与这些水质相对应的利用方式。比如在④标示的空间，人们涮洗拖布等，采取的是那些产生污水比较多的利用方式。池塘里的水从④旁边流出来，穿过村里，流入太湖。这期间的利用方式主要是排水。村民的生活废水没有处理就排入水沟，最终流入太湖。图 2 中标注了显示污染程度的 COD（化学性养分需求量）以及氮和磷的数据。从这些数据中我们可以直观污染的实际程度。

据当地人讲，净化池塘的方法有两种。一是借助自然的力量，大雨过后就会有大量的雨水从山上流出，通过这些丰富的水流可以令池塘中的水焕然一新。第二种就是靠人工净化，由村里定期组织人来打扫。这些具体由村委会管理。村委负责安排村民清理池塘。所采取的清理方式是，将水全部抽出之后，清理塘底的淤泥。清理完之后再注入干净的水。

村里人对塘中的水，好像并没有特殊的信仰。不过，村里人认为池塘里的水是"活水"，可以说这种认识跟他们在日常生活中努力保持池塘里水的清洁的意识是一致的。

山的利用

池塘的上方自古就是未经开垦的荒地。在 1949 年中华人民共和国成立之前，虽然村里对该村管辖范围内的山地管理比较松散，但还具有村里共有山地的意识。村民可以自由地到山上砍柴。

1949 年以后，在社会主义政策的指引下，村里将山平等地分配给了村民。当地人称当时的山地成了"个人的"，当然，这里所说的"个人的"，并不是指个人拥有所有权，而是个人拥有了占有使用的权利。在1950 年代的"大跃进"运动中，个人的占有使用权被取消，取而代之的是集体所有。当时拥有管辖权的是人民公社的下属机构——大队。当地人称它为"大队所有"。现在，虽然人民公社已经解体，但在当地仍保留着山地归大队所有的说法。在这种集体所有＝大队所有的前提下，村民对山地的利用情况具体如下。

村民个人通过向大队（Y 自然村）交纳一定的金额，就能 10 年或是30 年长期使用一定面积的山地，也就是说可以个人占有并使用某一特定范围内的山地。他们承包之后，种植了松树、罗汉松等用来做燃料。不过，这些个别村民种植的树木其他村民也可以去采集灌木枝等做燃料（即根据所谓的共同占有权）。

山地的下方，自古以来种植着许多梅树、醉梨、蜜橘、桃等果树，它们呈带状分布，现在也是如此。当然，种植这些果树的目的是收获水果，不过它还有一个很重要的功能就是山上起火时这些呈带状分布的果树林可以起到防火屏障的作用。也就是说，当地村民在山地的这个位置种植果树是有目的的。为了管理好果树，村里人经常上山。上山时他们也会关注山上的小水流，并用锄头等农具铲出小水沟，好让这些水能够流到山下的池塘里。正是因为有村民的这些努力，下面的池塘才会一直保持着充分的水量。从果园的下面一直到下面的塘边，是低矮的毛竹林。当地人说，由于这些低矮的毛竹林根细繁茂，对净化水质非常有效。

然而，那里现在已经没有竹林，变成了一片旱田。也正是缘于此，现在才会有全氮（TN）数值较高的污水排入池塘中（这些数据在下文里）。我们推断，这些全氮（TN）的高数值是村民长期往菜地里施家畜的粪肥所致。

至于竹林为什么消失，当地人分析主要有两个原因。一是缘于20世纪90年代铺设自来水管道。因为使用自来水以后，村里人用池塘里的水少了。不过，即使是现在村里人也一直喝泉里的水，所以安装自来水管道对泉水的使用价值并没有什么影响。另一个理由，当地人表述为"小农经济"。"小农经济"本来的意思是指即使土地规模较小的农户也能自食其力。在实际操作中，具体指允许其开垦自家周围的空地这种生活习俗（该习俗也可以解释为源于共同占有权）。竹林的旁边有几户宅院较小的人家。他们根据"小农经济"的原理，开始开垦宅院附近的竹林。看到这些，其他的村民也争相效仿，开始开垦这块自留地。因为这片竹林原来是自留地，虽然村民在那里耕种，但这些土地从法律意义上并不是他们自己的土地。对此村民自己也很清楚，所以收获之后，村里人经常拿出一部分送给邻居等其他村民品尝。

这两个理由，最终导致了竹林消失，而竹林的消失又进一步影响了池塘的污染。不过最近，池塘水质的恶化又有了新的原因。那就是人们洗碗筷或是洗衣服时使用的洗涤剂等。当然，从直接导致污染的洗涤用品的大量使用这一点上，我们也可以看出该地区内部规则的弱化。

那么，村民是如何看待村里的山地的呢？在"文化大革命"之前，该村实行土葬，那时的土坟都在半山腰（"文化大革命"之后改为火葬）。山上有自己祖先坟墓的村民经常定期去祭奠。不仅在这个村，在整个中国自古以来就有不论客死在哪里，都要魂归故里的信仰。正所谓"落叶归根入土为安"。在Y村，我们也听到了这一说法，不仅如此，当地人还认为他们的祖先逝后魂归山里。如图3标示的那样，埋葬的地方，也就是坟墓，恰巧是在村庄进山的入口处，从这里也可以看出他们对祖先的归宿的界定。

就这样，从祖先守护的山里流出来的水注入人们居住的村庄，并在世

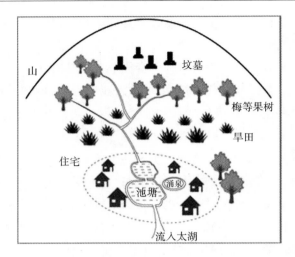

图3　Y 村的鸟瞰图

代间传递着。

荒地的开垦与水质的恶化

　　以前，紧挨着泉的上方就是竹林。同样，从池塘1往山上看，那里曾经也是一片竹林。上文曾经提到，这些竹子根细繁茂有净化水的作用。在当地人看来，这一带是荒地，村里人谁都有自由利用这块荒地的权利，这也是当地的内部规则。荒地使用权的基本原则只有在这种情况下才成立，即某个人在某块土地上投入长时间或是大量劳动量之后，周围的（村里的）人们都认同那块地是这个人的土地时。因此，当某个人开垦某块荒地后，只要这个人不放弃耕种它，其他人就不能随便使用这块土地。这个原理相对于竹林来说也是通用的，村里的一些人开始开垦涌泉上面的竹林用来种植桃树或是蔬菜（旱田）。大家都知道这个基本原则，所以村里人谁也没有权利阻止这种开垦。与日本不同的是，村民说这些荒地也不是村里管辖范围内的土地。所以村集体也没有介入、制止荒地的使用。于是便产生了村里的某些人争相开垦使用这块荒地的现象。

　　开垦桃园和菜地的人们，开始使用化肥和农药。这些必然会污染泉水，但是该地区却没有任何组织出面制止。看到这些，村里那些经常喝泉水的人感到痛心，他们个人出面去说服那些种地的村民尽量少用化肥和农药。种桃园和菜地的村民听其劝说，开始减少对化肥和农药的使用。在池塘 1 和高山之间的空间，我们看到了同样的原理，曾经的竹林，现在变成了大面积的旱田。因为这些开垦，从山上流下来的水受到污染，这些污染又直接影响到池塘里的水质的恶化，但当地对此没有采取组织上、制度上的制止办法。由此可见，与日本相比，这里的村（行政村）或是集体（自然村）对土地利用的介入程度比较低，有些局面难以控制。

上文着重描述了与村里的水系息息相关的一些共同占有权的具体内容。这个村虽然铺设了自来水管道，但是村里人称自来水并不好喝，而且需要花钱买水，所以用得不多。不过，为了实现所谓的现代化，城镇规划将这里的泉和池塘填平后建成公园。村里人虽然不同意填埋，但也没有做出具体的反对行动。

作为一名环境社会学家，仅仅通过上文的描述，我们就能够提出一些如何考虑水问题的政策建议。因为我们采用了这样的调查方法。这是一种质的调查，质的调查深化之后，我们有时也做一些量的调查。量的调查主要是研究变量之间的关系，它不仅在研究上，在实际的政策制定上也非常有意义。

比如，量的调查在把握当地居民对自己地区的泉水以及池塘的爱惜程度这种意识层面非常有用。当然我们也可以通过采访等质的调查方式，不过使用问卷调查，可以通过具体数值看出各个变量之间关系的强弱，得出意想不到的结果，在制定政策时会很受启发。

举个例子。几年前我们对日本第二大湖——霞浦湖周边的居民 2000人（回收率为 62.2%）进行了问卷调查。如表 1 数据所示，有 50% 以上的居民热爱霞浦湖。支撑居民热爱霞浦湖的原因具体又有哪些呢？表 2 就

表 1 　　　　　　　　　　　　**与湖的亲近程度**

与湖的亲近程度	%
非常亲近	50.5
比较亲近	27.6
一般	12.8
不怎么亲近	7.4
完全没有亲近感	1.8

是我们通过重回归分析得到的答案。通过分析我们发现，"孩提时代曾在湖里玩耍过"与居民热爱霞浦湖有密切的关系，相反，我们发现很有意思的是，"霞浦湖里的水很干净"跟居民对霞浦湖的喜爱程度没有多大关系。根据我们调查的结果，当然也综合了其他的因素，管辖霞浦湖的茨城县环境审议会（当时我也是该审议会的成员）决定，将净化湖水的目标由具体的目标值（如 COD 数值指标等）改为"干净到可以游泳的湖"。

表 2　　　　　　　　　**影响跟湖亲近程度的因素**

重回归分析中的说明变数	标准偏回归系数 β
霞浦湖的干净程度	− 0. 052 *
霞浦湖景色的美丽程度	0. 117 ***
孩提时代有在霞浦湖或是湖边游玩的经历	0. 274 ***
附近居民对霞浦湖的水质污染也有责任	0. 052 *
对居住地美好自然的满足度	0. 029
年龄	− 0. 183 ***
距霞浦湖的居住距离	0. 223 ***
职业	− 0. 021

注：调整后的 R^2 0. 276 *** ，*** $P < 0.001$ ，** $P < 0.01$ ，* $P < 0.05$ 。

通过这些例子，我们可以看出生活环境主义调查方法的特点。上文阐述的经验论以及其他 3 个分析概念，可以作为社会调查时的指引路标，告诉我们从哪里开始着手做调查，但我认为也没有必要按部就班地严格遵从。总而言之，从居民生活的视角看问题是生活环境主义调查方法的基本出发点。

生活环境主义在当今学术界的定位

生活环境主义模式在问世之初，就受到了环境社会学界的关注和评价；当然，其中也不乏尖锐的批评，这些在下文中我会具体提到。不过，在今天，可以说生活环境主义不仅在环境社会学界，在整个社会学界以及其他相邻学术领域也已广为人知。最早将"生活环境主义"列为字典词条的，不是社会学方面的词典，而是《社会福祉辞典》（《社会福利词典》，2002 年，大月书店出版）。我们重视生活的这一视角对考察社会福利也确实有效。之后英文词典 *Encyclopedia of Sociology*（Blackwell，2006）将其作为词条编入，译为 Life‐Environmentalism。2010 年日本社会学会出版新版《社会学事典》（《社会学事典》，2010，丸善株式会社出版），第一次将生活环境主义作为词条编入，并用了两页的篇幅对其进行解释说明。当然，事典一般都是 10 年或是 20 年才更新一次，我们也不能单纯地从编入年限上判定日本的社会学界在 2010 年之前对生活环境主义不够重视。总之，生活环境主义模式逐渐在学术界得到认同。如日本地域社会学在出版《キーワード地域社会学》（《地域社会学关键词》，2000，harvest 出版社）一书里，将生活环境主义作为地域社会学中很重要的一个关键词编入。

　　不过，生活环境主义从它诞生之日起也受到了来自各界的批判。其中较有代表性的是，批判生活环境主义的分析是主观的。我们在《水と人の環境史》（《水与人的环境史》）一书中，很明确地提出了"从居民的立场出发"看问题这一观点。结果，有些人批判说，站在特定的立场上考察问题是与科学的客观性对立的。与这些批判相关的还有，说我们对居民不知道辩证地分析，从全面肯定居民的立场上搞研究本身就是非常可笑的。这些都是从科学论（科学的客观性）视角对我们展开的有理有据的批评。不过，因为我们是在环境问题纷争的具体地点采访当地居民，考虑到要想做到如何让这些当地居民能够过上令他们满意的生活，就需要解释说明这些当地居民自身的理论逻辑，只是我们这种重视居民自身理论逻辑的阐述被理解为是对他们的全面肯定了。不管怎么讲，面对这些批判，我在 1997 年出版的《環境社会学の理論と実践》（《环境社会学的理论与实践》）一书中，在阐述上做了些变更。即，我们所说的站在居民的立场上，不是简单地指当地居民的立场，而是指站在当地居民经营的"生活体系"这一立场上，假如当地居民自己做出了反对保持当地生活体系的判定的话，这种判断会导致当地生活的恶化，那么这些居民就会变成我们批判的对象。因为采用了学者们比较容易接受的生活体系（以生活为基础的社会体系）这一术语阐述，在那之后所受批判也少了许多。但是，从我们建构生活环境主义到今天（2010 年）已经过了四分之一个世纪，反思过去，我们发现，虽然采用了科学术语阐述后我们的模式更科学了，学会里的学者对我们的批评也少了，但是这也在一定程度上削弱了该模式的敏锐性。因此，我认为有必要返回到原点，重新采取站在居民立场这一朴素的表述。

自 20 世纪 80 年代以来一直对生活环境主义的构筑做出贡献的社会学家除了上文中介绍的鸟越皓之和嘉田由纪子之外，还有古川彰和松田素二。我们四人经常一起做社会调查，在构筑该理论时，这四人的贡献都比较大。2006 年嘉田由纪子辞去研究工作，担任滋贺县县长（日语表述为县知事，相当于中国的省长级别），在任县长之后的 2008 年她出版了《生活環境主義でいこう》（《一起来实践生活环境主义》），这本面向年轻人的启蒙书籍。虽然她对滋贺县的环境问题深思熟虑，但因日本地方政治具有双重性的特点，即都道府县等各县级的长官可以不必对中央政府言听计从，同样都道府县下面的市长、町长也没有必要对他们的上层领导言听计从。滋贺县现在有 13 个市和 6 个町，各个市町在施政时虽然也在一定程度上采纳县里的决定，但因他们自己也拥有施政的独立性，所以生活环境主义的影响不是很大。其他的成员，如古川彰（关西学院大学教授）现在正担任日本环境社会学会长一职。松田素二（京都大学教授）不仅在社会学，在文化人类学领域也很有影响，对他的高度评价中也包括他对生活环境主义理论构筑所做的贡献。另外，与我们四人一起做社会调查的还有：在个人生活史领域颇有建树的樱井厚（现为立教大学教授）以及精通农业经济学的秋津元辉（现为京都大学副教授）等人。

回首 1990 年代日本环境社会学创立之初，即使是放眼世界，在当时创立冠名为环境社会学学会的，也仅有美国和日本。在欧洲，他们使用了"环境与社会"的提法。当然，只要冠名为环境社会学就意味着它必须拥有自己固定的研究领域（环境）以及特定的方法论（模式、理论）。当时在欧洲没有环境社会学的命名，可能是因为他们认为还没有形成特定的方法论。在美国比较著名的环境社会学模式是 Catton 与 Dunlap 提出的 NEP，即 New Environmental Paradigm 理论。该理论的主要观点是，以前的社会学都是以人类为中心展开分析的，与之相反，该理论强调，人类也是生态系统中的一员，社会学的分析对象里需要加入自然、生态作为考察对象。这一主张对环境社会学来说比较容易理解，也比较容易为社会公众所接受。但是，这一主张对于那些像美国或是加拿大等人口密度较低的国家或地区有效，而对于像日本这样与自然并肩为邻，而且为了生活不得不随时将自然作为资源开发利用的人口密度较高的地区来说，就很难适用了。生活环境主义模式是在人口密度极高的日本诞生的，它顺应了人口密度较高地区也需要环境政策这一社会现实。因此，生活环境主义模式在美国可能不是很有效，但同样，NEP 模式在日本的有效性也可想而知。生活环境主义在人口密度较高的中国应该也是行之有效的。此外，由于生活环境主义模式吸收了中国经世致用的哲学观，并以韩国和日本实学作为其哲学基础，该模式在东亚各国也应该是比较容易被理解的。不过，该模式从诞生之日至今已有四分之一个世纪，有必要对其修正并进一步地发展深化。特别需要指出的是，因为生活环境主义模式非常重视历史的个性，而这一点与追求一般通用法则的、我们通常所说的科学论①是针锋相对的，因而更要求这一理论具有严谨细致的理论构成。我恳切地期望，将来会有更多的学者加入到我们的行列，修正、深化和发展我们所提出的从居民立场出发考察问题的生活环境主义模式。

参考文献

Berger and Luckmann, *The Social Construction of Reality*, Doubleday and Company, Inc, 1996.

安丸良夫：《日本の近代化と民衆思想》（上），日本史研究会编《日本史研究》78 号，1965 年。

岩本由辉：《研究通信》，日本村落研究学会，NO. 141，1985 年。

鸟越皓之：《環境社会学の理論と実践》，有斐阁，1997 年。

Kihn, *Thomas The Structure of Scientific Revolutions*, The University of Chicago Press, 1962.

鸟越皓之、家中茂、藤村美穂：《景観形成と地域コミュニティ——地域資本を増やす景観政策》，农山渔村文化协会，2009 年。

---

① 通常所说的科学论，是要求无论在何地都通用的一般性理论。对此，我们生活环境主义的观点是，这些要求处处通用的模式往往在具体的地点并不实用。当然这不是否定科学本身具用的一般性的特点。不过，在是重视历史的个性还是重视一般法则之间，我们认为需要具体事例具体分析。需要补充的是，我在最近出版的《景観形成と地域コミュニティ》（《景观形成与地域社区》，2009）一书中，特别强调了历史个性这一点。因为，人们更期待对观光有用的景观，是那些能够体现当地个性的景观。

[**作者简介**] 鸟越皓之（Torigoe Hiroyuki），生于 1944 年。曾任筑波大学大学院人文社会科学系教授，现为早稻田大学人间科学学术院教授。文学博士。曾任日本环境社会学学会会长、日本社会学学会会长。在环境政策以及地域问题方面多次兼任政府的各种委员。著书 20 余册，其中翻译成中文的除了注释 1 提到的《环境社会学》以外，还有 2006 年社会科学文献出版社出版的《日本社会论——家与村的社会学》（王颋译）一书。2002 年受聘担任北京日本学研究中心客座教授，当时在北京生活了半年。

[**译者简介**] 闫美芳，早稻田大学人间科学博士，现任早稻田大学人间综合研究所客座研究员，研究方向为环境社会学、农村社会学。

日本环境社会学的理论自觉与研究"内发性"

——舩桥晴俊访谈录

【**未能完成的访谈计划**】舩桥晴俊（1948—2014）教授是日本环境社会学的创始人之一，曾任日本环境社会学会会长，在日本社会学会担任重要理事，并在国际环境社会学界享有很高的知名度。2013年11月第四届东亚环境社会学国际研讨会在河海大学（南京）举办。会议举办之前，河海大学社会学系陈阿江教授策划了"什么是环境社会学"的大型访谈活动，舩桥教授作为日本环境社会学的重要领军人物受邀并愉快接受了访谈邀请。会议举办期间，陈阿江教授与舩桥教授以及参会的日方学者、中方相关学者、博士生就访谈活动中日本部分的实施计划进行了交流与细化。并且，在研讨会结束后，两位教授通过邮件反复沟通，就日方受访学者名单、访谈方式、访谈内容、访谈预期的目标等内容又进行了严谨而又细致的琢磨。

最终，舩桥教授决定自己的访谈通过笔谈方式进行，并指定东南大学社会学系高娜作为自己的访谈者。2013年年末，舩桥教授接受了访谈提纲，并开始了回答访谈问题的写作。但是，舩桥教授日常的教学、研究、校务工作繁忙，而且还在一直从事 *A General World Environmental Chronology* 的组稿、编写工作，以及参加福岛核泄漏事件相关的市民活动。2014年7月，第18届ISA世界社会学大会在日本横滨举办，舩桥教授负责多项与之相关的准备活动。就在各项工作可谓稍稍告一段落的2014年8月14日夜，舩桥教授像往常一样工作到深夜，入睡后在8月15日清晨突发疾病离去。舩桥教授的突然离世震惊了整个日本社会学界以及国际环境社会学界。前去参加舩桥教授告别仪式的人超出了会场的容纳范围，来自日本国内和亚欧美各国的唁电足以编成厚厚一册。

舩桥教授笔答"什么是环境社会学"访谈的稿子也只是停留在执笔的最初阶段。但是，2013 年 11 月第四届东亚环境社会学国际研讨会在南京举办期间，南京大学社会学院朱安新与东南大学社会学系高娜就舩桥教授有关福岛核事故的调查研究和最新思考进行了访谈。在那个访谈中，舩桥教授谈到了很多关于日本环境社会学研究以及其自身研究历程的事情。访谈时舩桥教授的同事——法政大学社会学系堀川三郎教授也在场。2015 年，在堀川三郎教授的协助下，我们取得了舩桥教授夫人舩桥惠子教授（日本静冈大学教授）的许可，将 2013 年 11 月 3 日舩桥教授访谈录音中有关环境社会学与舩桥教授自身研究经历的部分提出，作为舩桥教授"什么是环境社会学"的访谈稿。

下面这篇访谈稿是根据当时录音先写出日文逐字稿，然后再将日文逐字稿翻译成中文而完成的。舩桥教授的每一部分谈话都非常完整，条理清晰，访谈稿没有采用问答形式，而是将舩桥教授每一部分谈话内容按其中心旨趣起了标题，分段呈现。日文逐字稿由访谈时在场的堀川三郎教授进行了审阅。并且，为了有助于中国读者理解，堀川教授对录音中舩桥教授口语简略表达的部分进行了最小限度但又是非常精准的补充，还对译者注进行了更加详细的扩充。堀川教授从日本环境社会学创立之初就是学会的重要核心成员，并且堀川教授是舩桥教授在法政大学社会系的同事，有将近 20 年共同工作、研究的经历。堀川教授可谓屈指可数的、舩桥教授研究经历与思想的最好理解者。堀川教授的审阅补充对这篇访谈稿的准确性、严谨性给予了有力的保证。希望舩桥教授能够满意这篇访谈稿，希望国内读者能从中领会到环境社会学者舩桥晴俊教授的研究精神。

日本环境社会学的研究积累：中层理论与基础理论

我认为环境社会学的理论可以划分为三大类："受害论"、"原因论·加害论"、"解决论"。环境问题首先会有受害者。受害是以怎样的方式出现？我们如何把握受害？这是受害论。受害产生的原因是什么？如果仅用"原因"一词稍稍呆板，因为实际的环境问题是有加害者存在的。因此，比起只用"原因"一词，我们还需要"加害"一词，即"原因论·加害论"。那反过来讲，为什么也不能只说"加害论"呢？因为加害者进行加害行为的背后有错综复杂的原因。存在很多间接要因。那属于原因论。所以我把原因论和加害论作为组合来使用。在此之上，需要的是解决论，即分析、探讨怎样才能解决环境问题。我认为这三者构成了"环境问题的社会学研究"的三大问题领域。

对于这三大研究领域，分别有怎样的理论框架可有效应用呢？对此，不同的学者从不同的立场出发有很多不同的观点，下面要说的是我个人的一些主观判断。

我对社会学理论的理解是，社会学理论有"中层理论"、"基础理论"、"原理论"三层结构。中层理论是默顿[1]提出的。基础理论可以支撑中层理论、或者说是可以把各种中层理论联结起来的基础。

2010 年我出版了《組織の存立構造と両義性論》（《组织的存在成立结构与两义性》)[2] 一书。在这本书的第二章里有我的基础理论，我在组织论研究领域的基础理论。与之相对应，我认为在环境社会学领域自己的基础理论是"环境控制体系论"，那不是中层理论。在我看来，"环境控制体系论"是有效的环境社会学的基础理论，以该理论为根基，有诸多不同的中层理论。

比如："受益圈—受害圈论"。"受害圈—受苦圈论"作为加害论·原因论，并且作为受害论是有效的。饭岛老师[3]的受害结构论是有效的受

---

① Merton, Robert K. （1910—2003）.

② 舩橋晴俊（2010），《組織の存立構造と両義性論—社会学理論の重層的探究》，東京：東信堂。

③ "饭岛老师"指日本环境社会学会第一任会长饭岛伸子（Iijima, Nobuko, 1938—2001）教授。饭岛教授是日本致力于初期公害、环境问题社会学研究的先锋学者，曾先后任教于东京大学、桃山学院大学、东京都立大学、富士常叶大学，培养了诸多研究者。饭岛教授的"受害结构论"，从世界范围看也可以被称为公害·环境问题研究最初期的理论之一［飯島伸子（1984）《環境問題と被害者運動》，東京：学文社］。并且，饭岛教授留下了使用年表的方法来把握公害·环境问题的历史与问题结构的研究伟业，这一点也广为所知［飯島伸子（1977），《公害·労災·職業病年表》，東京：公害対策技術同友会；索引付新版，2007 年，東京：すいれん舍］。环境年表这一研究方法被舩桥晴俊等继承，其成果是完成了三大年表［環境総合年表編集委員会編（2010）《環境総合年表：日本と世界》，東京：すいれん舍；原子力総合年表編集委員会編（2014），《原子力総合年表：福島原発震災に至る道》，東京：すいれん舍；GWEC Editorial Working Committee, ed. （2014）A General World Environmental Chronology. Tokyo：Suirensha］。

害论。

　　"社会两难论"则稍有些复杂，这个理论有的地方可以称作是基础理论，具有基础理论的要素，"社会两难论"是原因论。在"环境控制体系论"中，我将环境控制体系对经济体系的干预介入分为四个阶段，进行了类型化；并把环境问题的时期大分为两段："开发公害问题时期"与"环境问题普遍化时期"①。为什么做如此的划分，是因为在加害论·原因论的领域里，对于不同时期不同类型的环境问题，适用的理论也不同。对于地球规模的环境问题、生活系统废弃物问题、生活污水问题等，我认为"社会两难论"非常有效。但是，诸如水俣病之类的问题，"社会两难论"则不是很有效。加害论·原因论领域并不是说只要有一个理论就可以了。是"开发公害问题时期"发生的问题还是"环境问题普遍化时期"出现的问题，根据历史时期、问题性质等不同，有效的理论框架也需要改变。因此，在这个意义上，我认为"社会两难论"是加害论·原因论领域内的一个有效理论。知道了原因，那么就应该知道解决的方法。所以，我认为"社会两难论"作为解决论也是有效的。

　　"生活环境主义"也是一个中层理论。它作为某种类型的解决论是有效的，不是所有类型。这一点不能误解。但是，作为中层理论这样即可。作为中层理论，一个理论无须涵盖一切。对于一定社会现象的一定局面而言妥当即可。比如，某个理论就原因论而言是有效的，或者某个理论是有效的解决论，或者针对其他类型的原因论而言这个有效，等等。我认为，作为中层理论，有这样的并存现象是没有问题的。

　　但是，基础理论则必须具有可以把所有环境问题进行定位的视野。为此，我提出了"环境控制体系论"。对我而言，非常有幸的是：自己以"环境控制体系论"为轴心写的论文被收为《讲座社会学12卷》的第7章②。东京大学出版社出版了一套社会学丛书，名为《讲座社会学》。其

――――――――――――

　　①　舩橋晴俊（2012），《環境制御システムの介入深化の含意と条件：循環と公共圏の視点から》，池田寛二・堀川三郎・他編：《環境をめぐる公共圏のダイナミズム》，東京：法政大学出版局，第15—35页。

　　②　舩橋晴俊（1998），《環境問題の未来と社会変動：社会の自己破壊性と自己組織性》舩橋晴俊・飯島伸子編，《環境》（講座社会学第12巻），東京：東京大学出版会，第191—224页。

中第 12 卷第 7 章是我的论文。第 12 卷是我和饭岛老师编辑的。饭岛老师评价我的那篇论文"是迈向环境社会学基础理论的作品"。据我所知，饭岛老师给予如此评价的论文只有我的那篇论文，没有其他论文受到过饭岛老师同样的评价。我认为自己的"环境控制体系论"会成为环境社会学的基础理论。

　　为什么我自己的"环境控制体系论"可以成为环境社会学的基础理论，让我来讲一段经历。有一件事情至今难忘。1991 年，国际学会①在神户举办（那次学会 Dunlap② 教授第一次到日本——此访谈时与译者同时在场的法政大学堀川三郎教授补充道。堀川三郎教授也参加了 1991 年的神户国际学会）。之后，大约 1995 年、1996 年③，在京都的国际学会，满田④老师作为主办方负责人举办的国际学会上，有很多来自海外的知名环境社会学家参会，特别是来自美国和欧洲的学者。

　　当时环境社会学有两大潮流，一个是 Environmental Justice；另一个是 Ecological Modernization Theory。在国际学会上，Environmental Justice 方，有 Robert Bullard⑤ 等参会。主张 Environmental Justice 的美国黑人理论家，站在少数人的立场，认为废弃物问题等问题是被强加在种族歧视中处于不利状况的人们，特别是少数民族与黑人居住地的，这些问题有悖 Environmental Justice，对此进行了激烈批判。这些问题与水俣病等日本的公害问题的结构图极其相似。在那次国际学会上，有几位美国研究者揭示、批判了环境问题中的不公（injustice）。

　　另一方面，学会上也有 Ecological Modernization Theory 学者。Ecological Modernization Theory 的主张者主要是欧洲学者，其中有名的学者是 Arthur Mol。在欧洲地球温室化问题受到关注时，提出了称为 Ecological Modernization 的现代化，即虽然是现代化，但是是生态现代化。在昨天的学

---

　　① 神户市内で開催された国际社会学機構第 30 回大会（The 30th World Congress, International Institute of Sociology, Kobe, Japan）を指す。

　　② Dunlap, R. E.

　　③ 堀川三郎教授在审阅修改此访谈的日文逐字稿时，指出京都国际会议的准确时间是 2000 年秋。

　　④ 满田义久（日文写为：满田久義 Mitsuda, Hisayoshi），日本环境社会学研究者、农村社会学研究者、佛教大学（日本京都）教授。

　　⑤ Bullard, Robert D.

会上洪大用教授就 Ecological Civilization 进行了发言①，洪教授的发言是以生态现代化理论为铺垫的。在我的"环境控制体系论"中，我将环境控制体系对经济体系的干预介入分为 ABCD 四个阶段②、维度，在 C 与 D 中，Ecological Modernization Theory 是妥当的。与此对应，我认为 Bullard 老师等批判美国废弃物问题研究者们所主张的 Environmental Justice 论，谈及的问题与水俣病是同类问题，对于从 A 阶段到 B 阶段的转变过程而言是非常有效的理论。

我在国际学会上就环境控制体系的四阶段、维度进行了学术发言。两大潮流的引领学者都对我的发言给予了好的评价。美国黑人研究学者们给予了赞赏。我自己的理解是，从 A 阶段到 B 阶段的公害问题有具体性，环境控制体系在有具体问题内容中把握了 Environmental Justice。另一方面，荷兰学者 Spaargaren③ 教授，他是 Ecological Modernization Theory 的先锋学者，在他的发言中多次提到"舩桥的理论"。当时，他是第一次听我的学术发言，以前我也并未与 Spaargaren 教授见过面。我们第一次在京都的学会上相遇，他看了我的报告，并在自己的发言中多次提到，我想多次提及是因为我的"环境控制体系论"与生态现代化理论在本质上有重合的部分。Arthur Mol 老师也评价了这一点，对我的"环境控制体系论"表示满意。在我看来，获得他们的肯定原因在我的 C 阶段、D 阶段与他们的理论相适。

如果说得夸张些，我的"环境控制体系论"把 Environmental Justice 与 Ecological Modernization Theory 这两大潮流的理论都包摄进去了。马克思主义的、批判性的环境正义论学者们的言说在怎样的状况下出现的？现

---

① Hong, Dayong, "New Reflections on Environmental Problems and Ecological Civilization Construction in China." *The International Symposium on Environmental Sociology in East Asia: Proceedings:* pp. 1—14, Nanjing, China: Hohai University.

② 此四个阶段是指，"A：产业化出现了现代经济体系，但是因为缺少环境控制体系，环境污染被搁置的阶段。B：环境控制体系形成，由此经济体系被加以制约条件的阶段。C：对环境的考虑内化到经济体系成为经营副课题的阶段。D：对环境的考虑内化到经济体系成为经营中枢课题的阶段"［舩橋晴俊（2012）：《環境制御システムの介入深化の含意と条件：循環と公共圏の視点から》，池田寛二・堀川三郎・他編：《環境をめぐる公共圏のダイナミズム》，東京：法政大学出版局，第 16 页］。

③ Spaargaren, G.

在欧洲环境社会学中最有力的生态现代化论出现的背景是什么，我认为自己的"环境控制体系论"具有可以统括这些的理论视野。国际会议的这段经历正反映了自己的"环境控制体系论"的统括性，为此我很高兴，所以在这里讲给大家听。我的"环境控制体系论"由陈老师①的研究团队翻译介绍到中国。

规范理论的必要性

接下来，讲一下规范理论。

请看图1，这张图没有翻成中文。但是这幅图很重要。为了画这张图②，我用了十二年的时间。从最简单的图开始分四个阶段，逐渐一点点积累成为复杂的图示。为此，这不是中层理论。我认为是基础理论，对于我而言的环境社会学的基础理论。我花了很长时间用于建构基础理论。除了建构基础理论之外，我还做了很多研究。现在，我在福岛③做调查研究，在调查中，我逐渐意识到自己的研究正在进入一种新的局面。那就是我认为规范理论是必要的，规范理论。

先介绍一下我的研究背景。我本人的研究出发点是马克斯·韦伯（Max Weber）。关于马克斯·韦伯与马克思（Karl Marx），我做了相当的研究。或许我比中国的研究者对于马克思的学习还要深。对于韦伯，我也学习了很多。

在韦伯的研究中，有一篇名为《社会科学认识和社会政策认识的"客观性"》的论文，写于1904年到1905年的"客观性"论文。在这篇论文里，韦伯谈到了价值判断与事实认识之间存在认识论上的断绝。这是

① "陈老师"是陈阿江教授。论文是：舩桥晴俊：《环境控制系统对经济系统的干预与环保集群》，程鹏立译，《学海》2010年第2期，第69—84页。

② "这张图"指舩桥晴俊教授在2013年于南京河海大学召开的东亚环境社会学国际研讨会（ISESEA—4）上所做学术发言时，在会场所发文字资料中的"环境控制体系对经济体系付与的制约条件"一图。对此图的详细解释请参考刊载在《学海》上的舩桥晴俊教授的如下论文：舩桥晴俊：《环境控制系统对经济系统的干预与环保集群》，程鹏立译，《学海》2010年第2期，第69—84页。

③ 福岛，地名，英文Fukushima。2011年3月11日在日本发生的东日本大地震中，福岛核电站发生了核泄漏事故。

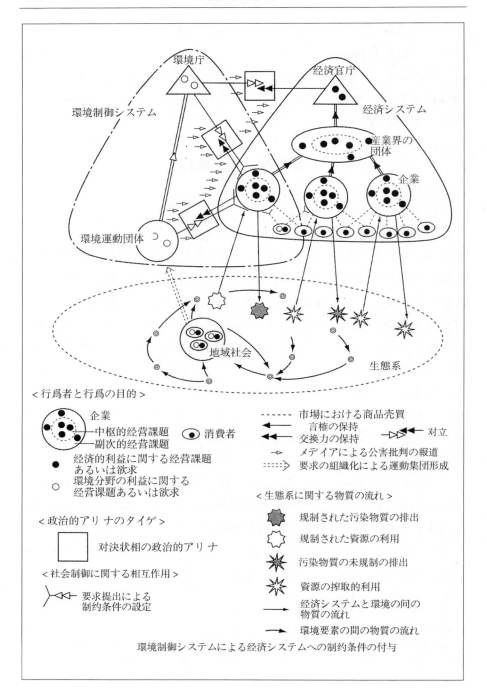

图 1　环境控制体系对经济体系付与的制约条件

非常重要的。科学是认识事实。社会科学也好，自然科学也好，都致力于认识事实。也就是说，在研究什么"是什么"，"不是什么"。而价值判断则是在讨论"应该做什么"，"什么是不好的"，"什么是恶的"。从逻辑上讲，价值判断的世界与事实认识的世界存在隔绝。事实认识不管怎样积累也不能转移到价值判断的世界。马克斯·韦伯的理论非常复杂，这是他的理论最初的、也是最基本的地方，非常重要。不能将价值判断与事实认识混在一起。所以，政治的价值判断绝对不能扭曲科学的事实认识。然而，很遗憾，在日本的实际中，却有此类事情发生。

举个活断层的例子吧。一个地方被选为建核电站的地址。这个地方是否有活断层，是否有是事实认识的领域，是科学的问题。所以在科学的领域回答即可。但是，在日本，根据现有数据，这是否有活断层还处于不是很明确的状况。不能清楚知道 YES 或 NO。但是，当 YES 或 NO 尚未清晰时，日本的理科研究者经常判断说没有活断层。没有、没有所以我们建核电站吧。如果相反说有活断层会怎样。如果判断说有的话，那么数千亿的投资就被打上封印。因为核电站建成后再发现有活断层，那么核电站就白建了。在这样利害关系错综复杂的情况下，中立的、不涉及利害关系、仅仅进行事实判断的事情逐渐变得不可能。

再举另一个例子。地震来袭之后，会有几米高的海啸发生。这是自然科学的判断，是预测问题。调查自然科学性的知识，今后 50 年内，多少米高的海啸来袭的可能性有还是没有，虽是概率，但可以说是事实认识。但是，日本的地震预测与防灾计划相连。政府根据海啸的高度来编制防灾计划的预算。因此，比如到目前为止按照会有 5 米海啸来袭编制防灾计划的地方，如果按照有 10 米海啸来袭进行预测的话，那么就要全面修订防灾计划，需要数千亿日元的费用。为此，防灾计划的行政负责者常有一种倾向，即，要求压低海啸高度的预测值。因为，获得与预测值相匹配的防灾计划预算需要付出膨大的劳力，有的或许根本就无法获得相应的预算。如果无法获得预算那么该行政负责人就要承担责任。此类事情不是空谈，在实际中也确有发生。我们在编写《核能综合年表》①　时，逐渐发现了这

---

① 原子力総合年表編集委員会（2014）：《原子力総合年表——福島原発震災に至る道》，東京：すいれん舎。

些问题，在我们收集了各方面的证言过程中。并且，不只是我们，其他还有很多媒体报道人等，大家都在思考为什么福岛大震灾会发生。新闻报道人按照他们的思路方法进行调查。大家在调查中发现了各种各样的问题。我们社会学家把这些全部收集起来综合分析问题所在，在这样的过程中，发现了上面所说的问题，也就是因为政治上的价值判断歪曲了科学的事实认识。对于海啸高度的预测，本来有一些意见强调进行更高的预测会更好。这是事实判断的问题。但是，对于事实的判断，由于有出自行政利害关系的介入，有"不要预测那么高"的压力。然而在这次的东日本大地震中福岛核泄漏，正是这样的压力恰得其反的例证。因此，韦伯强调必须将事实判断与价值判断分开，这是所有的基本所在。

但是，最近我在思考：规范理论其实也是必要的。也就是说，科学是事实认识的世界，不该讨论"应该做什么"、"不应该做什么"。但是，另一方面，"应该做什么"、"不应该做什么"的问题也应该讨论。不过与其说在科学的世界讨论，不如说在学术的世界讨论。我认为应该区分科学与学术。哲学，在我看来，不是科学。伦理学也不是科学。它们是学术，但不是科学。但是，如果进入学术的世界，我们是可以论及哲学、伦理学，那样，我们就可以讨论规范理论。规范理论可以讨论"什么是正确的"、"应该做什么"、"社会应该怎样"、"人应该怎样活着"等。如果是马克斯·韦伯的世界，"社会应该怎样"是信仰问题，所有不进行讨论。为此，我在想，不在科学的世界里，而是在学术的世界里，我们是不是应该研究讨论规范理论。而且，规范理论应该与经验科学认识、作为事实判断的经验科学认识有非常紧密的联系，两者也会联系起来。我自己关于这方面的思考集中体现在 2010 年夏天我的著书《組織の存立構造と両義性論》里。那本书可以说是我的人生之作中的一部。在某种意义上说，我对那本书是非常自信的。书的根柢思想其实是马克思。在那本书里，也写有刚才我所说的规范理论方面的内容。

"不惑"的研究选择

我决定做环境社会学是在自己 40 岁的时候。我在读研究生的时候，没有环境社会学的教科书，没有环境社会学的学会，也没有环境社会学的学术杂志和课程。那时，环境社会学什么都没有。我写硕士论文是在1974年。那时什么都没有。在日本，连"环境社会学"这个词都没有。

所以，最初我做研究不是为了做环境社会学而做的。到了某个阶段，发现自己所做的是环境社会学。1985年我出了《新干线公害》① 的书。那时，我大约37岁。在那个年代，那本书里一次也没有用过"环境社会学"一词。但是现在，日本环境社会学的研究书中，我和长谷川为核心成员所写的这本《新干线公害》被视为日本环境社会学的初始阶段的重要研究业绩代表。

那么，你们可能会问，在意识到"环境社会学"之前我在研究什么。1985年之前，我自己认为自己在做社会问题的社会学。我最基本的研究框架是组织论。独特的组织论。组织的过程、决定的过程，这是我自己独特的组织论。

说到为什么我进入到环境社会学的研究领域，那是因为我1986年夏天到1988年夏天，整两年的时间，我留学法国。在日本调查了新干线公害后，我着手并调查了法国的新干线公害。在法国的调查过程中，我访谈了几位法国的生态主义者。我被那些人的生活方式、世界观、人生观打动，感受到他们是真正地出自良心地在担心世界的命运。在这个延长线上他们在反对新干线公害。为此，在留学中，我做了决定，决定从法国回到日本后，把环境社会学作为自己的主要研究课题。也就是说，在法国留学时期，在田野调查中，在法国生态主义者的访谈中，我为之感动，决定把环境社会学作为自己的研究主题。

我比较喜欢《论语》。《论语》中有一句是"四十不惑"。我在30多岁的时候，曾经非常迷惑。不知道对于自己而言什么是真正的研究主题。那时的我已经有了副教授的职位，也写了很多论文，也得过奖②。但是，我却一直迷惑，非常迷惑，不知道什么才是自己的研究主题。经历了法国留学，自己正好到了40岁。我的迷惑也随之消失，决定做环境社会学。40岁的时候把环境社会学定位为自己的主要课题。那之前，组织的社会

① 船橋晴俊・長谷川公一・勝田晴美・畠中宗一（1985）：《新幹線公害——高速文明の社会問題》（有斐閣選書749），東京：有斐閣。

② 这里的获奖是指舩桥教授的论文（舩橋晴俊（1977）《組織の存立構造論》，《思想》，638：pp. 37—63）获得了第19届城户浩太郎奖。

学也好，社会问题的社会学也好，我一边摸索，一边做了各种研究。到了40 岁，我决定从法国回到日本后做环境社会学。

回国后的第二年，饭岛伸子老师在日本社会学会年度大会（1989 年10 月 21 日，举办于东京早稻田大学）上主持了公开召集发言人的"环境社会学"分论坛。那时，我第一次见到饭岛伸子老师。之前，与饭岛老师没有任何接触。我在分会上就"社会两难论"进行了学术发言。发言论文得到饭岛老师的肯定。而且，在分会场上，饭岛老师与鸟越皓之老师二人找到我，提议说"我们三个人一起号召成立全国性的环境社会学研究会吧"。这对我而言简直就是如同梦想一样的提议。前面曾说过，1988年的夏天，从法国回到日本，我决心做环境社会学，并且想通过某种形式组织环境社会学的研究会，但是还没能将自己的想法具体实践起来。但是，从法国回来过了 1 年，在早稻田大学的日本社会学年会上做了学会发言，竟然能够得到当时公害·环境问题研究第一人的饭岛老师的邀请，邀请我与她和鸟越皓之老师一起共同作为召集人成立全国性的环境社会学的研究会。我当时是赞同那个提议，连说"一定一定"。之后 1990 年 5 月19 日，在法政大学的多摩校区，"环境社会学研究会"正式成立。①

日本的自立性、研究的内发性

至此的这些有关我个人研究的事情实际有大的背景与前提。对于我们这一代而言，我们有一大批战后为追求日本民主化而努力的前辈们，我们是在继承并完成他们未竟的课题。

这些前辈有：大冢久雄、丸山真男、森有正②等。给我彻底性影响的是森有正。他是一位哲学家，已逝。在我的研讨课上一定会读他的书。丸山真男、大冢久雄，以及森有正，还有后来的内田义彦③，以及以前的夏

---

①　有 53 名学者响应饭岛伸子、鸟越皓之、舩桥晴俊三人的号召，成立了"环境社会学研究会"，该会于 1992 年 10 月发展改组为"环境社会学会"，1995 年，该学会的机构杂志《环境社会学研究》创刊，是世界第一部环境社会学的专业杂志。

②　三位日本学者、思想家的名字的日文与英文分别写为：大冢久雄（Otsuka, Hisao），丸山真男（Maruyama, Masao），森有正（Mori, Arimasa）。

③　内田義彦（Uchida, Yoshihiko）。

目漱石①，概言之，他们都强调 "内发性" "自立性" 非常重要，对日本
社会而言。

　　夏目漱石曾说日本的文明开化是 "肤浅的开化"②。其中，"开化"
指的是现代化。"开化" 一词是明治时代的词语，是 Modernization、近代
化的意思。明治时代的知识分子称日本的现代化是 "肤浅的开化"。夏目
漱石有一篇散文名为《近代日本的开化》。里面说道 "皮相上滑りの開
化"（肤浅的开化），停于表面终究会有大失败。漱石极为悲观。也就是
说，漱石认为：日本人自傲，明治的日本人自傲地认为自己已是大国、是
亚洲的一等国家。但是，日本的现代化是肤浅的现代化、浮于表面，没有
实质内容。这非常危险。因此，在某种意义上可以说这预言了日本第二次
世界大战的失败。漱石认为日本如此的现代化是不行的、目光浅薄、浮于
表面。漱石这样的问题意识，森有正、大冢久雄、内田义彦、丸山（真
男）也都用各自的话说过。总结其要，就是：内发性、自立性、民主化
的基本在此。

　　怎样才能做具有内发性的研究成为我非常重要的问题。我认为，必须
要做的是扎根于日本现实的社会学，而不是舶来的学问。这是极其重要
的。饭岛老师也是如此。她也非常强调做扎根日本现实的学问。所以，默
顿所说的中层理论思想就变得很重要。与经验现实紧密相连建构理论。这
是关键所在。

　　因此，我们都致力于做扎根日本现实的社会学，而不是舶来的学问。
日本的环境社会学者，至少第一代环境社会学者，鸟越老师、饭岛老师，
我们对于欧洲以及美国没有任何自卑。我们的研究都是内发的、从自己的
现实中积累创造而成，不是国外引进的。我们有自信。

　　但是，我们的研究是否在国际上得到正确的评价？我认为是 "过小
评价"，我们没有得到应有的评价。这是语言的问题。无法用英语表达。
不只是环境社会学，日本社会学著作的 99% 是用日文写作。被翻译的仅

---

　　①　夏目漱石是日本著名文学家，夏目漱石是笔名，日文和英文写为：夏目漱石（Natsume,
Soseki）。

　　②　夏目漱石的原话日文表达是 "皮相上滑りの開化"。其中，"皮相" 指表面。"上滑り"
的意思是在表层的、不深入的。故 "皮相上滑りの開化" 表达的是浮于表面的、浅薄的现代化。
这里笔者将其译为 "肤浅的现代化"。

占 1%。日本社会学有庞大深厚的研究积累，但是在国外看来，却只能看到其极小的一部分。不论如何优秀的业绩，也没能出英译本。我想如果没有非常完备的、大额的翻译支持基金，我们很难出英文的书。这方面我们存在巨大的缺憾。与欧美相比，我们做得出相同水准的研究，但却因为语言障碍，难以用英文表达。1985 年，我们出了《新干线公害》的日文书。当时熟知欧洲学会的学者这样评价："如果在欧洲，用英语写作，这当即会成为学会中的话题之作。"但是，我们的书只有日文版，没有得到英文世界的关注。对我而言，这是令人愤然的事情。但是，说也无奈。只说这一点没有任何裨益。

　　学术世界有这样的不对称性、有着不平等的结构。虽令人懊丧，但既然如此，现在，我们唯有脚踏实地地做自己可以做的、做能让自己内心认可、满意的工作，做具有内发性的研究。对我自身而言，最后的田野调查地是福岛。福岛（问题）为什么发生？如何才能克服？这是我现在研究中最大的问题意识所在。①

访谈者：朱安新、高娜

日文逐字稿审阅与补充：堀川三郎

日文逐字稿整理与翻译：高娜、朱安新

　　[**受访者简介**] 舩桥晴俊（1948—2014），1976 年日本东京大学社会学研究科博士研究生毕业。1976—1979 年任东京大学文学部助教，1979—2014 年任法政大学社会学系讲师、副教授、教授。日本环境社会学创始人之一，对日本水俣病、新干线公害、核燃料设施建设、垃圾问题、311 东日本大地震、福岛核泄漏等重大环境问题进行过深入长期的实证研究；在理论建构方面，提出了组织的存在结构与两面性论、环境问题的社会两难论、环境控制体系论等；并且利用"环境年表"的研究方法编写了多部日本以及世界环境历史年表。论文 69 篇，单著与编著的书23 部。

---

　　① 舩桥教授于 2014 年 8 月 15 日突然去世，访谈中所说的福岛真正成为舩桥教授最后的田野调查地了。

[**日文逐字稿审阅人简介**] 堀川三郎教授，法政大学社会学系教授，毕业于日本庆应义塾大学社会学研究课社会学专业并取得社会学博士学位。主要研究领域：环境社会学、城市社会学。担任日本环境社会学会理事（1997—1999 年，2001—2005 年，2009—2011 年，2013—2017 年）、日本环境社会学会事务局长（2007—2009 年）、日本环境社会学会国际交流委员长（2009—2011 年，2013—2015 年）、《环境社会学研究》编辑委员，日本城市社会社会学会企划委员（1999—2001 年）。国际交流美国哈佛大学 Reischauer Institute 合作研究员、法政大学可持续发展研究所兼任研究员。

[**访谈者简介**] 朱安新：日本名古屋大学社会学博士，南京大学社会学院社会学系教师，主要研究领域：城市社会学、家庭社会学、比较社会学研究。

高娜：日本名古屋大学社会学博士，东南大学社会学系教师，主要研究领域：环境社会学、城市社会学、中日比较研究。

后核能时代的日本环境社会学研究

——长谷川公一教授访谈录①

【导读】 日本环境社会学研究立足于本土环境问题,在经验研究及理论建构方面颇有建树,在东亚地区乃至世界范围内的影响不可小觑。长谷川公一教授是日本环境社会学研究的奠基人之一,其学术研究发轫于日本新干线噪声问题,在环境运动、核能研究等方面成果颇丰。访谈中,受访人阐述了其对环境社会学的独到见解,并以深入的个案研究为特征突出日本环境学研究的优势。结合自己的学术历程,受访人梳理了日本核能研究与环境运动的概况。以福岛核灾难事件为转折点,受访人阐述了在"后核能"时代,日本政府环境管理、日本社会环境运动的新变化,其中包括核能管理机构的设置以及学生运动的兴起等。结合长期的研究历程及丰富的学术经验,受访人以独到的见解阐述了"下游"视角的环境研究,认为"下游"问题是环境资源消费之后产生的问题,如废弃物及其他环境负担的处理。当前环境问题产生的一个重要原因即"上游"(资源开发与消费)与"下游"(环境负担处理)的分离。最后,受访人以"超越束缚"为目标,鼓励年轻学者勇攀高峰,收获更好的学术成长。

问:教授您好,很荣幸可以访谈您。本次访谈"什么是环境社会学"系列访谈之一,我们访问不同的环境社会学家,以告诉年轻的学者们在未

① 2015年11月2日邢一新、刘丹在日本仙台东北大学对长谷川公一教授进行访谈。访谈由邢一新整理并翻译,英文稿经受访者审订。

来如何做环境社会学研究。首先想请您谈谈，您是如何理解环境社会学的？

答：20 世纪 70 年代早期，邓拉普教授和其他的学者开始研究环境社会学。那时候，环境社会学没有什么地位，在美国、日本、欧洲等国家，主流社会学认为环境研究应该是自然科学家或经济学家做的事。我们应当做的环境研究的任务或主题是什么？这并不清楚。因此，邓拉普教授非常重要的贡献之一就是他将环境社会学研究权威化或制度化了。这是十分重要的。在那之后，中国、日本、韩国、中国台湾地区及其他国家，如巴西、印度尼西亚等地的环境问题经典研究表明，如陈阿江教授所做的研究，我们面临许多问题和话题。我们能够研究与环境相关的任何问题，如核能、生物多样性、气候变化等，但我们并不清楚什么是中心议题或核心概念。因此我认为在这一研究领域存在一个认同危机。或许在 70 年代早期、中期和 80 年代早期，环境社会学家是少数群体，因此使主流社会学听到我们的声音是环境社会家的主要任务。但进入 21 世纪后，气候变化问题是全球范围内最重要的问题，所以现在我们是主流了。

问：您是如何定义环境社会学的？

答：环境社会学是在社会学领域研究社会与自然，或者社会与环境的互动关系。在我看来，环境问题的社会学是环境社会学的核心。在个案研究的基础上，界定施害者、受害者、运动以及政策是环境社会学的主要部分。

问：那么日本和美国的环境社会学研究有什么不同？日本环境社会学研究的优势又是什么？日本和美国有着不同的社会背景，如何推进学科发展？

答：我认为在日本，或许中国也是如此，我们做了许多深入的个案研究。美国学者的研究视角更宏观、更倾向于全球范围，较少进行微观的、社区层面的研究。所以进行微观研究和社区研究是我们的优势。但接下来的问题是我们如何组织地方层面的研究，以扩展到更宏观、更理论性的解释。这是十分重要的。已故的舩桥教授试图建立这样的理论框架，寺田良一教授和我也试图建立微观、地方研究与宏观的国家或全球研究之间的联系，但这是很困难的。所以我们应该意识到，我们所从事的是哪方面的研究以及如何建立联系。从微观到宏观，从宏观到微观，这样的层面转换是十分重要的。

日本核能研究

问：我们认真聆听了您在第五届东亚环境社会学国际研讨会上做的关于核能研究的报告，深受启发。您能谈谈您是如何转向核能研究的吗？

答：关于我如何开始做核能研究的，这说来话长。首先，70 年代晚期，已故的舩桥教授和我开始研究新干线噪声项目。这个项目在 80 年代中期基本结束了。1984 年开始，我就职于东北大学。那时候女川核电站（Onagawa Nuclear Power Plant）以及日本北部青森县的六所村核电站均已开始建设，因此舩桥教授和我开始进行这一领域的研究，主要关注核设施。同时我也开始对宫城县女川核电站的核问题进行研究。1990 年至 1991 年，我有机会到美国加州大学伯克利分校学习。那时候在加州，1989 年 6 月 6 日进行了关于关闭兰乔赛可（Rancho Seco）核电站的公开投票。这个核电站长久以来带来了许多问题，并花费了巨额代价来处理问题。所以在当天，加州萨克拉门托县（Sacramento County）的大部分居民，包括萨克拉门托市的居民，公开投票反对兰乔赛可核电站的继续运行。因此公共事业组织①的总经理决定永久性地关闭这个核电站。我对此感到十分震惊。首先，在日本，公民很难持有反对核电站建设及运行投票权。其次，在萨克拉门托，公民公开反核投票后，经理能够立即决定并关闭核电站，而在日本，核电站的建设及运行属于政府政策，受到政府的强烈支持。因此在日本的体制下，在总经理最终决定之前，他需要得到国家政府对关闭核电站的允许。但在美国，公司可以自主决定关闭或继续运行核电站。所以我感到十分震惊。

另一个我感觉非常有意思的是 SMUD（Sacramento Municipal Utility District），即萨克拉门托城市公共事业公司的重新成立。1989 年，大部分市民谴责这一公司，因为核电站带来了许多问题，员工也不愿继续工作，前景十分惨淡。但在关闭了核电站后，这一公司得以重新运行。新的总经理上任后强调"节约就是力量"。"节约"即节约电能，"力量"有两重

---

① 这是一个半政府性质的部门，是当地政府的一部分。

含义；一是指电能；二是指人民的力量。每个企业、每个家庭、每个人试着节约电能，那么整个社会对电能的需求就会下降，在关闭核电站后也不会出现电力短缺的现象。SUMD 通过多种项目呼吁人们节能。例如，人们每天使用冰箱，使用后并不断电关闭，耗能十分厉害。在美国，冰箱体积大，耗能多，而且萨克拉门托地区夏天很热，所以人们使用空调。SUMD号召人们购买新的节能冰箱或空调，从而能够节约很大一部分电能。但人们不愿意购买新产品（原因很简单，新产品价格昂贵），所以 SUMD 出台了一些经济激励措施作为奖励，如返还消费者 50 美金作为购买奖励。SMUD 还鼓励消费者在屋顶安装太阳能电池板来积蓄太阳能，这是一项十分重要的改变。因此在关闭了核电站之后，SMUD 成功地进行了改革，并强调"节约"。这很打动我，所以我把这个故事写进了我的书（《后核能社会的选择：新能源革命时代》）中，于 1996 年出版发表。大部分的故事是关于这个公司的，当然我也描述了德国、英国、法国、瑞典等国家正在发生的故事。90 年代中期以后，我证实了这一点，即日本政府和日本电力公司应当逐步迈向后核能社会。那时候，新政策提案已经赞成"节能"的观点，但是很少有学者推荐这一能源政策的转变。寺田良一教授也是首批强调节能改革的学者之一。因此在福岛核事件之前，我对日本的核能源政策持批评的观点。

　　问：您能告诉我们您转向核能研究的一些社会背景吗？

　　答：好的。舩桥教授和我在新干线噪音问题的研究中，开始对国家、政府、JR 公司（日本铁路公司）和新干线沿线地区居民间存在冲突和矛盾的政治社会背景感兴趣。同时我们意识到，日本市民社会的力量相对弱小和有限，可能这点与中国类似。而在美国萨克拉门托事件中，沿海地区有许多 NGO 组织，环境运动十分活跃。NGO 组织与民主党的联系十分密切。在萨克拉门托，反核运动也与民主党有着密切联系。当地报纸有力地批评了核电站，这点十分重要。在 80 年代中期，日本中曾根内阁很受欢迎，日本公众舆论相对保守。因此我开始思考为何日本市民社会力量如此弱小、低效。1998 年以前，日本非营利性组织法案还没有颁布，公民组织很难为 NGO 创立合法地位，NGO 也很难得到银行的支持，只是基于个人的活动。1998 年以后，许多 NGO 开始得到许可。我自己也是一个 NGO 组织的主席，但在 1998 年以前，NGO 或者我很难以我个人的名义从银行得到贷款，但在那之后，我们能够以团体的名义得到银行贷款。

问：您能谈谈核能源问题的早期研究者吗？

答：早期的研究者多数是自然科学家，很少有社会学家从事这一研究。核问题具有很强的技术性，所以对社会学家来说很难研究。我想强调的是，能源问题并非仅仅是选择能源资源的问题，而且是选择以及设计我们的未来、我们的社会的问题。因此能源问题是社会性的，也是社会学的研究对象。

问：您认为核能研究中的主要困难是什么？

答：关于核能的一些内容具有很强的技术性，很难理解。但在地方层面，人们很担心核事件，地方政府官员通常控制着公共事业公司，因此基本的社会冲突存在于公共事业公司和当地居民之间。这在其他重大的环境问题中也是类似的，如新干线噪声问题、工业污染问题等。因此公共事业公司试图贿赂地方政府，给予他们一些礼物，包括钱。

问：关于核电设施可能有一些更严格的标准。在日本，如果想建设运行一座核电站，必须达到一定的标准，否则这一计划将不被批准。我想知道在日本核电站的标准是什么？尤其对核化学废料处理的标准有什么不同？

答：寺田良一教授是核化学废料研究方面的专家。在核能方面，日本政府关于核电站的建设和废料处理问题都设置了许多标准。实际上，公共事业公司以及政府试图给民众正确的信息，这也是一种信息公开计划。昨天你们参观了女川核电站，他们告诉了我们关于女川核电站以及300多人从事故中如何幸存的故事，这是好的一面。但他们并没有告诉我们另一面，即2011年3月的大地震引起的破坏。

问：那您有没有访谈女川当地的一些居民？他们的态度如何？

答：这是一个渔业小镇，人们相对保守。在建设核电站之前，向当地居民介绍建设核电站的计划遭到了强烈反对。但是钱财摧毁了小镇里的人际关系。"不要以卵击石，不自量力"，这个保守的小镇居民将此奉为黄金法则。在福岛地震前，很少有人继续反对建设核电站。然而在福岛地震之后，人们面临严峻的现实，他们意识到女川核电站是侥幸逃脱、死里逃生的。

问：目前日本核电站情况如何？日本会不会像德国政府一样，有朝一日将关闭全部的核电站？

答：目前日本有 43 座核电机组处于正常运行状态，但只有九州的 2 个反应堆正在运行中。目前有两座核电站正在建设，几近完工。许多核电站在 90 年代早期就开始运行，例如，女川核电站 1 号机组在 1984 年就开始运行了。由于核电站的运行寿命最多为 40 年，所以女川核电站 1 号反应堆在 2024 年必须关闭。如果在建的两座核反应堆于 2017 年或 2018 年开始运行的话，我预测到 2060 年日本可能就没有核反应堆了。

问：日本核能政策在福岛事件发生后有什么变化吗？

答：起初，在福岛事件之前，日本政府宣称核电站并没有环境影响。在六七十年代的日本，工业污染十分严重。但在那时候，日本政府否认了核电站存在核辐射泄漏的可能。所以日本在福岛事件前并没有管理核能的政府部门。在福岛事件后，我们才建立了新的管理机构。现在核能管理机构属于环境管理部，在这之前核管理机构被称作核安全委员会，是属于经济、贸易和工业管理部（METI）的。正因如此，他们强调发展核能。因此在那时，对核能的管理并不十分有效。这也是福岛事件的一个社会背景。最近管理机构发生了变化，归属于环境管理部门了。

问：这可以说是好消息？

答：是的，但是我们也仍然怀疑这个管理机构起多大的作用，因为它面临着来自自由民主党及其内阁的巨大压力。自民党对目前核管理部门施加压力，并要求尽快重启核电站。

问：或许我们需要第三方组织来参与管理，他们能够告诉我们正在发生的事实。

答：是的，已故的舟桥教授试图承担第三方的角色，但是成立或为第三方组织工作对我们学者来说十分困难。我们自己做研究和教育学生已经很辛苦了，但作为 NGO 的领导人或作为第三方组织来监视和调查核问题更难了。

问：从日本的经验来看，您能对中国发展核能源提一些建议吗？如今中国的核能发展步入了一个新的时期，我们可能更多地关注经济利益而非环境影响。核电站附近的居民意识不到危险的存在，也不关心这些问题。

答：2011 年 7 月，在上海附近，中国高速列车发生了一场严重的事故。日本有史以来从未发生过高速列车致使乘客死亡的事件，所以日本的高速列车是很安全的。舩桥教授和我批评高速列车，因为这带来了严重的噪声污染，但没有出现过事故和伤亡。但是在中国，两辆高速列车相撞后，我听说列车残骸被掩埋了，可能是政府要求的，所以这意味着隐匿。因此信息公开是十分重要的。福岛核事件的社会和政治背景中，一个问题就是没有足够的信息公开。东京电力公司（TEPCO）并没有注意到海啸的影响。例如，女川核电站，这个地方经常遭受海啸袭击，因此东北电力公司早对海啸应对政策有所准备。但是在福岛核电站，东京电力公司忽略了海啸的可能高度，并拒绝对此准备应急措施。这是福岛事件的主要原因。因此信息的公开是十分重要的。市民社会、第三方组织和 NGO 的作用也是十分重要的，独立媒体也十分关键。

问：那么日本媒体现在的独立性如何呢？

答：这是一个很重要的问题。第一届安倍内阁在 2007 年由于政治丑闻而辞职，安倍内阁的一些成员爆出了政治丑闻，因此安倍内阁的民众支持率下降了，安倍的支持率也大大下降，这伤害了他的内阁。因此他吸取了教训，认为媒体对于保持支持率非常重要。2012 年起，他组建了新的内阁，并试图控制媒体，给予其政治压力。现在的媒体面临的一个重要的竞争对手就是网络，电视和报纸都是由私人企业的广告所资助的，但现在的私人企业尝试在网络上做广告，因为成本更低，受众更广，尤其对于年轻人来说，所以他们对电视（除了 NHK，日本广播协会）和报纸的广告资助就下降了。安倍内阁给予电视和报纸很高的政治压力，尤其是公共广播机构的 NHK（Nippon Hoso Kyokai）。NHK 的会长是由政府提名的，安倍提名了他的好朋友。所以我们批评这样的政治提名。现任会长并非广播业务专业出身，他来自三井物产株式会社。这位会长十分保守，并由于频繁的不负责任的言论而丧失了名誉。

问：那么您认为您在核能研究方面的优势或突破是什么？

答：如我刚才所说的，我了解现在全球范围内发生的情况，NGO 组织是如何支持新的活动？这些活动与电力公司、民主党或 NGO 的关系如何？我同样熟悉德国、西班牙、英国等的情况，因此通晓国际或全球现状是我的一个优势。自然科学家仅仅精通某个较小、较窄的领域，而我们社会科学家拥有广泛的研究视角。我们可以对美国、日本、德国、中国等做比较研究，能够发现这些国家间的不同。

日本环境运动研究

问：目前日本环境 NGO 关注的话题是什么？

答：最热的话题是社会福利，因为日本是一个高度老龄化的社会，许多 NGO 组织为老人提供照料服务；然后是地方乡村建设；第三是儿童教育；接下来是提高环境质量、国际合作、和平与人权、性别问题、社区安全问题以及灾害预警问题。通常一个 NGO 从事 3—4 个主题的活动。我们主要从事环境方面的活动，但同时我们也做灾害预警及灾后恢复的活动。

问：您提到您是一个 NGO 组织的主席。那么您能不能举例说明，您是如何领导环境运动以及参与其中的？

答：你们了解这次会议上关于 MELON 的信息吗？MELON 是指宫城县环境生活和拓展网络（Miyagi environmental life and outreach network）的缩写。这个 NGO 成立于 1992 年联合国环境与发展大会之后的 1993 年。在 1992 年的里约热内卢峰会上，许多 NGO 聚集于里约热内卢，我们县的一些领导者也参与了会议，他们在会上做了观察，并意识到了问题。所以他们开始成立了这个环境 NGO。2013 年是 MELON 成立 20 周年纪念，我们发表了一篇报告。从 2007 年起，我担任这一本地环境 NGO 的第二届主席。

问：那么 MELON 的话题是什么呢？

答：环境问题，尤其是环境教育。

问：您的意思是，民众那时候还没有意识到环境问题，但 MELON 开始教育人们关心环境。那这个组织是怎么运行的呢？

答：是的，不仅仅关于节能，还有其他的活动，如清洁河流。水是一个重要的话题。并非仅仅指严重的水污染问题，保持河流的清洁也是一个很重要的问题。同样还有保护森林，鼓励消费当地产品。清洁海边沙滩，尤其是在海啸过后，沿海有许多垃圾。还有保护动植物，濒危动物也是十分重要的。还有清洁棒球场，我们提倡在尽情运动后带走垃圾。关于可持续发展的环境教育也是活动之一。以及在夏至日点蜡烛活动，来呼吁人们节约电能。

问：如您所说，学生群体愿意参加这类 NGO 团体。我们想知道，在 2011 年福岛灾难以前，NGO 团体的主力军是哪部分群体？学生那时候参加了 NGO 组织吗？

答：在福岛事件之前，女性（主要是家庭妇女）和一些专业人士，如律师、学者、高校教师等是环境 NGO 的活动主力。公司白领很少见。多数是自由人士，很少人有政治背景。一些学生也参加了活动，但数量并不多。

问：为什么在那时学生们不愿意参加社会运动呢？您能谈谈当时的一些社会背景吗？

答：在 2011 年福岛事件以前，一些学生参加了环境 NGO 组织以及反核组织，但数量相对较少。在日本，60 年代末期学生运动十分活跃。但在 70 年代以后，一些学生团体参与了恐怖活动，具有暴力性倾向，尤其是左翼派别。因此那时候民众开始憎恨学生的反抗。在学生团体内部也发生了一些事变，一些学生甚至学生团体领袖被其他的学生团体杀害了（仅仅因为他们属于不同的团体，观点相异，这是学生团体间的权力游戏）。70 年代中期以后的年轻一代开始享受富足社会的好处，他们享受美衣美食，享受网球、滑雪、约会等活动，他们生活得很开心，不关心政治，所以不参加政治活动以及社会活动，仅仅享受社会福利。

问：您能谈谈学生运动和社会运动的联系吗？

答：这两者之间并没有直接的联系。70 年代的学生运动中，这些学生十分特殊，政治性强，并被主流社会孤立。之后的学生就变得不怎么关心政治了。但是在许多社会运动中，市民并不强调政治关心和要求，只是关注日常的要求，维护他们平稳的生活不受环境风险和环境污染的侵害。

问：因此您认为学生在 70 年代以后可能并不关心政治问题。但在 2011 年福岛事件后，学生成为 NGO 的主力军，这如何解释呢？

答：是的，这是福岛事件后出现的新现象，而在那之前，学生是不关心政治的。

问：您是如何解释学生态度的这种转变的呢？

答：2011 年 3 月发生的福岛地震以及海啸灾难是一个转折点，这两起事件十分令人震惊，打破了我们长久以来认为的"我们生活在世界上最安全的一个社会中，日本核技术是最好的以及安全的，中央政府能够保护人民，媒体是可信赖的"神话。人们意识到现有的体制能力有限，值得怀疑。你们知道非常活跃的"SEALDs"（Students Emergency Action for Liberal Democracy）这个学生团体吗？在 2011 年，他们中的多数人还是高中学生，他们认识到了福岛灾难的严峻性。

问：那么您认为未来年轻一代对于推动核能政策改变能够发挥什么作用？能够改变一些政策吗？

答：这个问题很好。尤其今年，"SEALD"这个学生团体在今年夏天反对安倍政府重新解释日本宪法第九条。

"下游视角"的环境研究

问：从您的研究视角出发，您认为环境问题是如何产生的？

答：我想强调进行环境社会学研究的另一点，即"下游视角"。"上游"和"下游"的概念本来是用来描述水流的，现在广泛应用于不同的领域。这一术语也用于指核能生产中的能源流。"上游"指的是从矿石中提取铀并将其加工成核燃料组件的过程。"下游"指的是对已使用过的铀料的再利用和处理过程。受水流和核能生产中这两个术语的启发，我提出将"上游"定义为消费宝贵的资源（即环境商品）之前的过程，包括生产、销售、运输以及消费，而"下游"定义为这些资源使用以后的程序，包括废弃物处理和排放以及其他的环境负担（即环境污染）。[1] 我认为生产、运输、消费是"上游问题"，主流经济学家和社会科学都关注于这些方面，但是消费之后发生了什么呢？废弃物。我们的会议和宴会结束后，我们也产生了很多废弃物。核废料也是如此，很难处理掉。或许需要 10 万年来消除核辐射。我认为气候变化问题与二氧化碳排放也是"下游问题"。很长一段时间内，我们都忽视了这样的"下游问题"，如废弃物问题和二氧化碳排放问题。所以我认为环境社会学研究的下一个核心概念就是"下游视角"。很多年来主流社会学家和经济学家都忽视了这一问题。如果我们用"上游—下游"的方法看问题，我们能发现，鉴于主流社会

---

① HASEGAWA Koichi. 2004. *Constructing Civil Society in Japan*：*Voices of Environmental Movements*. Melbourne：Trans Pacific Press. p. 22.

学主要关注"上游问题"，如生产过程、社会活动等；环境社会学是从"下游视角"看问题的社会学，如环境风险、环境文化和环境共存。

问：循环经济会更多地从"下游视角"考虑问题吗？

答：是的，循环经济更多地从"下游"视角考虑问题。环境污染问题产生的原因之一是"上游"和"下游"的完全分离。在前现代、前城市化时期的社会，上游和下游是不分开的，是统一整合在日常生活领域内的。古川曾经对日本琵琶湖沿岸的一个小村庄传统的生活方式做了田野调查，他指出，在现代供水体系引入之前，村庄的水供应和废水处理并不是完全分离的过程，水资源的使用是一个能用肉眼观察到的持续的循环，因此人们能够看到他们使用过后的废水是如何影响其他人的。但是现代的供水体系使人们再也看不到原有的水循环，造成了水污染的快速蔓延。现代供水体系对城市生活来说必不可少，水循环被完全分离成两个独立的过程——饮用水与污水。我们对这种专业体系的依赖是不言自明的，因此缺乏对这种依赖所存在的问题分析，以及所造成的"下游影响"的严重性。[①]

问：您认为从"下游视角"研究环境问题的意义何在？

答：第一，这一研究视角使我们发展了一个统一的框架来掌握日益增长的多样的、分散的环境风险与问题。第二，我们能够分析上游行动带来的许多环境问题。第三，这对将下游问题置于当代社会问题的研究中心具有十分重要的意义。第四，能够更容易地强调环境正义、环境歧视与社会分化等议题。第五，我们能够以"上游问题"、"下游问题"这样的研究视角定义现代性带来的问题，正如我在前所言明的那样，在前现代、前城市化的社会，上游与下游并不是分化的，而是循环的。

问：您认为从现实出发，如何整合"上游"和"下游"问题呢？那么从"下游视角"出发，我们能做些什么呢？

答：将上游与下游统一起来，如此我们能够使原本看不见的"下游"问题变得清晰可见。我们如何做呢？工业污染问题是从"下游"发生的，所以我们现在更多地关注"下游"问题。在工业污染中，"下游"问题是

---

① HASEGAWA Koichi. 2004. *Constructing Civil Society in Japan*：*Voices of Environmental Movements*. Melbourne：Trans Pacific Press. p. 28.

如何被企业、当地政府和国家政府所忽视的？要了解问题的原因，从实地经验出发进行研究是十分重要的。环境社会学已经对"下游问题"，尤其是这些问题对特定社区成员或群体日常生活的影响采用了整体的研究视角。"加害者"视角的研究揭示了产生这些问题的"上游"行动和行动者，而"下游视角"揭示了遭受污染的受害者，以及对污染带来的社会成本和痛苦的全面分析。①

　　问：您能谈谈您从"下游视角"所进行的研究吗？

　　答：许多国家政策和民族政策或许更多关注"上游"问题，所以我们从"下游"的视角批评国家政策、全球政策。

　　问：您对年轻学者如何做研究有何建议呢？

　　答：我认为中国的年轻学者很有志向，勇于进取。日本的年轻学者相对内向，所以我鼓励他们到国外学习。我在1990—1991年期间，在加州伯克利大学学习，仅仅只有10个月。那时候我35岁，英语也不太好。但是我年轻，精力充沛，所以我在萨克拉门托进行了一些调查。对我来说，这段经历使我获得了许多建设性的不同观点。我对核问题的研究仅仅基于日本经验，因此视野十分狭窄，但在加州我得到了新的观点，如"节约就是力量"。在关闭了核电站后，《纽约时报》、《华尔街日报》等给予了这个公司极好的评价，这是个重要的改变。美国社会拥有这样的活力，但不幸的是日本社会不愿意改变，年长的一辈控制着所有的事情。因此到国外学习并进行交流，这对我们的自我教育十分重要。这也是我这次举办国际会议的原因。我自己受到了来自邓拉普教授、杰弗瑞·布罗德本特教授和其他许多学者的鼓励，美国和欧洲的一些重要社会学家也总是鼓励我这么做。所以我认为下一次，我应该给年轻人一些建议，告诉他们如何教育自己。有些日本的年轻学者开始尝试到国外学习，但大部分的年轻人不愿意这么做。我想超越束缚是十分重要的。人们总是自觉或不自觉地为自己设立很多束缚，这是一种自我限制，例如，"我是一个日本人，所以我要在日本找工作"，"我是一个社会学家，所以我要在社会学的圈子里找工作"。尝试新的事物会帮助你超越极限。在每个研究领域中也存在一些学

---

　　①　HASEGAWA Koichi. 2004. *Constructing Civil Society in Japan*：*Voices of Environmental Movements.* Melbourne：Trans Pacific Press. p . 32.

术束缚，例如，环境法研究的学者在新政策、法律影响方面知识渊博。但不幸的是在日本环境政策研究并不流行，我不太清楚这个原因，但是政策研究者倾向于政府一方。社会学家并非政府一方的。因此我希望我们可以听从政策研究者和其他环境社会科学研究者的建议，并同时给予他们一些建议。找到并意识到这个隐藏的束缚，并前进去克服它。超越内在的束缚。这是我想要传达给年轻学者的讯息。

[**被访者简介**] 长谷川公一（Koichi Hasegawa）教授，东京大学社会学博士，日本东北大学文学研究科教授，兼任《环境与公害》杂志编辑。主要研究领域为环境运动、核能研究、环境公害研究等。曾任日本环境社会学学会会长。

[**访谈人简介**] 邢一新，河海大学社会学系博士研究生，主要从事环境社会学研究；刘丹，社会学博士，江苏省人口与发展研究中心助理研究员、项目管理部主任。主要研究领域为：人口社会学、城乡社会学和环境社会学。

多化学物质过敏症(MCS)的社会学研究

——寺田良一教授访谈录①

　　【导读】 多化学物质过敏症（MCS）是一种对中国学者和公众来说都很陌生的疾病，在日本，这种疾病患者的总数却与风湿病患者的总数相当。对日本环境社会学家寺田良一教授的访谈从他的论文《多化学物质过敏症患者的环境社会排斥与双重隐性》开始，寺田教授首先介绍了日本多化学物质过敏症的基本情况及其反映的社会不公平。接着，寺田教授介绍了自己在学生时代的个人生活经历，正是这些经历使得他对环境、健康及社会的关系产生了兴趣，从而走上了环境社会学研究之路。与饭岛伸子的交往与合作，不仅共同促进了日本环境社会学的组织化和制度化建设，更是使得来源于西方的环境公平理论和本土的受害结构理论互相受益。寺田教授对多化学物质过敏症现象的社会学分析，正是体现了这两种理论的融合和发展在实践中的运用。

　　除了多化学物质敏感症的研究，寺田教授还在从事风险认知的研究，特别是对核风险和纳米材料等新技术风险的研究。寺田教授认为，对核电站和纳米等新技术带来的风险的评估不应该只依据经济利益得失角度的科学计算，而应该考虑人们的价值观系统等社会因素。面对核事故和转基因等风险，我们需要更加开放地面向整个社会的讨论。根据西方国家和日本治理环境污染的经验，寺田教授认为污染物排放和转移登记系统（PRTR）在减少污染排放总量上有较好的效果。最后，寺田教授认为随着"环境风险社会"的到来，环境社会

---

　　① 本文根据程鹏立博士对寺田良一教授的访谈整理并翻译而成，英文稿经受访者审订。访谈是在 2015 年 11 月 2 日日本仙台东北大学完成的。

学的研究方法也应该有三个方面的转变。

什么是"多化学物质过敏症"

程鹏立（以下简称程）：非常感谢您接受我们这个"环境社会学是什么"的访谈。

寺田良一（以下简称寺田）： 不客气。

程：很遗憾我错过了您昨天的演讲。我读了您的论文，印象非常深刻。我想我们可以从您这篇文章开始聊。① 首先，您能解释下什么是多化学物质过敏症（MCS）吗？

寺田： 非常不幸的是，即使在医生中间，他们也还没有非常明确的结论。有些人否认多化学物质过敏症的存在，因为其病症是那么的多样化，这些症状从脚到肌肉都有。据说，即使对医生来说，这些症状都很难得到确诊。日本的一些医生通过研究发现，如果我们短时间暴露在大量化学物质中间，或者暴露时间很长，但暴露水平很低，比如说5年到10年，我们的身体有能力抵抗有毒化学物质。但是，长期的暴露会导致人体内有毒化学物质的累积，最终会削弱人体的抵抗力。大多数比较典型的有毒化学物质是建筑材料。根据医学专家的研究，60%的多化学物质过敏症是由建筑材料引起的。长期的暴露之后，很多人对甲醛有身体反应。有些时候，有人对诸如墨水、香波等化学物质都会有反应。这样的病人就是患上了多化学物质过敏症。多种（multiple）意思是对很多化学物质过敏。化学物质过敏意思是他们/她们感觉不舒服，甚至不能呼吸。

程：在日常生活中，您见过这样的病人吗？

寺田： 见过，特别是我们在参加一些有关有毒化学物质的讲座时。每次都会有一到两个听众嘴上戴着厚厚的口罩。其中，90%都是女性。这是因为男性有更大的肝脏去消解有毒化学物质的毒性。

程：这是科学的解释吗？

① 寺田良一教授2015年10月31日在第五届东亚环境社会学国际研讨会上宣讲了他的论文 *Environmental Social Exclusion and Double Invisibility of Multiple Chemical Sensibility Sufferers*。对寺田良一的访谈是在会议结束第二天，即2015年11月2日进行的。

寺田：我还没有看到过科学证据。医生们解释说，（在进化的）历史上，男性不得不外出打猎，同动物们打斗，所以男性经常暴露在毒性物质中。女性更多是待在家里来进行饲养活动，所以他们暴露在毒性物质中的机会较少。所以，女性的肝脏要小些，消解有毒化学物质就更加困难。这就是为什么大多数病人是女性。我想，这也是一个社会事实。如果男性对有毒化学物质更加敏感，这将是一个更严重的社会问题，因为野外的有毒化学物质更多。因为这是典型的妇女疾病，就会变得更加不引人注目。妇女们都是家庭主妇，生病以后，他们辞掉工作，仅仅依赖她们丈夫的收入来生活，她们仅仅从事一些家务劳动。即使她们有这些症状，她们也只是待在家里。所以外界更加难以看到。妇女们经常参加这种讲座，因为她们想知道生病的原因。

程：这种病在男性和女性上有较明显的性别差异，有年龄差异吗？

寺田：在病人支持组织中，[①] 如果有人变老了，也许四十、五十，她们就会更加典型。这意味着这种疾病需要一个长时间的暴露期。

程：这种年龄的差异的具体比例是多少？

寺田：大约 86.3% 的病人都是 40 岁以上。

程：您在文章中说，这种病还没有得到医生的确切诊断？

寺田：眼科医生发现了如何确切诊断多化学物质过敏症，他们使用监视眼球运动的仪器。如果没有化学物质，病人（的眼睛）试图跟随一个点[②]，她的眼睛转动正常顺滑。如果病人嗅到了某些化学物质，医生试图让她（的眼睛）跟随一个点，但是病人的眼睛转动就会出现问题。这样，医生能够确诊多化学物质过敏症。

程：那么，在医学上，他们有很好的方法来确诊这种疾病？

寺田：是的。眼科医生可以做到，但是一些人仍然否认这种疾病的存在。

程：眼球的运动是确诊这种疾病的唯一方法吗？

寺田：我想不同的医生可能会有不同的检测方法，比如，心跳。有时候，多化学物质敏感症患者心跳很快。一般人的心跳十分规律，但是这种

---

① 指的是化学敏感支持中心，即 Center for Supporting Chemical Sensitivity。

② 寺田教授以自己的食指为一个点，向一边移动。

病患的心跳会突然停止，然后又跳动。我想，很多其他症状也会发生。其他领域的医生也许会有其他方法，但是做这项研究的医生是眼科医生。那就是为什么眼科医生在这个领域比较出名。很抱歉，对其他领域我不太了解。

程：据我所知，在中国的医院，还没有诊断这种疾病的科室。

寺田：美国有更多的多化学物质过敏症患者。一些医生说，在加利福尼亚，多化学物质过敏症患者的数量占总人口数的比例达到 2/12 或者 2/15。对我来说，这个数量好像有点多。某个流行病学家在日本的小学做过实验，他发现，潜在的多化学物质过敏症患者估计高达 0.6%。日本目前的多化学物质过敏症患者估计有 70 万人到 100 万人。这个数字大概是日本总人口的 0.7%。这个数字和日本的风湿关节病患者的数量相当。你知道风湿病吗？关节有困难，在妇女身上很常见。但是，风湿病是可见的（visible），大家也都知道。很多妇女接触冷水就会疼痛。但是多化学物质过敏症患者很难得到确诊，通常要花 1 年左右的时间才能得到确切诊断。她们感到不舒服的时候，却不知道病因，所以她们总是很困惑："我怎么了？我怎么了？" 20 世纪 90 年代中期的时候，很多人搬进新房子后抱怨气味难闻。他们分析和检测了新房子的空气，发现甲醛是引发这种现象的主因。还有 20% 的多化学物质过敏症的起因是杀虫剂。我曾经在韩国的时候，他们说他们没有这种病人，他们也从来没有听说过这个问题。

程：您认为是什么原因呢？是不是他们国家真没有这种病人，又或是他们还没被发现？

寺田：恐怕 10 年或 20 年以后，你们会有，因为日本的工业化的历史比韩国和中国要更长。

程：我们的确发现一些相似的现象，我们也了解了一些这种疾病。我们知道有些人对某种物质过敏，但是不知道是多化学物质。在我的日常生活中，我也接触过一些有这种现象的人。

寺田：有可能。因为在中国，陈阿江教授在做一些受化工厂影响的村庄研究，不仅有癌症病人，也有可能有多化学物质过敏症患者。

程：在中国，我们有很多新建筑。人们有钱后，常常买更大的房子，装修，然后搬进去。我们都只知道这样对家庭成员的健康不利。通常，我们会把新装修的房子放一段时间，也许半年或一年。还有些人会买二手的装修过的公寓来避免这种伤害。我想，也许几年后，这种疾病在中国也会被人们发现，因为中国变化很快。

寺田：是的。不幸的是，中国并没有做好应对这种情况的准备。

程：您认为，化学物质是这种疾病的唯一原因吗？

寺田：人们经常问我，化学物质，一切都是化学物质，但我主要是指人工化学制品。在人类进化的过程中，我们没有人工化学物质的暴露经历，比如油漆。最近，我听说有个人住在公寓里，公寓也不是新建成的，但是她得了多化学物质过敏症。通过检查她发现，房间里的窗帘曾经着过火，当时甚至蔓延到了电脑、塑料储物件。通过燃烧，化学物质进入到房间空气中。她暴露在这种空气污染有一段时间。之后，当她尝试用鼻子去闻东西时，她总能听到一阵奇怪的声音，她无法忍受。最终，她弄清了真相，发现着过火的窗帘是起因，她对化学制品的窗帘燃烧挥发的物质过敏。我能和你讲很多的例子。有些案例是由于牙齿治疗引起的。大家都恨它，那种"嗡嗡嗡"的声音让人难受，我也是。一般人生病时吃的药闻起来也有一种怪味。有些病人告诉我，她闻到一些药就会晕倒，失去知觉。如果这些人生病了，就没办法对她们进行治疗。假如她们感冒了或者得了癌症，她们需要打针或者做手术切去病灶，但这些病人甚至对化学制品的医疗器械都过敏。可悲的是，即使她们生病了，她们也不能在医院得到治疗。对她们来说，医院是个恐怖的地方。我很为她们感到难受，同时我想不仅是多化学物质过敏症，这种事情在其他领域也会发生，肯定还有很多未知的污染和未知的病人。从全社会来说，单位体重的（有毒化学物质等污染物）日均摄入水平是根据健康人群的标准来设定的，而不是像妇女和儿童这样的弱势群体。所以，总体上来说，这些弱势群体是更加易感的人群，她们更加容易受到化学制品和其他污染物的侵害。我想，这也是一种社会学意义上的社会不公平。而且，这些污染物一般也位于社会的弱势地区。比如在日本，垃圾主要由城市地区产生，但是相关处理设施却是建在农村或山区。即使农村居民住在环境优美的地方，却也不得不接受来自城市工业地区的垃圾和废物。很多是因为经济原因。在农村地区，她们没有很多经济发展的机会，所以她们不得不接受未知的有毒物。当然，这是一种典型的环境不公平案例。这也是为什么我要选择这些现象作为我的环境社会学研究主题。

为什么关心环境健康问题

程：根据您的文章，多化学物质过敏症不仅是一种科学或医学问题，也是一种社会和社会学的问题。所以您选择这些主题来做研究。

寺田：是的，是这样。在我学生时代，我一个人生活的时候，我就注意到我对化学物质也有些过敏。高中的时候，我和父母住在一起，上大学后，我一个人来到东京。20 世纪 70 年代，我一个人租了一间公寓学习和生活，自己洗衣服、做饭、洗碗。我得了皮肤病。我查了字典，上面说是湿疹。那时候，我妈妈加入了消费合作社。消费合作社是一个消费者的组织，提倡购买安全食品。她在这个组织里还学到，用合成洗涤剂来洗衣服、洗碗会引起湿疹，她说我的湿疹就是这个原因。所以，我开始改用天然肥皂来洗衣服。之后，我再也没有皮肤的毛病了。我意识到，我也对有毒化学制品有某种敏感性。过去我还使用蚊香盘来驱蚊。点燃蚊香，烟出来了，蚊子就没有了。有天晚上，因为有台风，我把门窗都关严了并且点了蚊香。蚊香的味道很刺鼻，第二天早上我起床照了镜子，发现我整个脸都变形了，声音也变了。

程：也许你对蚊香有些过敏？

寺田：从那时候起，我就知道，我的身体对化学物质敏感。化学物质过敏不仅仅是我个人的问题，我认为其他很多人一样有类似的遭遇，特别是那些家里有婴儿的家庭更是如此。我听过很多次有关洗尿片的故事。在一次性尿不湿出现之前，尿片主要是棉布做的，可以洗了后反复使用。因此，很多宝宝们的身上就会出湿疹。消费者合作者建议她们妈妈们改用天然肥皂来洗尿片。很多宝宝的湿疹症状隐藏得到缓解。我经常从我的访谈对象那里得到这样的反馈，于是我开始理解环境问题也会影响社会关系。作为一个社会学家，那时候，我从来没想到我的个人经历可以和学术观点联系在一起。然而，几年以后，我进入了公立的东京都立大学攻读博士学位。这所大学附近的城市研究所有一个研究新社区如何发展社会关系的项目，我的老师让我加入这个项目。这是一个典型的社会学类型的研究项目。在研究中，我询问很多家庭主妇她们是如何发展社会关系的，比如参加各种兴趣爱好俱乐部、地方节日活动，或者是消费合作社。我发现，影响她们发展社会关系最重要的因素是环境关心和消费合作社。所以，那时候我开始相信，环境问题影响社会关系。确切地说，这就是我的环境社会学研究之路的起点。

程：您能谈一谈和饭岛伸子教授的关系吗？

寺田：好的，请允许我解释我与饭岛教授①的私人关系。我很早就知道她的名字，但是她的研究主要是在 20 世纪 60 年代、70 年代开展的，那时候我还在高中和本科初级阶段学习。我关心工业污染问题，所以知道她的名字。1970 年之后，日本政府开始执行非常严格的环境管理政策。日本工业界对这些排放标准等法律政策意见很大，但是日本的工业污染问题不再像以前那么严重了。从另外一个角度来看，那时候，我们也把一些企业从日本转移到了韩国、中国台湾，甚至是东南亚国家。在 20 世纪 70 年代后期，日本的工业污染问题就不是那么严重了。读研究生之后，当我研究环境社会学的时候，像饭岛那样研究污染问题已经有点迟了。我告诉我的导师，我个人对环境问题非常关心，并想做相关领域的研究。我期待得到认可的回答，但是他的答案却是相反的。"环境问题不是一个传统的科学和社会学的主题，如果你选择环境社会学，毕业以后进入顶尖大学任教的机会会很少。"他说道。我当时并不理解他的意思，实际上，我导师和饭岛教授是同门，她们都是同一个导师的学生。我导师知道饭岛教授在东京大学遇到了大麻烦，就因为她研究水俣病。她周围的教授们不喜欢她研究水俣病，所以她不能晋升职称，很长时间都是一个助理教授。后来，她终于在大阪的一家私立大学获得了副教授职称。我导师知道饭岛教授研究环境问题时是怎样艰难的一段时光。

程：所以他建议你不要进入这个领域？

寺田：是的，是的。之后我理解了他的意思。但那个时候，我对他的建议并不满意。我接着说："社会运动怎样？比如环境行动、环境市民运动。"他说："这个可以接受。"然后，我就开始学习环境运动理论，还有有关核运动和生态运动的理论。毕业之后，也就是在 1983 年，我成为位

---

　　① 　指的是饭岛伸子。饭岛伸子被认为是日本环境社会学的开创性人物，因研究水俣病，并提出受害结构理论而广为人知，已翻译的中文作品有《环境社会学》。

于九州岛佐贺大学的助理教授。1987 年，我又去了都留文科大学，这个大学位于东京附近的一个县，虽然离东京有点距离，但等于我又从九州岛回到了东京地区。2004 年我又来到了明治大学，正式回到东京地区。1991 年，饭岛从大阪去了东京都立大学，也就是我毕业的学校。日本在1990 年成立了环境社会学研究团体，到 1992 年我们就成立了日本环境社会学学会（Japanese Association for Environmental Sociology，JAES）。1990年，我开始和饭岛教授有个人交往，并且大家一起开始创建环境社会学研究团体。一年以后，她又从东京都立大学去了东京医科大学。那一年，我也是东京医科大学的兼职讲师（part - time lecturer），所以我和她见面比以往更加频繁。她提议我加入她当时正在主持的城市研究所的一个项目。这个研究所也是我读博士期间参与项目的那个单位，所以我很熟悉，欣然应允。

多化学物质过敏症患者的"双重隐性"

程：在论文中，您还提到过受害结构（victimizing structure）。您如何比较多化学物质过敏症和水俣病这两类疾病中的受害结构？

寺田：受害结构和环境公平理论框架非常相似，当然，也有区别。受害结构是一种受害的社会扩展，由受害者自身扩展到其家人、社区等。不同学科的人对身体受害有不同的视角和看法，比如医生通常把身体受害当作健康问题来分析。受到有毒化学物质影响后，你的身体出了什么状况？律师们主要从赔偿的角度来看待污染受害问题。从法律角度讲，谁来负责赔偿，赔多少？工程师关注化学制品和污染物的（形成）过程。经济学家则关心如何通过市场来内化外部不经济性（负外部性），诸如此类。对于这些研究，饭岛认为研究中没有考虑活生生的人。当然，健康问题是起点。在水俣病案例中，病人们失去了工作，他们再也不能去捕鱼，家人不得不去照顾他们。所以，他们变得贫穷，还不得不为治疗疾病花费更多的钱。所以，家庭作为一个整体受损了。如果我们扩展到当地社区，受害者还受到社区的压力，因为一开始没人知道疾病是由汞引起的。相反，社区居民认为这是某种遗传疾病，所以他们不愿意接触病人。另外，很多病人也有意隐藏病情，他们担心，如果他们出来承认自己生病了，他们的孩子也有可能受影响，因为邻居们觉得孩子遗传或感染了父母的疾病。居民们开始不知道，这些人生病是因为受到智索公司（Chisso）排放的有毒污水的影响。所以，父母倾向隐瞒受害情况，对外宣称正常。他们不想他们的孩子找工作、结婚的时候处于不利地位，人们会认为他们是病人的孩子，就不会和他们结婚。

程：在中国的"癌症村"研究中，我们也发现了类似情况。如果周边的村民知道年轻人来自"癌症村"，他们就不会同意他们的儿子或女儿和这个年轻人结婚。他们认为，年轻人来自受污染地区，他们的健康可能会有问题。

寺田：当然，一些被地方政府正式确认为病人。他们也得到了一笔赔偿。这笔赔偿对村民们来说是一笔巨款，所以其他村民就会妒忌。村民们认为得到赔偿的人不辛勤工作，却通过撒谎获得了巨额赔偿，特别是那些感觉身体有问题的但还没有得到官方确认的村民。饭岛把这些称作受害结构，因为不仅村民自身，还有家庭、社区及更大范围的社区在很多方面都受害了。从她那里，我也了解到，社会学的视角强调整体性的分析，不仅是赔偿或其他方面的问题。所以，我从饭岛教授那里也学到了很多，饭岛教授对环境公正理论也产生兴趣，因为不同的视角会有不同的观点。具体来说，社会弱势群体受污染的影响更大。比如在水俣病案例中，贫穷的渔民比市民受害更多。在环境公平案例中，比如美国，非洲裔或拉美族裔美国人，还有亚裔美国人，也受害更多。所以，我们希望受害结构和环境公正这两个视角能够互相分享。然而，两者在处理社会经济地位、种族、阶级和性别等方面还是有些差异，环境公正的视角更加宽广和一般性些，能够适用全社会，甚至是国际社会。20 世纪 90 年代的时候，我们已经把垃圾问题分成了城市垃圾和工业垃圾。在城市垃圾的案例中，我负责研究生活垃圾和填埋场选址问题。在工业垃圾的案例中，我负责工业垃圾处理选址问题。20 世纪 90 年代时，这两种都有项目。通过研究我们发现，城市垃圾总是运往乡下，诸如此类的事情。

程：您认为，两种理论视角都可以用来分析多化学物质过敏症和水俣病吗？

寺田：是的，但是也有区别。它们有相同的结构，即使在多化学物质过敏症案例中，不仅患者自身受害，家庭也受害，也许没有像水俣病案例中那么多社区受害。在我提到的一些水俣病案例中，有一个社区的垃圾处理设施引起了社区层面的多化学物质过敏症。这种案例就可以在社区层面分析。区别是，在水俣病和其他垃圾处理案例中，虽然很难，但是我们能够鉴别特征污染物。水俣病是由有机汞引起的，疼痛病是由山上开矿引起的重金属镉污染引起的。一些传统的工业污染案例我们也能够比较容易鉴别原因和影响。然而，在多化学物质过敏症案例中，要鉴别引起疾病的特定化学物质则要困难得多。杀虫剂是一种典型的病因，但还有成百上千的化学物质存在我们周围，我们不可能鉴别每种物质有多大影响。因此，多化学物质过敏症患者很难建构社会运动来向企业获得补偿。相反，他们更倾向于个人主义。首先他们要做的是改变个人生活环境，比如，换了窗帘和油漆等。即使这样，他们还得小心翼翼，因为他们不能够鉴别主要病因。他们无法有针对性地预防，也无法同集体组织成员进行预防措施的分享。

程：我注意到您在文章中提到的双重隐性概念。其意涵是什么呢？

寺田：多化学物质过敏症患者为什么是隐性的，不为人所知，尽管其数量和风湿病患者差不多。首先是因为他们的症状很难迅速得到诊断，严重的病人甚至不得不躲在空调房间里。另外一个原因是社会的，所以是双重的。对患者们来说，没有支持系统。对于水俣病或者其他污染案例的病人，他们有赔偿机制。比如，20世纪80年代，我的第一个儿子还很小，我们都住在东京，他得了哮喘。东京都政府确认他是因为东京的空气污染引起的哮喘病人，所以他可以免费得到治疗的药品。这种类型疾病患者的补偿或支持系统已经得到建立，然而对于多化学物质过敏症患者还没有支持系统，甚至多化学物质过敏症直到2009年才得到健康和福利部的承认。之前，在疾病登记目录上都没有这种病的名称，医生不能在病历上写多化学物质过敏症，只能是头疼或者其他。这个意义上说，这种病在2009年之前在社会意义上是不存在的。现在情况好些了，但是就像我说的，他们坐火车还有困难，火车里充满了过敏源，甚至他们穿过建筑物或者别的地方也是这样。很多患者有这种情况，但社会却没有为他们认真考虑过，因为他们是社会隐性的。我一直在思考解决的办法，怎么使隐性变得显性，为别人所知。但是到目前为止，我还没找到好答案。

程：也许这是您下一步的工作。有关多化学物质过敏症的研究，您有什么计划吗？

寺田：儿童问题是工作之一。有很多孩子因为这种病不能上学。即使对那些受过良好教育的成年人，他们也不得不辞去工作。对这些孩子来说，他们甚至不能得到良好的教育。

程：因为这种病不能上学的孩子大概有多少？你认识这样的孩子吗？

寺田：没有官方的数据。我有时候会给普通市民做讲座，一些年轻的妈妈对我的讲座感兴趣。我问她们怎么知道多化学物质过敏症？她们说，她们有小孩的朋友有类似的情况。所以，我认为教室里曾经听课的1—2个人可能是病人。但是，症状有多严重要看不同的病人，很难获得确切的数字。不仅是多化学物质过敏症，而且食物过敏也越来越严重。两年前，在东京的一所小学，他们提供校餐。很多孩子是过敏症患者，有些对稻米过敏，有些是牛奶、奶酪、黄油、小麦，还有其他食品。校方不得不提供各种各样有针对性的食品。一个11岁的女孩吃了普通餐，没有问题。之后，她还觉得饿，又吃了些其他没吃剩下的食物，但是这些食物里有奶酪，她不知道。很不幸的是，她对奶酪过敏。吃完后就发作了，很快就被送往医院，但是太迟了，她死了。直到两年前，我才听说这事。问题是，很多日本人认为同中国相比，日本是一个无化学品的社会，日本的TBS新闻总是播放北京的空气污染。这是日本人民的一个总体认知倾向。当然了，空气污染和PM2.5是更加严重的问题，我也理解。然而，我们还是有有毒化学物质，而且需要很长时间才能知道结果。有机汞的污染后果也许5年或10年就会出现。这种有确定危害的化学物质已经得到管制。我把这种有毒但影响需要长时间才能显性的物质称为长期风险物质，其仍然存在，且整体数量还在持续增长。总体上，日本人民对化学风险变得更加乐观。当然，你可以什么都接触，还可以再活一二年。但是二三十年后，没人知道会发生什么。所以，我认为，人们越少关心污染，就越危险。当然，中国的威胁更加显性，急需规制。20世纪80年代，当我开始从事环境社会学教学时，我们邀请了医生来给我们做讲座。我还记得，他说那时候25%的人死于癌症。但是今天，你猜作为死因的癌症死亡率是多少？30年后的今天，这个数字达到了50%，2个人中就会有1个人死于癌症。这也意味着，我们面临越来越多的化学物质风险。因为大多数有确切危害的物质已经不存在了，我们就看不到有毒化学物质作为一个整体存在的事实。即使我们理解整体上有毒化学物质的危害，我们也很难在日常生活中避免接触它们。比如,当你用这种圆珠笔,它就含有一种化学物质。这种物质被检测出是一种内分泌扰乱化学物质(Endocrine Disrupting Chemicals,EDCs)。PVC(polyvinyl chloride,聚氯乙烯)就被疑为是一种内分泌扰乱化学物质,这是一种典型的室内物质。我们被越来越多的潜在危害化学物质围绕,但是短期内看不到影响。所以,这就变得越来越难以避免(接触)。我经常让我的孩子在吃东西前洗手,不仅是因为细菌,也因为手上会有很多塑料的东西。

程:用什么来洗手呢?我们常常用洗手液。

寺田: 天然肥皂。越来越多的宾馆提供固体肥皂代替洗手液。不是样样东西都要怀疑,但是洗涤液至少对水里的鱼、贝壳和其他水生动物有害。实际上,我访谈过渔村,他们开始用洗涤剂代替天然肥皂来清洗他们用来养鱼和小贝类的养殖箱,他们发现鱼会死。洗涤剂对鱼有害。一些医学专家警告大家,如果洗涤剂对水生动物有害,就不能说对人类是安全的。消费合作社推荐消费者使用天然肥皂,而不要用人工洗涤剂。我们不可能避免每样化学物质,而且是越来越困难。

程:我们希望能够读到您的更多有关多化学物质过敏症的研究论文。

寺田: 实际上,昨天的会议上①,我们都觉得应该有一个东亚环境社会学期刊,但这还只是一个计划。我不知道什么时候会实现,我们应该互相分享信息。

程:包括陈阿江教授在内,我们认为多化学物质过敏症是一个非常好的主题。

寺田: 我没有期望这个主题会得到很好的反响。上次2010年我参加在瑞典哥特堡举行的国际社会学学会(ISA)会议,我讲了一些有关多化学物质过敏症的事情,但当时研究还做得比较少。我没有得到多少反馈,只有一些韩国人问我:"为什么我们韩国没有这种病?"我想,韩国的工业化比我们要晚些。

程:我肯定他们也有这种病。我认为这是一个好主题,也许我们在中国也能做相似研究。中国很大,化学物质也很多。

---

① 2015年11月1日晚上,代表日本、韩国、中国大陆和中国台湾地区的环境社会学的专家召开了一个会议,主要讨论东亚环境社会学会议的相关事项。

寺田：我希望将来我们能够一起做比较研究。

新物质、新技术的风险认知及其应对

程：将来您打算再继续深入做多化学物质过敏症这方面的研究吗？

寺田：目前我正在做两项研究。一项是 MCS（多化学物质过敏症）的研究；另一项是风险认知。当然了，也做气候变化，甚至是纳米材料的相关研究。用纳米颗粒制成的材料越来越多，有些用纳米粉末制成的材料能够穿透你的皮肤，甚至是细胞。这会有危险吗？有些人产生了怀疑。上个月，我参加了一个有关化学品管制的联合国会议，我问了这个问题。欧洲人开始对日常生活中使用的纳米颗粒产生了警觉。对这样的风险，我们没有确切的信息，而且也很难获得确切信息。技术专家认为纳米的使用技术已经得到提升和完善，但是另外一些像从事环境运动的人想核查新技术或者新材料的安全性和危害性。就像乌尔里希·贝克的风险社会理论里阐述的，在工业社会或者阶级社会，重要的是人们如何制造财富以及分配财富；但是在风险社会，重要的是人们如何制造风险，以及如何分配它们。还有一点就是，我们如何定义风险？钱和金子不需要任何定义，大家都知道。但是对于风险，大家想法不一样。比如，有人认为这是风险，但剩下的人认为这没有任何风险。在欧洲国家，他们至少不推荐 8 岁以下的儿童使用手机，因为手机释放的微波会影响大脑，对大脑系统造成损失，引起生命早期的脑癌。所以，我们被各种各样的风险包围，并且很少有人明确这些风险是什么，甚至是那些声称改进的新技术，比如我们昨天参观的核电站。即使人们（外面的人）认为有风险，当地居民并没有想从核电站撤离。① 核电站的官员、工作人员和被接受安置的居民分享有限的食物，这是一个美丽的故事，灾民们很感激核电站。然而，我却不相信，如果我当时在那，我宁愿从核电站撤离，因为没有人知道会发生什么。实际上，福岛核电站就爆炸了，核电站都有潜在的危险。他们介绍，5 条外接备用电路，只有 1 条没被破坏，这条完好的线路保证了电站的安全。但从另外角度看，如果 5 条都被破坏了，那女川核电站不是非常危险吗？所以，女

---

① 3·11 地震之后，女川核电站接收了一些当地受海啸影响的居民，并发放食物。

川核电站也不安全。①

　　程：是的。如果所有的 5 条线路都坏了，那结果怎样呢？

　　寺田：没人知道。这种情况和福岛核电站很像。那里的人们也是特别信任核电站的安全性，人们常常会这样。我们认为风险就是有风险的，我们应该最小化风险。我曾经想加入一个风险研究协会，我以为是一个学术组织，结果我发现很多会员是电力公司的。这就意味着，对他们来说，风险分析和风险研究就是一种技巧，通过这种技巧他们说服公众核电站是安全的，只有很小的风险，或者纳米技术是安全的，对皮肤有好处。他们的风险分析框架基本是科学范式的，比如核电站事故的发生概率是多少，也许一千年只有一次。这已经是很多年前的说法了。即使概率很小，结果却可能非常令人不愉快。在福岛县，大约占 4% 的国土受到污染。一定比例的土地今后 200—300 年都不适合人类居住。所以，这是个很大的损失，无法估量的损失。他们给出的信息好像他们能够科学计算，所以损失或危害很小，我们应该接受这种技术。我认为这种说法是撒谎。我把风险分为已知的风险，包括有机汞、重金属等。第二种风险是家庭装修污染，这些物质会引起癌症，对人体的荷尔蒙和其他部位都有多种影响。纳米材料的危害目前我们还了解得不多，带有很大的科学不确定性，可以归纳为第三种风险。第三种风险更加严重，它会产生令人震撼的影响。即使可能性很小，但结果却无法预知。这种风险的结果可能是那么严重，以至于影响都难以估算。这种风险可能是核电站事故或者是转基因生物。通过转基因技术，我们创造了新植物。在美国，像大豆、玉米、棉花等都是转基因。这些破坏了环境组成元素。人们在谈论生物多样性，但总体上，世界农业都被一些像孟山都这样的公司所垄断，到处都是转基因的种子。没有人知道结果。我认为，我们谈论的风险社会包括各种风险，但是有些人却仅仅指的是减少已知风险，即第一种风险。我却认为第三种风险更加具有风险，对这种深层次的风险，我们需要更多的社会层面的讨论或慎重的民主讨论。我们非常需要从价值观系统出发的讨论，而不是从经济利益考量的讨论。通常，我们从利益风险或风险成本的角度来谈论风险，如果我们减少风险，我们就需要牺牲多少经济利益，等等。所以，风险的成本或利润是

---

① 采访寺田教授的前一天，即 2015 年 11 月 1 日，参加会议的专家学者参观了女川核电站。

一个常见的主题。然而，即使有些人知道应该坐飞机风险更小，但他们还是宁愿选择坐汽车。统计表明，乘坐飞机比坐汽车安全，因为汽车容易出车祸。但是有些人还是宁愿坐汽车，发生车祸的时候至少能呼吸。发生空难的时候，我们啥也做不了。我个人也是倾向坐汽车，我认为这种想法是正确的选择。然而在风险课上，科学计算永远优先考虑。通过比较，我们认为风险比收益小，所以我们应该选择这种技术。这也是他们劝导普通公众接受新技术和新材料的方法。然而，我们应该考虑更多的社会因素，我们需要更加面向社会开放的相关讨论。这是（我们的）基本观点，我们也在研究他们是如何感知这三种层次的风险的。我们的假设是中产阶级、受过良好教育的，也就是社会学意义上的中上阶层的人在对风险的态度上更加不乐观。然而，我们的发现却不支持这点。较低阶层的人对风险认知更加悲观。这在社会学上非常有趣。较低阶层的人知道他们受新风险的伤害更深。我正在做这种风险感知和涉及多化学物质物理伤害的风险类型学范式研究。

　　程：您是不是有社会心理学方面的学术背景，因为您做了那么多这方面的研究？

寺田：实际上，我没有社会心理学方面的背景，我只是社会学专业。从学术角度说，我是一个心理学的门外汉。很多心理学家做这方面的研究。然而，他们的分析是个人层面的，比如，一个病人被医生告知，做这个手术的存活率是70%，他就接受了。如果被告知，这个手术的死亡率是30%，他就害怕了，不做了。对风险的不同解释会引起不同的个人反应，这是他们的研究。社会心理学家批评我，但只要我读他们的论文，我就发现他们主要关心的依然是公众偏见是怎么发生的，当他们告诉公众一种不同的解释，就像视觉偏差。在图1和图2中，两条横线是一样的长度，但是两边加上表示方向的线段后，视觉上图1的横线更长些。这就是心理学家的主要关心，关于风险研究就是视觉偏差风险或者是风险视觉偏差。基本上，科学计算是风险的理性答案或评估风险的理性基础。公众却对客观和科学风险计算有不同的看法，因为他们有恐惧、偏见或者是自己的价值倾向。即使是坐飞机更加安全，但他们就是愿意坐汽车。这就是带有偏见的外行人的非理性答案和结论。我想说，我会像环境社会学家那样思考。我们可以不仅依据科学家，更要依据外行人那么做决定和评估，特别是 3 · 11 核事故后。我也做这方面的研究。人们变得越来越怀疑和不信任科学家和科学研究，因为大多数的科学家和科学研究也有他们自己的利益倾向。就像核电站的人说的，核电站每发电 1000MW（百万千瓦），他们每天就会赚 1 亿日元。如果他们停止生产，他们每天就会损失 1 亿日元。在这种情况下，政府的核电站安全委员会正在进行审查。大家都认为他们会有来自企业的偏见和压力，会失去安全标准。3 · 11 事件后，人们比以往更加不信任科学家和中立专家。在更多独立人士看来，我们应该对相关风险做一个评估，否则就不能接受某种技术。我们的决定应该基于公开的讨论，不仅是科学计算，而且是整体社会的观点。我认为，这是环境社会学家的另外一个贡献。

图1　　　　　　　　　　　　　　　　图2

　　程：对整个社会来说，我们能做些什么来改善多化学物质过敏症患者的遭遇？

　　寺田：从上面的分析来看，多化学物质过敏症及其他类似问题不能够得到解决，除非从整体上来减少有毒化学物质的总体风险。为了应付我称之为的环境风险社会，必须采取某种综合性的政策。环境风险社会是一个有环境问题、环境危害，并且污染物变得更加隐性、周期更长、更难发现、更难简单鉴别原因和特征污染物的社会。我们必须从整体上来减少风险，当然不仅包括化学物质，也包括其他方面，比如气候变化。为了达此目标，我认为在环境治理政策范式中，PRTR 系统很重要，你可能不太熟悉？请查看我发给你们的论文。

　　寺田：我读过，还记得些。这是一个很好的框架。

　　寺田：谢谢。PRTR（Pollutant Release and Transfer Registers）指代污染物排放和转移登记。这是一个政策措施和框架，我 20 世纪 80 年代在美国学习过。20 世纪 90 年代，美国人发现环境风险，特别是化学风险在社区中分配不均匀，这取决于社区的要素。那些居民主要是有色美国人，比如非洲裔美国人、墨西哥裔美国人或亚裔美国人的社区比白人社区承受更多的环境负担。居民们有必要对这些环境负担有确切的信息。另外，1984年，印度的博帕尔发生了大爆炸，事件造成了 1000 人死亡①，但是因为事件发生在贫穷社区，他们也没搞清楚到底死了多少人。当时的天气很糟糕，尸体需要逐个辨认，但是他们却没有准确的信息。工厂是美国人的，同类型的工厂在美国的得克萨斯州也发生过类似的爆炸。但是因为得克萨斯州工厂附近居民离得比较远，（损失比较小）。② 那时候，人们认为虽然没有必要实行严格的管理政策，但是应该要求每个企业报告有毒化学物质的排放，大概涉及 500 种或 600 种化学物质。即使企业排放很多，也不会有处罚，因为没有排放量的限定，他们只是需要报告。居民们可以通过政府提供纸质材料查看这些数据。每个企业之前并不清楚他们自己排放多少化学物质，他们也没有同其他企业做过比较。如果一个企业排放量超过其他同类型企业，从经济角度讲也是一种损失，它就会思考如何减排。所以，这种系统的环境信息公开就会鼓励企业的自愿减排。1988 年，系统第一次公开数据，到 2008 年，20 年后，总排放量减少了近 30%。所以，这个政策很成功。1996 年，经合组织（OECD）推荐当时的 23 个成员国制定同样的政策。当时，东亚的日本和韩国都是其成员国，它们也接受了这套系统。2001 年之后，日本达到相关标准的企业需要向政府报告，相关信息完全向社会披露。2012 年到 2013 年之后，总排放量减少了 60%，这个政策很有用。每年在我负责的环境 NGO 组织，我都会邀请经济贸易管理部门的政府官员来做讲座，讲关于当年的化学排放量的数据。在这样的场合，我总是能够看到有人戴着面具，头埋得很深，穿着不太好看的衣服，因为他们反复洗他们的衣服来去掉化学物质。他们是多化学物质过敏症患者，所以他们必须小心应付。如果旁边的人用人工洗涤剂，他们就不能呼吸。他们必须找一个安全的地方坐下来躲避这些。我想 PRTR（污染物排放和转移登记）是一个我们作为环境社会学家可以研究的例子之一。我分析了这种环境政策的有效性。

---

① 网络上的数据表明，博帕尔事件造成"直接致死人数 2.5 万，间接致死人数 55 万，永久性残废人数 20 多万"。具体见人民网 http：//www. people. com. cn/GB/198221/198819/198858/12308548. html。

② 网络上的数据表明，得州化肥厂爆炸至少造成 35 人死亡，具体见人民网 http：//pic. people. com. cn/n/2013/0419/c1016—21194794. html。

程：读了您的文章之后，我也在网上做了中文搜索。中国从 20 世纪 90 年代开始也有类似的法律，但和 PRTR 不同。企业需要向政府报告数据，但是大概在 2010 年，这种法律就被废除了。①

寺田：我也让我的一个中国学生在中国网站进行了检索，网上信息说，中国也在努力建立这种制度设计，然而还没完成。实际上，我负责的非营利组织 Top Six Watch Network 得到驻在北京的绿色和平东亚办公室的消息称，环境组织绿色和平试图鼓励中国中央政府采用这种政策。这是两三年前了，但是……

程：我想我们已经谈得有点久了。最后一个问题还是回到我们这个访谈的主旨，您觉得环境社会学是什么？

寺田：环境社会学一般被认为是分析社会组织、制度、行动者和环境设置之间关系的学科，而环境设置受到诸如工业化等社会变迁的影响。反过来，这些影响也对人类社会产生了负面效应，比如我们经历的污染、健康问题、社会冲突等。

考虑到我们今天所存在的诸如污染受害者、环境破坏与剥夺等问题，这些问题导致了社区解组，这是势所必然。因此，环境社会学者倾向更加关注引起更多明确的社会冲突和问题的事项。然而，在我看来，许多最近的环境问题是更复杂的、潜在的和长期的，有意的或偶发的、不太明显或隐蔽的。换句话说，趋势表明"环境风险社会"的到来，或者是汉尼根意义上的"现实论"向"建构论"的转变。

如果我们假定长期潜在的环境风险在今天或不久的将来正变得越来越重要，我认为环境社会学方法的三个方面的转变很必要。首先，正如我已经提到的，有关环境风险定义的建构主义方法应该更有意义。由于许多环境风险，如有毒化学物质、内分泌干扰物和放射性物质等还没有马上被科学地明确地确定对身体有害，当它们已经被社会公认为环境问题时，风险的社会定义不可避免。其次，为了分析那些社会达成共识的，认为需要监管行动的严重环境风险事实的建构过程，我们得追踪事件是如何通过特定的修辞和框架达到问题化和合法化的事项。

---

① 中国国家环保局在 1992 年实行《排放污染物申报登记管理规定》，2010 年被国家环境保护部废止。

　　最后，重新考虑作为非社会的、自然的设置的社会与环境的关系显得必要。"environ"这个词字面意思就是周围的环境，已经给出了社会和环境是相互排斥的两个领域的意象。当我们谈论濒危物种和森林退化时，这个意象也许是合适的。然而，当我们关注内分泌干扰物和转基因生物的环境健康风险时，就不可能在人类社会和自然环境之间划一条界线。作为生态系统的人类身体受到我们技术社会生产的合成生物和有毒物质的威胁。因此，环境社会学不再是环境与社会两个分离领域的关系研究，而是对附有技术—官僚结构和关心环境的公众之间冲突关系的冲突高度技术化社会的研究。我想，这也正是已故舩桥教授有关强调发展"环境控制系统"的环境社会学的思想。

　　[被访者简介] 寺田良一，日本明治大学教授，主要从事环境社会学研究，曾担任日本环境社会学会会长。

　　[访谈人简介] 程鹏立，社会学博士，重庆科技学院副教授，主要从事环境社会学研究。罗亚娟，社会学博士，湖州师范学院讲师，主要从事环境社会学研究。

韩国环境社会学的起源与发展

——李时载教授访谈录①

【导读】 韩国的环境社会学研究虽然迟于邻国日本，但在东亚地区仍具有重要地位。韩国的环境社会学学者们不仅是学术上的研究者，而且是环境运动的行动者。受访者作为韩国环境社会学和环境运动的先驱人物，从个人的学术背景、韩国环境社会学的发端以及社会背景、韩国的环境社会学研究、韩国环境社会学者的行动、韩国的经验与建议等五个方面介绍了韩国环境社会学的起源与发展，值得我们了解和学习。

个人的学术背景

程鹏立（以下简称程）：李教授，您好。感谢您接受我们这个"环境社会学是什么"主题的访谈。我们想利用这次（2013 年）在河海大学举办的东亚环境社会学会议的机会，邀请您谈一谈韩国环境社会学的起源与发展等方面的情况。首先能请您简单地介绍您自己的学术经历和背景吗？

李时载（以下简称李）：我是来自韩国的李时载。我最早是在日本学习并在东京大学取得博士学位，我那时候的专业领域是社会历史理论社会学。从 20 世纪 90 年代早期开始，我就一直在从事环境社会学研究。也是

① 本文根据程鹏立博士对李时载教授的两次访谈整理并翻译而成，英文稿经李时载教授审订。第一次访谈是 2013 年 11 月在中国南京召开的第四届东亚环境社会学国际研讨会期间完成的，第二次访谈是 2015 年 10 月在日本仙台召开的第五届东亚环境社会学国际研讨会期间完成的，第二次访谈是对第一次访谈的补充与完善。

在那时候，我在我任教的大学创建了环境社会学专业。1992年，我第一次在学校里讲授环境社会学课程。1995年，我组建了环境研究小组，并以这样的形式开展了多年的研究。2000年，在这个研究小组的基础上，我们创建了韩国环境社会学学会，我是第一任主席。另一方面，我还亲自参加环境运动。1991年，我参加了韩国一个非常进步的环境组织。1993年，我们创建了韩国环境运动联盟（KFEM）。在这个组织里，我们有政治家，教师，市民领袖，等等。环境社会学非常重要，在过去的20多年里，我一直在从事环境社会学相关的教学和研究工作。今年（2013年），我退休了，但是我仍然在从事相关活动。

程：在最开始的时候，您是如何进入环境社会学这一领域的？在韩国环境社会学创建过程中，您如何评价您个人所发挥的作用？

李：一开始，我在日本学习，但是我还是与韩国保持联系。之后，我发现，韩国的环境问题十分重要。我对韩国的社会运动和民主状况更感兴趣。之后，我就参加了韩国的环境组织。我认为，我必须为韩国的社会运动贡献力量。这就是我运用社会学知识和概念的原因。

韩国环境社会学的发端与社会背景

程：我们是否可以这样认为：韩国的环境社会学最早是从日本引进的？

李：不是引进，但是受日本的影响很大。就像我今天说的①，1991年，环境社会学者在日本神户的一次国际环境社会学会议上相聚。很多环境社会学者从不同地方来到神户，比如有来自美国的邓拉普，我来自韩国。那时候，日本就已经形成了环境社会学研究的学术团体，但还没有组成学会。1992年，日本组成了环境社会学学会。1991年是重要的一年，因为很多社会学者聚集神户。1993年，RC24大会在日本举行。世界知名环境社会学者齐聚日本。1994年，日本在东京举行了东亚环境社会学会议。我也参加了这次会议。来自中国的包智明参加了会议，他当时正在日本跟随饭岛伸子学习。

---

① 2015年10月31日会议后晚宴上的致辞。

　　1995 年，韩国形成了环境社会学研究的学术团体。我们也有两年举行一次的年会。会议上，我们还组织学术考察，很多人参加我们的学术考察，即使他们不做环境社会学研究。5 年以后的 2000 年，韩国成立了学会。我们在 2002 年创办了期刊，半年出版一次。我是这个学会的首届主席，任期 4 年。

　　在 1993 年或 1994 年，饭岛伸子带领一批日本社会学家访问了韩国。我接待了她们，她当时是 50 多岁。饭岛是 2000 年去世的，去世的时候63 岁。

　　程：你已经谈了很多韩国和日本环境社会学的共同点。那么，有哪些不同点呢？

　　李：日本环境社会学主要关注受害关系。谁受害了？谁该负责？在水俣病案例中，社会结构很简单，只有一个污染者，众多受害者起来反抗。但是在其他案例中，像空气污染，你很难断定谁是污染者。在日本，相关法律程序已经得以建立，受害者可以利用司法手段来抗争。像水俣病和痛痛病这样的案例中，受害者可以在法庭上抗争。但是在韩国，环境运动与民主运动是同步进行的，人们必须为了建立新制度而斗争。我们的抗争不限于环境运动，也包括民主运动。所以，我们的环境社会学者非常关注社会运动。韩国许多环境社会学的博士论文都和核电斗争有关。因此，韩国的环境社会学更加关注社会运动。

　　程：您能简单介绍下韩国环境社会学发展的社会背景和目前的发展状况吗？

　　李：实际上，韩国逐步实现民主化是从 1987 年开始。在那个时候，随着国家经济迅速发展，因环境问题引起的环境斗争和冲突经常发生。当人们追求自由时，他们开始抱怨环境问题和矛盾。社会学研究者即以此作为研究对象。所以，韩国的环境社会学就是从环境问题和环境运动开始研究。许多学者通过研究环境问题取得博士学位。但我们在理论研究方面并未有很大的进展，因为环境社会学研究群体还是比较小。在韩国，我们大概有 50 个相关方面的研究者，但是真正从事环境社会学研究的学者在20—30 人。近年来，韩国的环境社会学者并没有大的增长，因为韩国环境问题高发期已经过去。20 世纪 90 年代是环境研究的一个高潮年代，大家都很关心环境问题。现在，大家都了解环境，环境也就不是一个特殊的话题了。在这个意义上，我们很羡慕中国的环境社会学者们，因为中国的环境社会学发展很快。

环境社会学的定义及其研究对象、方法

程：您刚刚介绍了韩国环境社会学的发展历史。在您看来，什么是环境社会学？

李：环境社会学研究人类活动对环境的影响，以及环境变化如何影响人们的生活，也就是环境与人类生活之间的关系。但是，首先我们要知道什么是环境？环境有不同的分类，比如有物理的、生物的和化学的环境。还有一些人工环境，比如城市、交通等，有时候还有历史环境。我想，环境行为是一个基本的要素。任何人的任何行为，只要有环境意识促使，都可以称作环境行为。比如，您扔垃圾的时候，不是乱扔，而是收集起来，这也许就是环境行为。一个人反对森林砍伐，这样的行为也许对他本人有利，但同时也会对其他人有利。一个人的行为，无论是对个人是否有利，只要是有利于环境保护，都是环境行为。大多数的环境社会学者和环境学者都认为人类行为造成了环境破坏，确实如此。作为一个社会学者，我们应该更多关注人们的生活对环境的影响或者是这种影响对人类社会的作用。

程：您已经从事环境社会学研究多年，您能谈谈您是如何开展环境社会学的相关研究的吗？

李：这要看你所面对的问题。我把韩国环境社会学研究的主题分成三类或四类。第一类主题就是工业污染问题。这里面涉及如何确定受害者。一开始的时候，我们研究了大量的工业污染问题。我们调查了许多受污染的河流、海洋，还有空气污染等。中国现在的情况也类似，经常有报道。

程：我想这可能和社会发展阶段有关。

李：是的。一开始，我们研究了大量工业污染有关的问题，因为问题经常发生。到 90 年代中期，许多城市工业和环境问题突然爆发。垃圾问题是第二类主题。从 1992 年到 2003 年，大约 10 年里，垃圾问题是困扰韩国的一个大问题，所以，我们大家都想办法解决这个问题。市政部门让我们研究垃圾处理的相关政策。第三个主题是大型人工项目问题。这样

的大型项目都直接或间接由政府资助，所以我们不得不和政府作斗争。大多数工业污染来自企业，大多垃圾问题来自地方政府，但是大型工程项目，比如人造大坝，海岸工程和核电项目都是国有项目。政府通过国有企业来建设大型工程项目，所以要反对大型项目，就是要和政府作斗争。这并不容易，有时候是我们胜了，有时候政府胜了。有时候，我们阻止了建设大坝，但却没能阻止建设海岸工程和核电项目。这些都是我们的主要研究对象。第四个主题是气候变化。郑代允（Jeong Dai – Ye-un）是研究气候变化方面的社会学专家。综上所述，我们韩国环境社会学者们研究社会运动、环境运动，关心工业污染、核电项目和垃圾处理问题。总体来说，我们的环境社会学者们不受雇于政府，而是和民众站在一起。

程：您认为，韩国环境社会学研究在方法上有什么特质吗？

李：基本上，我认为，大多数韩国的环境社会学者都亲身参加了环境运动，这是因为从 20 世纪 70 年代以来我们就一直有这样的传统。随着政治民主的实现，环境方面的民主就会是下一个实现的目标，还有劳工领域的权利等。我们从相关的运动中获取了能量，这就是为什么许多环境社会学者从事环境运动方面的研究。当然也有纯粹的环境研究者。为政府工作的人不能参加任何运动，但是大学里的研究者却不受此限制，他们更多地与实际紧密相连。

程：您认为，这是韩国环境社会学的一个重要研究特质吗？

李：是的。你知道，我们不像欧洲国家，我们对社会有一种道德责任感。

环境社会学的行动领域

程：我们知道，韩国环境社会学的一个重要特点就是，学者们不仅进行学术研究，还亲自参与环境运动。您自己就是一个非常好的例子。以您自己为例，您能和我们回忆下，当初您为什么要亲自投身于环境运动？您觉得这对于韩国的环境社会学研究者们来说，十分必要吗？

李：我们觉得我们必须要参加民主运动，所以我们选择了为环境保护而努力。我们认为这很重要。很有趣的是，韩国环境社会学者大多都卷入了运动。环境社会学研究有助于运动；反之亦然。研究对象因为认识我们而欢迎我们做调查，也会对我们敞开心扉。我们能够获得很多好的材料，调查不同类型的人，这对于环境社会学者开展研究十分有利。对运动本身来说，他们也需要我们的帮助。他们希望像我们这样的人加入运动，人们才会更加信任组织。像我们这样的教授有比较好的地位和声望。当然，我们也有牺牲，因为我们不能再为政府工作。从事技术和自然科学研究的人能够从政府获得大量资金。我们社会学家没有从政府中获得资助。

程：我们知道，您亲自创建了韩国环境运动联盟（KFEM）。您能和我们说说，当时您创建这个组织时，面临了怎样的困难？您能我们分享一下，韩国环境运动联盟这个组织建立时的更多细节吗？

李：我担任韩国环境运动联盟的主席 6 年，我也是这个组织的创始人之一。在韩国，除了韩国环境运动联盟（KFEM），还有绿色韩国（Green Korea）、环境公平（Environment Justice）等 4 个全国性的环境保护运动组织。韩国环境运动联盟在全国有 50 个分支机构，具度完博士是政策委员会的主席，我也曾经担任过这个职位。起初，我们是 8 个全国性的比较小的环境保护组织。1992 年，我们都派代表参加了巴西里约热内卢的环境发展大会，共有 50 多人。回来后，我们开始聚集起来开会讨论成立一家大型全国性的组织，这样影响力更大。在韩国，注册方面没有障碍。韩国环境运动联盟有很多附属机构，比如市民环境研究所、法律中心、环境教育中心和环境信息中心。我们和市民一起合作，派送有机食物，我们甚至还开设了一家餐馆。我们在市中心买了一栋超过 1 万平方米的大楼作为我们的办公场所。

程：您觉得韩国环境社会学学者们亲自参与环境运动，对韩国环境问题的解决发挥了怎样的作用？您是如何评价的？

李：对我来讲，我花费了太多的精力、时间和金钱，但我不后悔。如果我不参加这些运动，也许我能多写几本书，但是我不能忽视现实。1974年到 1981 年，我都在日本求学。那段时间是韩国的市民化阶段，人民必须为民主抗争。1982 年，我回到韩国后，我感觉我有责任为公共服务，因为我已经缺席了很长时间。即使是现在，我们也一直还在抗争，这是一场持久战。

韩国的经验与建议

程：您能介绍一些韩国解决环境问题方面的成功经验吗？

李：好的。我可以举个例子。20世纪90年代，韩国的餐馆向消费者免费提供一次性筷子。筷子是由木头制成的，树木就要被砍伐。韩国政府于是命令所有的餐馆停止使用一次性木筷子。顾客们不得不使用反复使用的筷子。在韩国所有的餐馆，都找不到一次性的筷子了。

程：韩国没有一次性筷子了吗？

李：有。商店还有一次性筷子出售，只是餐馆不再提供了。

程：中国也有类似的改变，但是我们还是有一些小餐馆在提供一次性的筷子。

李：如果交通系统改变了，对环境也有好处。日本的基本城市交通系统就是地铁和自行车。和美国不一样，美国每个人都有小汽车。在东京，如果你在城市里开车，非常不方便，因为小汽车太多。韩国也有很多的汽车，但是韩国正在努力改变。通过环境运动获取的公民权利很重要。如果没有环境运动，就没有办法来控制政府，也就没有办法来控制企业。在公民、政府和企业三者关系中，公民通过对政府施压，有权力控制政府，政府对企业进行管控，从而实现公民对企业排放污染的控制。所以，我认为，公民的权力，公民行动和公民意识是控制污染的起点。对中国来说，互联网使得这样的活动变得方便，比如厦门和大连的PX项目。

程：这些项目都是比较成功的。

李：怒江的案例也是一样，是吗？所以，个人水平上的行动可以改变政府，但是社会运动却可以改变人民。政府不能忽视公民的诉求。政府是容易改变的，特别是地方政府。在这个意义上，我对未来抱有希望。人们应该有积极的态度，不要放弃。为什么中国政府要实行退耕还林政策，因为他们不得不这样。他们不得不植树，他们不得不想办法净化北京的空气。

程：也许我们已经到了拐点了。您认为，环境社会学研究学科在未来的发展前景如何？

李：在讨论这个问题之前，我想说点别的。春天时节会有沙尘暴从中国吹到韩国，当然这还只是小事。韩国目前的问题是核电问题。韩国目前有22—23座核电站在运营，而且更多的核电站正在建设。中国也许有15—18座核电站已经建成。我发现，这些核电站几乎建在海岸线上，从渤海到广州。这样，韩国和中国，无论哪个国家发生核电站事故，都会影响到邻国，包括日本。目前，建核电站都是各国自己做决定，邻国之间没有商量。如果发生了事故，怎么办？我认为，应该在这方面建立必要的协商和合作渠道。

程：这是个很好的想法。

李：我在韩国还了解到，中国计划在将来的10年里实现4亿人口的城市化。这意味着城市可能成为污染严重的区域，而农村却缺乏必要的农业劳动力。这是我个人的看法。从2003年到2006年，我们韩国环境运动联盟（KFEM）在中国的东北地区和吉林省林业厅合作种草。4年里，我们种植了大概1000英亩的草地。这并不是因为我们能够阻止中国的森林退化，而是我们真心希望中国能够阻止进一步的森林退化。在水资源、能源等方面的短缺，中国比韩国面临更严重的问题。这种情况必须得到改变，不仅是中国。当然，韩国和日本也都有自己的问题。我很关心中国，是因为东亚国家都必须想办法去解决环境问题。

程：我想，您都很好地回答了我的问题，而且您也谈了些您个人的研究经验。最后一个问题，可以请您对年轻的中国环境社会学研究者们提一些建议和希望吗？

李：我很惊讶并羡慕你们。中国有很多年轻学者研究环境社会学，并且充满活力，所以中国未来充满希望。我一直和中国保持合作，1995年，我参加了在北京举行的东亚社会学会议。那次，我发现，中国的学者有很多很好的发现，但是理论发现稍显不足。但是，这次（2013年），我发现，无论是命题、主题、方法、发现、讨论和结论都要好得多，而且主题多元，范围很广，全面反映了中国的环境问题，非常好。我想，中国学者的社会学理论功底还应该得到加强，但这是一个发展阶段的问题。也许10年后，会有很好的成果。我确实羡慕陈阿江教授。他对环境社会学有强烈的情感，也很有想法。中国还有一些这样的好学者。

程：我想，您给了我们许多非常好的建议。谢谢您抽出时间接受我们的访谈。

[**受访者简介**]　李时载，韩国加图立大学退休教授，主要从事环境社会学研究。曾任第一届韩国环境社会学学会会长，韩国环境运动联盟政策委员会主席。

[**访谈者简介**]　程鹏立，重庆科技学院社会学系副教授，博士，主要从事环境社会学研究。

韩国环境运动的环境社会学研究

——具度完教授访谈录①

【导读】韩国环境社会学界重视环境运动研究，环境社会学家不仅积极从事学术研究，还热衷于参与环境运动。有关环保的国际话语、严峻的环境形势、频繁的污染事件、政治机会机构的改变、大众传媒的发展以及公众环境意识的提升是韩国环境运动产生的重要背景。韩国的环境运动起源于受害者运动和反污染运动，但它已经演变为有组织的新环境运动（公民运动）。早期的环境运动领导者自称是民主化运动的积极分子，到了 20 世纪 90 年代则转型为温和的和现实的社会活动家。在环境运动中，NGO、媒体和女性分别发挥了不同的作用。作为社会运动的一部分，韩国的环境运动推动了政治民主化和环境治理中的公众参与。

环境运动与环境社会学

问：具度完教授，您好！非常荣幸在东亚环境社会学国际学术研讨会期间有机会认识您，同样非常荣幸您愿意接受我们的访谈。我们期望通过此次访谈，加深东亚乃至世界环境社会学学术圈的沟通和交流，吸引更多的年轻学者加入环境社会学界，同时促进环境社会学的学科发展。我们的

---

① 本文根据对具度完教授的面访和笔访整理而成，前后历时一年零四个月。第一次访谈是 2013 年 11 月在河海大学召开的第四届东亚环境社会学国际研讨会期间陈涛博士和卢崴诩博士完成的，邢一新参加了访谈。而后，为了更为深入和全面地呈现韩国环境运动的历史与特质，陈涛博士通过邮件方式与具度完教授进行了多次沟通和交流，对第一稿进行了大量补充和修改，直到 2015 年 3 月才正式定稿。本访谈录由陈涛整理并翻译，英文稿经具度完教授审订。

第一个问题是，您是如何进入环境社会学这门社会学分支学科的？

答：在 20 世纪 90 年代早期，我开始写作博士学位论文。当时，环境运动已经发展得很快了。我发现传统的社会学研究有些无聊，而诸如环境运动等新社会运动是当时社会学领域的重要热点问题。我本人乐于探索新的研究主题，于是我就选择环境运动作为研究内容。迄今为止，我仍然觉得自己非常享受于这一领域的学术研究。相比较那个阶段而言，当今韩国的环境运动有所弱化，但是，它依然具有比较大的影响力，而且环境问题的形势还很严峻，比如，气候变化、核问题、空气污染等问题依然需要引起我们的重视。因此，我认为我们需要对相关问题展开深入研究和分析。这是个具有社会意义的重要议题。

问：那么，您是如何理解环境社会学这门学科的呢？

答：环境社会学是社会学的新的构成部分。传统社会学主要聚焦于人群和人类社会，而不关注自然本身以及自然环境和人类社会之间的关系。对社会学家而言，环境是个外部变量，而且并不重要。社会学家在分析人类的社会冲突或者合作时，并不将它作为一个变量加以考量。

到了 20 世纪 50 年代，日本爆发了诸如水俣病等的严重的环境问题。进入 60 年代之后，美国也爆发了严重的环境问题。由此，很多社会学家开始认为环境问题是重要的社会问题，开始在传统社会学理论的基础上分析环境问题。到了 70 年代末期，一些学者认为，对于社会而言，环境是个重要变量。他们认为，社会学家需要从新的视角分析环境问题。社会学家需要分析环境因素，并考察环境与社会之间的相互关系。比如，美国社会学家邓拉普（Riley Dunlap）和卡顿（William Catton）提出了新生态范式（New Ecological Paradigm）。日本学者认为，环境受害者问题非常重要，并通过污染受害者研究（pollution victim research）对此展开探讨。20世纪 90 年代之后，韩国学者发现环境问题非常重要，并在环境社会学基础上对此展开调查研究，很多学者聚焦于特定的环境运动和环境政策。

简言之，我认为传统社会学家秉承的是人类中心主义范式，而环境社会学家则是在非人类中心主义范式基础上就环境与社会之间的关系展开研究。传统社会学家认为，经济增长具有社会限度（social limits），比如存在社会冲突和阶级冲突问题，而环境社会学家认为经济增长具有自然限度（natural limits）。1972 年，罗马俱乐部发布了《增长的极限》（*The Limit to Growth*）。随后，很多学者特别是环境社会学家意识到，社会研究需要将自然限度纳入考察范围。由此，地球的承载能力和环境的可持续性成为重要的议题。

问：在您看来，环境社会学的研究主题是什么？

答：我认为，对很多学者而言，环境社会学最重要的研究主题是环境运动。社会学家对社会运动感兴趣，是因为后者与社会冲突紧密相关，也可能由此改变社会。环境问题发生后，受害者常常会实现自我动员。在发轫阶段，受害者的行动只是集体行为。随后，他们会动员他们所拥有的资源。他们还会构建属于自己的意识形态合法性以及组织。最后，他们的行动得到提升，转换成社会运动。环境运动是世界范围内的重要议题，比如，在20世纪70年代，地球日庆祝仪式就是一项社会运动。在日本，受害者运动在20世纪60年代和70年代风起云涌。在韩国，环境运动自20世纪80年代以来发展得很快。

其次，环境政策。如果某种环境问题变得严峻的话，政府就需要评估并调试其政策。事实上，大多数的政府都热衷于经济增长和资本积累，但这种趋势会导致环境问题的产生。在此背景下，为了从其人民那里获得合法性，政府就必须调试其政策。环境社会学家需要分析的是，何种环境政策及其是如何改变和改进的，同时，他们需要洞察影响环境政策的主要因素。

再次，环境意识。在20世纪80年代早期，韩国的环境意识并不高，而到了80年代末期和90年代，环境意识迅速提高。就纵向的时间维度而言，韩国经历了经济增长，而后是环境退化，随后是民主化历程。这种历史有助于解释环境意识的演变，当公共领域可以进行自由讨论时，公众的环境意识倾向于增强。

最后，环境哲学及其理论本身是重要的主题。比如，在传统社会，人如何理解自然与人类的关系？基督教、佛教、儒家以及道家学说如何处理人类与自然的关系？这些环境思潮或生态思潮，是环境社会学的另一个重要研究主题。

问：在前面的访谈中，我们发现您非常重视环境运动，您的博士论文探讨的是环境运动，这也是您进入环境社会学的起点。此外，您刚刚还提到，"环境社会学最重要的研究主题是环境运动"。那么，韩国的环境运动是什么时候开启的？迄今为止，它经历了哪些阶段？每个阶段是否聚焦于不同的主题？

答：韩国的环境运动开始于 20 世纪 80 年代。当时的问题主要是环绕诸如蔚山（Ulsan）和昂山（Onsan）等工业中心的污染问题，受害者及其健康和赔偿是这一阶段的主要问题。到了 20 世纪 90 年代，水污染、空气污染和固体废弃物污染成为主要问题。当时，全国性的民间环保组织，比如韩国环境运动联盟（Korean Federation for Environmental Movement）和绿色韩国联盟（Green Korea United）建立，它们动员了诸如人力、财力和影响力等很多资源。在 20 世纪 90 年代后期，韩国的环境组织致力于反对可能严重破坏生态环境的全国性大型建设项目。在这一议题中，有些运动取得了成功，有些则失败了。到了 21 世纪，气候变化和可再生能源等新问题开始出现。

关于韩国的环境运动，我写了很多文章和著作。我将环境运动分为两种类型，即反污染运动和新环境运动。反污染运动自 20 世纪 80 年代初开始发展起来，直至 90 年代。它聚焦于污染受害者和社会转型，是一种或多或少具有反对独裁政府性质的民主化运动。1987 年的民主化之后，关注公民的日常环境质量、全球环境问题和自然保护的新环境运动出现了。1992 年在里约热内卢召开的里约峰会将环保视野扩展到了全球范围。在 20 世纪 90 年代早期，由诸如韩国环境运动联盟和绿色韩国联盟等大型的全国性环保组织领导的新环境运动成为环境运动的主流。在开放的政治环境中，新环境运动组织增加了成员，并成功地实现了大众传媒动员[①]。总之，韩国的环境运动起源于受害者运动和反污染运动，但它已经演变为有组织的公民运动，可称之为公民社会运动。我把它称作新环境运动。在 21 世纪初，这一类型已经成为环境运动的主流。

另一方面，20 世纪 80 年代末期以来，诸如生态合作运动与社区建设运动等生态替代运动（ecological alternative movement）已经发展起来了。我前面已经阐述了 20 世纪 80 年代的反污染运动。当时，在生态思想和韩

---

① 如果对韩国早期环境运动感兴趣，可参阅论文：Ku Dowan，"The Structural Change of the Korean Environmental movement"，*Korea Journal of Population and Development*，Vol. 25 No. 1，1996；如果想了解环境运动的简史和案例，可参阅论文：Ku Dowan, The Korean Environmental Movement：Green Politics through Social Movement，*Korea Journal*，Vol. 44 No. 3，2004。

国东学教（Donghak）思想基础上，一些生态学家和生命运动活动家形成了他们自己的话语和理念。那时，最重要的组织是被称作韩瑟兰（Hansalim）的消费合作社。在80年代末期，它还是一个小规模的知识分子群体。1986年，Park Jae-Il及其同事在首尔开了一家小型有机食品店。他们支持从事有机食品生产的农民，将生态友好型的公民组织起来，并向他们提供有机食品。他们试图将贫苦农民的生存与公民享受免遭农药污染的食品统筹兼顾起来。尽管他们的首次行动规模小，但价值取向是伟大的。他们试图发展替代型的生态农业与合作文化以及制度，以克服工业资本主义制度中的问题。他们将这一运动称作韩瑟兰或萨利姆（Salim）运动，它意味着整体得以互利共生（making whole alive）。他们认为，资本主义和社会主义具有工业文明的共同特征，主张建构新的替代型文明，因为我们在工业体系下无法生存。到了90年代，这些思想和社会运动开始逐渐扩散。它们关注合作、社区、生态、生计、当地村庄、合作社、企业，并且独立于市场与国家。目前，韩瑟兰发展成为韩国最大的合作社，拥有500多名成员。我将这种运动称为生态替代运动。它们是生态的，因为它们的目的是人与自然的和谐共存；它们是替代型的，因为它们追求的是能够克服现有工业资本主义市场体系的新的替代型的制度与文化①。

环境运动的韩国特质

　　问：由于某些政治因素，20世纪80年代以来，韩国社会运动得到了蓬勃发展，而环境运动是其中的重要组成部分。韩国环境运动有其自身的特质，中国学术界对此也有很大兴趣。因此，我们安排了"环境运动的韩国特质"这一栏目，我们期望通过对您的访谈，能将韩国环境运动中有特质的内容呈献出来。我们关于这一主题的首个问题是，韩国环境运动产生的社会背景是什么？或者说，哪些社会因素促使了韩国环境运动产生和发展？

　　答：第一，诸如大气污染、水污染、固体废弃物污染和化学品问题等

---

① 如果对此感兴趣，相关详细内容参见论文：Ku Dowan, The Emergence of Ecological Alternative Movement in Korea, *Korean Social Science Journal*, Vol. 36, No. 2, 2009。

环境难题自 20 世纪 70 年代以来就已经非常严峻。这是环境运动产生的基础性因素。

第二，某些环境事故或环境灾难激起了环境运动。比如，1991 年发生于洛东江（Nakdong River）的苯酚泄漏事故是一场令人震惊的灾难。当时，供给大邱（Daegu）市民的自来水遭受了有毒化学物质苯酚的污染。人们针对污染企业的不满非常强烈。环保人士和民间社会领导者组织了抵制运动等活动。这起事故推动了环境意识、环境运动以及环境政策的发展。

第三，有关环保的国际话语和行动是环境运动发展的又一个背景。1992 年的里约峰会（联合国环境与发展会议）在韩国被媒体广泛报道。韩国的很多环保人士参加了会议，并深深地受到了全球社会朝向可持续发展的努力的影响。

第四，政治机会结构的剧烈变化是环境运动产生的积极因素。威权主义和独裁专政一度压制着有关环境问题的自由讨论和社会运动。这种政治结构在促进经济增长和资本积累方面一度是有效的，但是，它不可能根治环境问题。韩国 1987 年实行的民主化，开启了环境运动与政策的新时代。在民主制度的基础上，公共领域中的生态协商（ecological deliberation）得以成为可能。这种协商和沟通促进了环境意识的发展，而随着环境意识的增强，政府会为了政权的合法性而改进环境政策。

第五，公共协商和大众传播是推动环境运动发展的重要因素。正是在民主制度的基础上，公共领域的生态思考（ecological deliberation）得以成为可能，而这种思考与沟通提升了公众的环境意识。比如，在朴正熙时代（1961—1979 年），媒体有关污染的报道受到压制。学者探讨严重的污染状况的话，也会遭受警察的调查。在全斗焕时代（1981—1987 年），有关环境问题的公共研讨同样受到压制。然而，1987 年之后，我们开始享受言论自由。在 20 世纪 80 年代末期和 90 年代初期，诸如水污染、空气污染、环境疾病等很多严峻环境问题的报告，唤醒了公众的环境意识。国家媒体有关环境问题的报道数量自 1987 年以来迅速增加，其中，1992 年的报道量超过 1982 年到 1986 年间平均数据的 10 倍。简言之，有关环境问题的媒体传播是环境意识发展的重要背景。

第六，与实际问题和公共协商的社会程序一道，公众的环境意识得到了明显提升。与 1982 年的调查数据相比，1992 年的调查数据表明，公众对环境政策的有效性评价下降了，他们的环境关心水平提高了，他们的环境价值观和环保主义水平也提升了。当环境意识提升后，政府就需要为政权的合法性而改进环境政策。正是在较高的环境意识基础上，环境运动组织得到快速发展。在此背景下，有影响力的环境运动得以和强大的政府相抗衡。

总之，严峻的环境问题、可见的环境事故、国际事件和话语体系、开放的政治机会结构、大众传媒以及环境意识等是环境运动产生和发展的重要因素。其中，环境问题只是必要因素，它并不会自动引发环境运动。而当环保主义者可以很好地调动相对开放的政治机会结构中的民众怨气、环境意识以及大众传媒等资源时，环境运动就会得到发展。具体而言，韩国民众可以用自己的力量改变政治结构，而环境运动有助于改变这种结构。

问：在韩国的环境运动早期，运动的发起者和主要参加者是否遭遇过"合法性"危机？为了保证环境运动的合法性，环境运动方式是否发生了变化？

答：在 20 世纪 80 年代，韩国民主运动声势浩大。当时，有些反污染运动的领导人将自己称作是民主运动的积极分子，一些激进的社会活动家还认为社会主义革命能够同时解决环境问题和不平等。而环保主义者遭到了社会主义或左翼激进分子的抨击，因为他们对于解决资本主义和军事独裁问题不够激进。但是，诸如苏联等社会主义国家的垮台让社会主义或左翼激进分子备受冲击。

另一方面，1987 年的民主化大大改变了韩国的政治机会结构。因此，很多社会运动活动家改变了他们的思想和策略，朝向更加温和和现实的群众运动方向发展，这就是公民运动（citizens' movement），而不是民众运动（people's movement）——它是关注工人和农民的激进运动。他们认为，生态问题是世界范围的重要问题，从阶级层面而言，它们有不同的表现。这就是说，社会主义制度也存在导致环境危机的重要问题，因为它自身存在着同样的工业和官僚制度。

1987 年后，环保主义者可以自由地公开谈论环境议题，可以调动会员并帮助环境受害者。这种新的政治形势为社会运动提供了新空间。正如前面所谈到过的，环境事故、国际事件等都为新环境运动产生提供了良好契机。由此，环保主义者可以从公民、媒体甚至保守的传媒那里获得广泛的社会支持。在此背景下，环保主义者改变了他们的话语和策略，走向更加温和的和制度化的道路。传统反污染运动的策略改变或者新环境运动的出现，能够使它们获得众多支持，因为它们可以维持自己的影响力和合法性。

问：从 20 世纪 60 年代到 80 年代中期，韩国政府在发展经济中高度强调的是经济至上主义，确实取得了经济繁荣，并由此跻身于"亚洲四小龙"行列。那么，这种经济至上主义对环境运动产生了什么影响？

答：事实上，几乎所有的资本主义国家，都优先考虑经济增长和资本积累。而在独裁主义时期的韩国，它表现得尤为突出。

对于环境运动而言，经济增长意味着两个方面。一方面，它是环境问题产生的主要原因。另一方面，当人们享受经济增长带来的物质富裕的时候，后物质主义价值观或环境价值观会增强，而这种价值观是环境运动兴起和发展的重要源泉。在韩国，经济增长的这两个方面都是环境运动发展的原因。

从 20 世纪 60 年代直至 1987 年，为促进经济发展，韩国政府对环境运动予以了压制。然而，严重的环境问题日益成为政府合法性以及经济增长的负担。这是因为没有健康的生态条件（自然）和劳动力（人），经济自身无法运转。1987 年之后，韩国政府开始改变他们的策略，对环保主义者呈现出被动的包容趋势。而且，在 20 世纪 80 年代末期，经济富裕程度成为划分工人阶级和新中产阶级的标准。当时，公众的环境意识迅速提升。可见，经济增长同时导致了环境问题和新中产阶级。而且，那些对未遭受环境退化的高质量生活持支持态度的年轻一代和受过良好教育的新中产阶级（市民）开始参与到新环境运动中。

随着环境灾害的屡屡发生以及环境运动的发展，韩国政府感受到了需要更加积极地回应环境问题的政治压力。1990 年，环境行政管理办（Environment Administration）升格为环保部（副部级办公室），到了 6 月，1990 年被宣布为韩国的环保元年。同年 8 月，既有的《环境保护法》被扩展为六项法律，这是一项旨在加强环保法律框架的举措。这些法律包括《环境政策框架法》（*Framework Act on Environmental Policy*）、《环境污染纠纷调整法》（*Environmental Contamination Dispute Adjustment Act*）、《清洁空气保护法》（*Clean Air Conservation Act*）、《噪音和振动控制法》（*Noise and Vibration Control Act*）、《水质保护法》（*Water Quality Preservation Act*）以及《有毒化学品管理法》（*Management of Toxic Chemicals Act*）。此外，为环保政策奠定坚实的法律基础，韩国又通过了一系列的法律条款。尽管韩国在立法和政策方面做了很多努力，但环境状况的修复与改善依然很艰难。

需要指出的是，在 20 世纪 90 年代，当环境政策被加强时，经济增长与发展依然是一项政策要务。也就是说，发展和增长的目标从未发生过动摇。

问：如果与欧洲国家进行比较，您认为，韩国的环境运动的差异性体现在什么地方？

答：首先，韩国环境运动最初是以污染受害者运动即反污染运动的形式出现的。我前面已经谈到，这种运动后来转型为新环境运动。其次，在 20 世纪 80 年代，环境运动的领导者自称其是民主化运动的积极分子。有些领导者怀揣着生态社会主义的思想。环保运动组织的贡献不仅体现于环境质量改善和自然保护，还体现在民主化和环境治理中的公众参与。总之，韩国环境运动不仅是社会运动的一部分，还是政治民主化和非人类中心主义价值观这种文化变迁的推动因素。

欧洲新社会运动或新环境运动的理想类型是反体制政治。正如克劳斯·奥夫（Claus Offe）[①] 的观点，这是一项超越新法团主义（neo - corporatism）和传统劳工政治的社会运动。而韩国环境运动的议题、意识形态、主要行动者、资源动员方法和兴趣，不同于强调民族主义和政治民主化的旧式民主运动。具体来说，它并不反对法律和制度手段，还使用包括诉讼、游说等在内的各种资源动员方法。如果我们将欧洲新社会运动或环境运动称作反体制新政治（anti - institutional new poltics）的话，可将韩国的

---

① 当代德国著名社会学家和政治学家，西方著名的马克思主义社会福利思想家——访谈者注。

新环境运动称为逐渐制度化的新政治（gradually institutionalized new politics）。

环境运动中的社会维度

问：您认为，韩国环境运动的参加者有哪些类型，具有什么特征？

答：韩国环境活动家包括三种类型。一种是在 20 世纪 70 年代到 90 年代早期的民主化运动的积极分子。他们在 20 世纪 80 年代是激进分子，但到了 90 年代转型为温和的和现实的社会活动家。目前，他们的年龄在 45 岁到 60 岁。第二种类型具有类似的情况，但他们的目标主要在于构建生态文化，推动农民和消费者之间的合作以及社区建设，等等。前面所说的生态替代运动的参加者就属于此种类型。他们或多或少地不同于前者，他们感兴趣于合作经济、独立社区、新型生活方式和生态文化。还有一种类型是年轻的（二三十岁）环保活动家，他们具有不同的价值观、生活方式和开展运动的才能。目前，我还无法将这一类型的身份确定为一种特征。他们正努力开展更具创造力和趣味性的环境运动以及生态替代运动，而这不同于前述两种类型的参加者。他们比早期的环保主义者更具个性化。

问：我们比较关注环境运动中的性别结构。我们想知道的是，在韩国的环境运动中，女性扮演了什么样的社会角色？她们在环境运动中比较活跃吗？

答：女性在环境运动中扮演着重要角色。环保运动活动家认为，性别平等很重要。事实上，韩国很多大型民间环保组织的领导者和秘书长曾经都是女性。不仅如此，女性在反对诸如新万金填海工程（anti‑Saemangeum reclamation project）运动中一度并且现在仍很活跃。新万金填海工程建设始于 1991 年，至今仍在建设中。它的目的是通过利用潮汐滩地，建设长达 33 公里的海堤。政府部门认为，这项工程可以带动地方发展，因而全罗北道（Jeollabuk‑do）的多数人都会支持项目建设。但是，环保人士担心水污染、潮滩和鸟类生物多样性遭受损失。全国性的调查表明，民众对项目支持度没有预期的那么高。早期阶段，渔夫和渔妇都对针对这项工程的反建运动持支持态度。然而，当政府在公众联合调查结束后最终决定重启项目建设时，这项地方运动的声势减弱了，但当地的渔妇仍然支持针对新万金填海工程的抗议运动①。此外，家庭主妇还积极活跃于儿童环境健康运动、反核运动以及生态合作运动等领域。

问：在您看来，韩国的本土文化是否对环境运动的发生与发展产生了重要影响？

答：韩国有源自政治文化方面的平等，民主和人权是共同的价值。这些共同的价值是反污染运动的文化基础。另一方面，我们有自然保护的悠久传统。比如，佛教、道教学说和东学等都有保护自然的文化价值观。这些都对环境运动产生着影响。韩国的文化传统与中国具有相似性。具体而言，韩国的儒家文化与中国是相似的。此外，佛教文化和传统的万物有灵论也颇受民众欢迎。这些文化都强调人与自然的和谐共存。这种文化是韩国环境运动产生与发展的重要背景。对于反污运动而言，尽管这种文化不是重要推动因素，但在 20 世纪 90 年代和 21 世纪的自然保护运动领域是有效的，有些佛教僧侣和尼姑都积极参与了自然保护运动。

问：建构主义学者汉尼根（John Hannigan）曾指出，大众传媒在使环境问题"问题化"过程中发挥着重要的形塑作用，那么，在韩国，大众传媒在环境问题方面扮演了什么角色？

答：在 20 世纪 90 年代早期，大多数媒体都非常支持环境运动。当时，大众消费社会的到来产生了很多的环境问题（比如，水污染、空气污染，等等）。而与此同时，在社会民主化的影响下，公众更活跃地参与到公共话题讨论中，进而引起了公众对环境问题的反应与关注。随着社会的民主化，在 20 世纪 80 年代，那些经历了政治压迫和增长优先的观念的公民意识到"环境问题"就是"社会问题"，并且卷入到集体行动中。因此，环境问题在社会事务中占据着核心位置，环境运动从少数人领导的民主运动转为群众性的社会运动。在这个转变过程中，有关环境事件的媒体报道发挥了重要作用。

但到了 21 世纪，保守的大众媒体已经和主要的环境运动组织与环保活动对立起来。这是因为，民间环保组织和公民反对诸如新万金填海工程

---

① 针对这项工程而引发的环境运动详细情况，可参阅论文：Ku Dowan, The Korean Environmental Movement: Green Politics through Social Movement, *Korea Journal*, Vol. 44 No. 3, 2004。

和四河项目等大型建设项目。在韩国，保守的大众传媒与大企业和政府结成了强大的经济和政治联盟。例如，新万金填海项目的预算非常高，很多资本家、政客还有大众媒体都持有这个项目的股份。换句话说，这个项目对于资本建设和当地政客而言都是很好的机会。他们之间有很强的利益关联。这个建设联盟与保守的大众媒体有着相同的利益，保守的大众媒体与大公司、政府之间有很强的经济和政治联盟，我将之称为开发同盟（development coalition）。起初，保守的大众媒体关注的是人工湖的水质和生物多样性的缺失，所以他们在一定程度上对这项社会运动保持着中立或者支持态度。然而，当政府在暂停施工后最终决定重启堤坝建设，以及全罗北道居民强烈支持项目建设时，保守派媒体转变了态度，对环境运动中的社会组织加以批判，并非常明确地支持项目建设。四河项目也具有相似的情形。总的来说，我认为当环境运动批评并且试图改变开发同盟及其结构的时候，开发同盟和相关保守媒体就会对环保主义者加以批判。在这种情况下，公共领域的公共协商显得非常重要。当它被开发同盟私有化的时候，再发展生态民主就非常困难了。

问：韩国自20世纪80年代成立了很多NGO。那么，NGO在韩国的环境运动中扮演了什么角色？

答：以公民社会为基础的独立的NGO在20世纪80年代后期纷纷出现，它们在环境运动中扮演着关键性的角色。NGO将各种环境问题提上日程，影响政策变化，推动国际合作，并积极帮助污染受害者。总之，它们可以动员各种资源。此外，遭受环境损害的居民可以从环保NGO那里获得公共支持。

在20世纪90年代早期，大气污染和垃圾处理在大城市是非常严重的问题。1992年的里约峰会为提升公众对全球环境议题的关注提供了契机。在此背景下，八个区域性的反污染活动者组织在1993年联合成立了韩国环境运动联盟。这一行动意味着公众话语从"污染议题"转向了"环境议题"。随后，大众传媒争先报道环境问题的严重性。而公众环境意识的提高，进一步导致很多环保组织相继成立。除了韩国环境运动联盟，还有不少大型环境组织在20世纪90年代早期纷纷成立并且开展了许多活动，主要包括：绿色韩国联盟（1993年成立，合并了3个已有的组织）以及环保发展中心（Eco – Development Center，1992年成立）等。

问：在 20 世纪 90 年代，韩国环保运动组织就有了建党的想法。2000年以来，韩国的环保活动家开始模仿欧洲绿党模式，试图将环保运动组织升级为政党。2012 年 3 月，韩国绿党建立，但不久被迫解散。那么，您对此如何评价？

答：目前，很难说韩国的环境绿党失败了。这只是绿色政党政治的第一阶段，它已经得到了复兴，并且仍然活跃。2012 年，绿党在法律层面确实被解散了。但是，绿党成员和其他人认为，解散绿党的法律在大选中获得的是不足 2% 的选票，它违反了宪法。后来，宪法法院宣布该法律违宪。此次裁决之后，绿党可以再次使用其名称。然而，韩国保守的政治文化和选举制度仍然是绿党发展的主要障碍。

环境问题及其研究展望

问：您认为，韩国和全球的环境前景会比较乐观吗？

答：事实上，我是个悲观主义者。当经济形势比较好的时候，很多人愿意彼此帮助。而当经济形势变差时，人们会失去同情心，并对未来感到焦虑。在此背景下，一些右翼政客就会寻找机会鼓动民族主义。比如，日本首相安倍晋三属于保守党，极力鼓吹民族主义。我对世界和东亚的未来持担忧心态。虽然美国和中国的当前关系很好，但我并不确认未来会怎样。

然而，全球公民社会的成长可能是我们的希望。1999 年，在西雅图召开的世贸组织会议期间，爆发了大规模的反对全球化运动。之后，随着互联网的发展，很多民间社会组织相互连通。这些组织往往强调社会正义和环境可持续性。这些力量的增强或许会改变未来。

问：那您认为环境社会学的未来发展会如何？

答：环境社会学未来在很多方面都会有所发展。中国也有很多的环境问题和环境运动。中国环境社会学很可能会有很大的发展。日本也有很多的环境社会学家，他们擅长于某些问题的深入研究，而且，他们有很好的资源发展环境社会学。

而韩国虽然拥有优秀的环境社会学家，但年轻的环境社会学者并不多。不过，我们有很多年轻学者研究环境政策、气候变化政策以及能源政策。他们不是社会学家，但他们是社会科学家，他们也在发展自己的经验研究。得益于活跃的市民社会，韩国环境社会学得到了快速发展。很多环境社会学家在新生态范式基础上探讨了环境与社会的互动。绿色家园，生态民主，生命话题和运动，等等，都是不同于人类中心主义范式的生态概念或理论。然而，要达到公平和可持续的社会，韩国的环境社会学还有很长的路要走。

就环境社会学的未来发展而言，理论构建非常重要。环境社会学家需要寻找自己的理论背景。邓拉普（Riley Dunlap）曾指出，环境社会学不同于传统社会学，并提出了新生态范式。但是，环境社会学界此后并没有取得理论进展。尽管阿瑟·摩尔发展了生态现代化理论，但我并不认为这个理论实现了范式转换。我认为，我们需要采用新的方法论和新的分析框架，分析环境与社会之间的关系。简言之，理论发展是我们需要面对的重要议题。

问：您刚刚提到了美国的 HEP – NEP 范式以及欧洲的生态现代化理论，那么，韩国是否发展出了相应的环境社会学理论？

答：韩国还没有形成自己的环境社会学理论，但产生了一些概念。比如，我们在分析韩国政府时，提出了发展型政府（developmental state）这一概念。它所要表达的意思是，政府部门很强大，而市场部门力量薄弱。因此，为了发展和经济增长，政府动员了很多资源，由此破坏了生态环境和生活的基础。与美国和欧洲的国家相比，韩国政府的动员能力很强。因此，发展型政府是导致韩国环境衰退的主要原因。基于发展导向的官僚主义体系，韩国"强政府"的历史传统非常悠久。"强政府"体系由朴正熙政权建立。独裁体制的韩国采取唯发展主义的政治经济体制，制定专制的工业化战略。韩国政府调动大量资源促进经济发展。在这个过程中，自然生态系统遭到了严重破坏。大坝、公路、核基础设施建设以及开垦项目等等，都被政府在专制和民主的结合中建设和实施。在韩国，国会和政府无休止地实施了不必要的和不合理的建设项目，花费了纳税人的大量金钱，破坏了宝贵的土地。我认为，发展型政府在日本、中国甚至中国台湾地区都普遍存在着。发展型政府是导致环境破坏的主要因素。

最近，我和我的同事致力于如何寻找替代发展模型（alternative development model）。一方面，存在资本主义式的、以经济增长为导向的模型。

另一方面，也存在共产主义式的、深生态学的模型。但是，我们当前需要寻找的是第三条道路或者说是替代式的发展模型。为此，我们对德国、荷兰、英国等国家展开了分析和比较研究。在此基础上，我们提出了作为替代发展模型的"生态—社会发展"（eco - social development），它是在生态可持续范围内的达到社会公正的发展。当前，大多数政府依然聚焦于经济增长本身，但这既无益于社会公正，也无益于生态可持续性。因而，我们提出了"生态—社会"发展模式，既有益于社会公正，也有助于生态可持续性。为达成这种路径的实现，我们提出了相关策略。当前，韩国政府对经济和大企业情有独钟，为了纠正这种偏差，我们试图在公民社会中找到一些力量，比如，小型合作社和地方政府。在韩国，我们有不断增长的社会经济，比如，合作社、社会企业、社区企业等。例如，大约10%的原州（Wonju）市民（总人口是300000人）是合作社的成员。他们有合作的社会经济网络。它也孵化了一家医疗合作社和一个地区食品系统的新型合作社。如你所知，社会经济是不同于国家和市场的第三种经济。这是社会和个人都相互受益的。我认为这种社会经济可以生态可持续方式增殖。许多市民利用可持续的电力能源也是以合作社的形式进行运作。这是生态—社会共同发展的案例。我认为，如果生态—社会发展模型可以让市场在社会和生态层面变得更加友好，就可以使市场的某些方面变得绿化。在此基础上，人们就可以逐步改变政府和国家。

问：当前，中国的环境污染事件频发，由此导致环境抗争事件和社会冲突频频上演，中国学术界也正围绕这一社会问题开展田野调查与学术研究。那么，您认为韩国环境社会学界的研究对中国学者可以提供哪些经验借鉴？

答：韩国很多的环境社会学家都在为环保 NGO 工作。比如，李时载教授是韩国环境运动联盟的联合主席，我本人是该联盟政策委员会的主席。当我们研究环境运动或冲突时，我们秉持着科学的方法论和学术的有效性和可靠性精神。但是，作为公民，我们都积极参与环保运动。就我而言，我收集了运动活动家的大量数据，并在环境社会学基础上对其展开分析。这种研究可以作为环境运动的资源。另一方面，正是由于环境运动，环境社会学得到了茁壮成长。

我认为环境社会学家必须认真聆听公众和大自然的声音。大多数的污染受害者都是政治和经济方面的双重弱者。他们不能为了自己的生存和健康而实现资源动员。环境社会学家应该倾听他们的声音并且分析社会事实，并且致力于构建更加公平和可持续的社会。特别是，环境社会学家需要倾听大自然的声音。它没有人类的声音，但可以为我们提供有意义的信号。如果我们忽略这些信号，大自然会带给我们灾难。据此，我们需要扩展以人类为中心的民主以至生态民主。生态民主是人类后代和大自然的权利与福利的存在能够以一种参与的、慎重的方式进行的政治进程和实践。我认为，环境社会学家需要为了更加公平和可持续的未来找到新思路和新理论。

[**受访者简介**] 具度完教授，社会学博士，韩国环境社会学会会长。博士毕业于国立首尔大学，学位论文研究主题是韩国的环境运动。曾担任韩国环境研究所研究员、韩国环保部部长顾问、可持续发展总统委员会首席研究员等职务。出版多部（篇）关于环境运动和环境政策方面的著作与论文。目前的研究兴趣是生态民主和环境运动史。

[**访谈者简介**] 陈涛，社会学博士，河海大学社会学系副教授，硕士生导师，主要从事环境社会学、农村社会学研究；卢崴诩，社会学博士，河海大学社会学系讲师，主要从事理论社会学研究。

中国环境社会学学科发展的重大议题

——洪大用教授访谈录①

【导读】 中国环境社会学经历了从"无学科意识"到"有学科意识"的发展过程，学科建设取得了实质性成果。中国环境社会学界一方面致力于推动学科本土化；另一方面致力于提升学科的国际性水平。虽然中国环境社会学的国际影响力不断提升，但目前在整体上仍处于边缘位置。中国环境社会学发展面临着很多挑战，也有很多机遇，包括环境保护进入新阶段、社会学界重视、社会实践需求和相应的研究资源的增加。当前，需要进一步加强实践关怀和理论自觉，注重以整体的、历史的、辩证的和实践的方法论视角客观地分析中国环境问题，由此可能在未来形成环境社会学的中国学派。

环境社会学的概念与领域

陈涛（以下简称陈）：洪教授，您好！为了推动环境社会学学科建设，增进学术交流，陈阿江教授主持了以"什么是环境社会学"为主题的系列访谈，我非常荣幸能有机会对您进行专题访谈。对您的访谈，主要围绕"中国环境社会学学科发展的重大议题"这一线索展开。首先，请您谈谈"什么是环境社会学"。我将这个问题分解为两个小问题，一是如

---

① 本文根据陈涛博士前后两次对洪大用教授的访谈整理而成，并经洪大用教授审订。第一次访谈是 2013 年 11 月在河海大学召开的第四届东亚环境社会学国际研讨会期间完成的，第二次访谈是 2013 年 12 月在南京工业大学召开的"环境问题演变与环境研究反思：跨学科的交流"学术研讨会期间完成的，第二次访谈是对第一次访谈的补充与完善。本书出版前夕，访谈者对相关信息进行了更新。

何从学科意义上界定环境社会学？二是如何从通俗意义上让公众理解环境社会学？

洪大用（以下简称洪）：从学科角度讲，环境社会学包括以下几种定义。一是运用社会学的理论和方法研究环境问题，尤其是现代社会的环境问题。二是企图颠覆传统社会学甚至广义上包括社会科学的环境社会学，对应的英语叫作 environmental sociology。西方尤其是美国在 20 世纪 70 年代建构这个名词的时候，是用来批评社会学中的人类中心主义倾向的。环境社会学的始创者认为，传统社会学有很多理论流派，但万变不离其宗，都具有人类中心主义倾向。在此意义上，他们呼吁改变传统社会学的性格，广义上包括社会科学中的人类中心主义倾向。美国一些主要学者对环境社会学的理解，坚持的就是这个立场。第三种理解认为，环境社会学是研究环境和社会关系的一门学科，国内不少学者持这一立场。当然，这种关系所包含的内容很杂。我个人的立场是，环境社会学是研究环境问题的社会学，它是在承认环境与社会相互影响、相互制约的前提下，着重探讨环境问题产生的社会原因及其社会影响。需要指出的是，我们也重视批判传统社会学对环境问题的忽视，但这主要是美国等西方国家的情况。在中国，特别是社会学恢复重建以来，社会学家从来就没有忽视过环境问题。

对公众来讲，环境社会学就是我们作为社会学者怎么看待环境问题。以雾霾为例，公众最关注的议题主要包括两方面：第一，为什么产生；第二，有什么影响。就产生原因而言，既有自然原因，也有社会原因，我们可以从工业化、城市化以及气候变化等多个角度寻找原因。而从环境社会学的角度来讲，工业生产和废气排放只是一种结果，环境社会学需要回答的是：为什么要在这个地区发展工业？工业发展背后的社会逻辑是什么？我们循此逻辑思考就会发现，发展主义政府、企业、媒体以及知识界等等，都对片面追求经济增长与造成环境污染负有责任。

汉尼根（John Hannigan）在《环境社会学》[①] 这本教材中曾指出，西方社会学者一开始也充当着现代化的鼓吹者角色。他们建构了传统与现代的两极社会类型，有意无意地预设人类社会必然走向现代化。例如，孔德

---

① 约翰·汉尼根：《环境社会学》（第二版），洪大用等译，中国人民大学出版社 2009 年版。

（August Comte）就明确强调以秩序为基础，以爱为原则，以进步为目的。可见，传统社会学对工业革命以来发生的社会变迁多少抱着一种梦幻的态度，缺乏具有远见的反思。

简单地说，对公众来讲，环境社会学就是揭示环境问题与人类行为、发展理念、发展模式等之间关系的学问。环境社会学家要告诉公众，不仅要看到工厂排出的废水和废气，而且要追根溯源——为什么要建工厂？工厂为什么要建在这儿？工厂建设背后的社会文化逻辑是什么？环境社会学的这种"想象力"有助于增进公众对环境问题理解的全面性，也有助于从本质上解决环境问题。

此外，虽然从宏观角度而言，每个人对环境破坏都有责任，环境污染影响的是所有人，但环境社会学家还会告诉公众其中的结构性差异。比如，为什么发达国家的生态环境相对比较好？即使在中国，为什么也存在环境质量的区域差异？

因此，环境社会学涉及两个基本的分析角度——一是从整体角度关注环境与社会关系；二是从社会构成的角度研究环境与社会的关系——着重探讨环境风险分配的不平等性以及影响不平等分配的社会因素。

陈：对学科发展而言，研究对象的确立非常重要。在社会学学科创建阶段，孔德提出了"社会学"这个概念，而涂尔干（Emile Durkheim）明确了社会学的研究对象即社会事实。在"社会学经典三大家"序列中没有孔德，而涂尔干位列其中，这可能与涂尔干对社会学研究对象的确立有一定的关系。那么，环境社会学的研究对象是什么？今天，我们应该如何理解这门学科的研究对象？

洪：从学科发展的角度而言，肯定要界定研究对象。有的学者认为环境社会学所研究的是自然系统和社会系统的交叉区域，纯自然的和纯社会的系统其实都不是环境社会学的研究对象。环境社会学关注的是环境的社会化和社会的环境化这个交叉地带形成的"环境—社会"复合系统。

但是，若要更进一步地思考，不仅仅是环境社会学，很多环境社会科学都研究这个交叉区域。环境问题研究的综合性很强，越来越具有跨学科的特征，很难简单地明确每个环境社会科学的独立的、封闭的研究对象。而且，在现代社会，僵硬地划分研究对象的做法已经违背了现代社会科学发展的趋向和规律。我们不能过于强调那种封闭的、"唯吾独尊"意识，而是要着重体现学科研究特色，增强跨学科研究意识。那么，环境社会学研究有什么特殊性呢？事实上，环境社会学的特色更多地体现在研究视角的独特性，它关注社会结构和过程，关注社会组织和制度，关注社会文化与价值。所以，就环境社会学的研究对象而言，我们可以明确一个基本研究领域，就是环境与社会的交叉系统，但是，我们并不能局限于此，而是要体现出社会学分析的独特视角。

我认为美国环境社会学和欧洲环境社会学有很大区别。美国环境社会学的研究领域意识很强，学者们明确地意识到要探讨环境与社会的相互影响，在此共识下聚集了一批环境社会学者。但是，欧洲环境社会学更多的是 Environmental Social Science 这个概念，强调的是围绕环境问题开展社会科学研究，不过，欧洲环境社会学内部也存在差异。

其中，荷兰环境社会学家阿瑟·摩尔（Arthur Mol）及其团队开展的是跨学科的环境研究。摩尔本人以政策研究见长，他的研究涉及经济学、社会学和管理学等多个学科。其环境社会学研究最新进展，是关注信息技术发展如何在环境治理中发挥积极作用。信息技术的便捷化和网络社会的发展，让我们更好地理解诸如雾霾、农药高残留的危害，促进监管部门加强食品生产、流通、分配、销售等环节的监督和检查，也促使生产者和消费者调整相关行为。所以，信息技术发展能够重组物质流和信息流，进而促进环境治理。不难看出，这已经超出了环境社会学的传统研究领域。

而英国环境社会学似乎更加强调解构、建构以及话语分析。比如，在气候变化这一领域，他们关注的是"谁在说"、"谁在听"、"谁怎么说"、"谁怎么听"及其背后的权力和利益关系。可见，在不同的国家和地区，因为环境社会学的学术传统不同，也很难简单地框定其研究对象和领域。

环境社会学学科发展史与当前格局

陈：下面，我们对环境社会学的学科史进行梳理。从全球维度来看的话，环境社会学的学科史可以分为哪些阶段？

洪：从世界范围来看，我把它分为五个阶段。第一阶段是从社会学产生到 20 世纪 70 年代，这个阶段可以说是环境社会学的史前阶段。虽然没有明确意义上的环境社会学学科，但是，一方面，社会学的发展为环境社会学奠定了一些思想、理论和方法的基础；另一方面，也确实出现了一些关于环境问题和自然保护的经验研究。

第二阶段是整个 20 世纪 70 年代。这个阶段可以说是环境社会学学科的确立阶段。随着环境问题和生态危机引起全球关注，不仅相关的调查研究不断增加，而且像邓拉普（Dunlap）等人明确倡导发展专门的环境社会学学科，其标志性事件就是卡顿（Catton）和邓拉普 1978 年发表了一篇题为"Environmental Sociology：A New Paradigm"的文章，并在 1979 年的《美国社会学年评》中再次撰写专题文章。[①]

第三个阶段是 20 世纪 80 年代。随着新自由主义思潮在欧美的盛行，环境保护思潮在一定程度上遭受抑制，美国政府的态度也发生变化，环境社会学的研究空间和可用资源都比较有限。相对于 70 年代的勃兴，整个 80 年代环境社会学学科一直比较低迷，以至于一些人开始退出这个圈子，但是依然有一些中坚力量在坚守，他们从更加深入的反思与交流中推进环境社会学学科的发展。

第四个阶段是 20 世纪 90 年代。随着全球气候变暖议题进入公众视野，全球性的环境变化再度抓住人们的眼球。联合国在 1992 年召开的环境与发展大会，更是将环境议题提到了新的高度，学术界对于环境问题的研究热情也再度被点燃，环境社会学在学术共同体中也得以迅速发展。特别是，在此阶段，区域性的环境社会学研究已经开始向全球扩散了，如北美的环境社会学扩散到欧洲、东亚等地，日本的环境社会学研究也引起了欧美和中国的关注。国内早期介绍西方环境社会学的两本教材都是在 90 年代末期出版的。[②]

21 世纪以来，可以说是环境社会学发展的第五个阶段。这个阶段有两个重要现象值得关注：一是一些发展中国家在发展过程中造成的国内、

① 参见 W. R . Jr. Catton and R. E. Dunlap, 1978, "Environmental Sociology: A New Paradigm", American Sociologist, 13：41—49；R. E. Dunlap and W. R. Jr. Catton, 1979, "Environmental Sociology", Annual Review of Sociology, Vol. 5；243—273.

② 参见［美］查尔斯·哈珀，《环境与社会——环境问题中的人文视野》，肖晨阳等译，天津人民出版社 1998 年版；［日］饭岛伸子，《环境社会学》，包智明译，社会科学文献出版社 1999 年版。

国际层面的生态环境影响受到了广泛关注，特别是西方环境社会学者的关注，他们中的一些人开始研究中国、印度、巴西、南非、越南等新兴工业化国家的环境问题与环境治理；二是环境治理的全球化进程日益加速，特别是信息技术的快速发展，不仅改变着环境信息的传播方式，也对各国环境治理的条件与模式选择有着重要影响。在此阶段，全球合作解决环境问题变得更加迫切，同时也更加艰难。与此同时，全球性的环境社会学社区也在不断扩大和深化，其中，中国环境社会学的快速发展也是本阶段环境社会学发展的重要组成部分。

陈：那么，环境社会学在学科发展史中形成了什么样的研究格局？比如，产生了哪些主要研究议题？形成了哪些核心的研究区域？

洪：在不同的发展阶段，环境社会学有着一些共同的、持续性的议题，即环境问题的社会原因、社会影响以及社会反应。但是，也可以说在不同的发展阶段，环境社会学关注的议题各有侧重。

在20世纪60年代末70年代初期，当环境问题浮现在公众面前时，人们最关心的是它们因何而生？所以学术界的一个核心关切是解释环境问题的社会原因。最初是从人口增长、技术进步方面找原因，后来又考虑到生活消费因素，再进一步发展出人类生态学的理论解释以及制度层面政治经济学解释、世界体系理论解释，等等，都在试图解释环境问题产生的复杂的社会动力机制。

到了80年代，学者们在继续探讨环境问题的社会原因的同时，又更加呈现了一个新的核心议题，这就是环境问题作为一种外部变量，对社会系统有什么样的影响？这里包括了两个方面以及相应的两个主要的理论解释：一是环境危害或风险的社会分配问题。是不是社会成员均匀地承受了这种危害或者风险呢？社会学的研究表明不是这样，一些人比另外一些人可能更多地被暴露在环境风险之中，比如说美国大多数垃圾处理设施是建在黑人社区附近的。由此，学者们提出了环境公正理论。二是环境问题是否会直接地激起社会系统的真实反应？也就是说，是否所有的环境问题都能够像照镜子一样被社会系统照下来？社会学的研究表明也非如此，社会系统对于环境问题的传导是选择性的，有些问题被关注并进入政策议程，有些问题则被长期漠视。由此，社会学家们提出了社会建构理论来解释环境问题的差异化的社会影响及其社会机制与过程。

在历经 70 年代、80 年代之后，环境问题在一定程度上已经被广泛接受为一种客观的社会事实，简单地盲目乐观或是悲观都无济于事，各国各地区面临的急迫问题是如何改善现实的环境状况或者如何总结环境治理的经验并加以推广。虽然在新的阶段对于环境问题之社会原因与社会影响的研究仍在继续，但是，第三个核心议题——环境治理——呈现出来，并且出现了影响广泛的一些理论模式，例如，生态现代化理论、风险社会理论，等等。生态现代化理论反驳早期关于环境问题的激进的、悲观的社会理论解释，坚信现代性可以朝着有利于保护生态环境的方向转化，而且事实上这样一种进程已经在西欧一些国家和地区发生了，并且具有全球推广的价值。风险社会理论则提供了人们看待现代社会发展的另一种视角，强调传统现代性发展与全球风险社会之间的某种必然联系，主张重塑风险（包括环境风险）管理体制与机制，推进反思性现代化。虽然这些理论仍在发展之中，但是已经产生了比较广泛的影响。

需要注意的是，环境社会学在其发展的过程中已经形成了一些研究中心。当然，这个中心是在发展变化的。根据我的了解，在全球范围内有三个区域的环境社会学研究比较发达。一是北美，特别是美国，这是环境社会学学科的诞生地，有一个规模较大的、学科意识很强的学术群体，也有一些学术杂志和定期的学术会议，孕育了人类生态学、政治经济学、社会建构论、环境公正论、世界体系论等重要的理论流派。

二是西欧，尤其是荷兰，也包括英国和德国等国家。其中，荷兰瓦赫宁根大学（Wagenigen University）是个学术重镇，该校环境政策系的首席教授摩尔是环境社会学的著名学者，曾经担任国际社会学学会环境与社会研究委员会主席。可以说，他已经创建了一个以生态现代化理论为中心的环境政策学派，对环境治理进行了广泛的研究，包括对中国环境治理的研究，也在国际上产生了广泛的影响。而德国社会学家贝克（Ulrich Beck）和英国社会学家耶利（Steven Yearley）则对风险社会论、社会建构论做出了重要贡献，也被应用于环境社会学研究中。

三是日本，一个比较特殊的环境社会学社区，其环境社会学会有 600 名注册会员，据说是该国社会学社区中的最大学术团体。该国环境社会学具有三大特色：在本国社会学研究中诞生、直面本国环境问题、发展本土性的理论解释。有的研究者已经总结指出：日本的环境社会学已经积累了受益圈/受害圈理论、受害结构论、生活环境主义、社会两难论、公害输出论和环境控制系统论等理论流派。若从研究时间上看，日本的环境社会学可以追溯到 20 世纪 50 年代，但是成长为一门独立学科也是在 70 年代末、80 年代初①。

　　当然，世界其他地方也有不少学者从事环境社会学研究，比如说澳大利亚、巴西等地，其中澳大利亚学者在资源使用和管理方面的社会学研究也有重要影响。澳大利亚国立大学的斯图尔特·洛基（Stewart Lockie）就是现任国际社会学会环境与社会研究委员会主席。随着中国环境问题与环境治理的发展，中国环境社会学成长也很快，相信未来会成为一个新的研究中心。

　　陈：费孝通先生在社会学学科重建阶段，就学科建设提出了"五脏六腑"的基本框架。其中"五脏"是成立中国社会学会、社会学的专业机构、教学机构、图书资料、出版社和刊物。对照费老的"五脏说"，我们发现中国环境社会学在这些方面已经取得了实质性成效。这其中很多工作都是在您的直接推动下实现的，您对中国环境社会学的学科发展做出了重大贡献。此外，在当前的环境社会学学术共同体中，"60 后"研究团队相对固定，而"70 后"和"80 后"队伍增长很快，中国环境社会学研究呈现出欣欣向荣的局面。那么，从学科发展的角度而言，您如何看待中国环境社会学的发展成就？

　　洪：中国环境社会学的发展是大家共同努力的成果，是中国社会学学术共同体快速发展的自然产物。在 20 世纪 90 年代中期之前，中国环境社会学发展可以说是个没有学科意识的自发阶段。在此阶段，虽然环境问题的社会学研究已经展开，比如，麻国庆教授和卢淑华教授分别开展了草原环境和城市大气环境研究，但是，当时学科意义上的环境社会学还不存在。此后，特别是 2000 年以来，具有学科意识的环境社会学研究逐步得到强化。应该说，2007 年②是个具有标志性的年份，此后不仅形成了明确

---

　　① 　参见包智明《环境问题研究的社会学理论——日本学者的研究》，载《学海》2010 年第 2 期。

　　② 　2007 年，首届中国环境社会学国际学术研讨会在北京召开。

的学科意识，学科建设也采取了很多具体行动。

第一，组织机构和研究平台建设取得了实质性成效。一方面，我们改组成立了中国社会学会环境社会学专业委员会。另一方面，环境社会学的研究平台纷纷建立。比如，中国人民大学在 2009 年建立了环境社会学研究所，河海大学在 2010 年成立了环境与社会研究中心。此外，不少高校社会学系加强了环境社会学方向的硕士和博士培养，人才培养取得了实质性进展。总体来看，环境社会学研究机构的数量增长了，层次提高了，人才培养规模增长较快。

第二，学术交流形成了制度化机制。2006 年，中国人民大学主办了首届中国环境社会学学术研讨会，随后逐渐规范化和制度化。河海大学、中央民族大学和中国海洋大学分别于 2009 年和 2012 年主办了第二届、第三届和第四届中国环境社会学学术研讨会。国际交流方面，在 2007 年中国环境社会学首届国际学术研讨会上，经中日韩三国和我国台湾地区环境社会学者集体协商，形成了东亚环境社会学交流网络。2008 年在日本东京举办了首届东亚环境社会学国际学术研讨会，2009 年在台湾地区举办了第二届研讨会。其后，每两年举办一届，2011 年在韩国富川，2013 年在中国南京，2015 年在日本仙台。

第三，图书资料建设和信息共享取得新进展。我们翻译了一批国外环境社会学的经典著作和教材，同时，国内环境社会学者也出版了一批著作和教材。就全国信息共享的角度而言，中国环境社会学网①的建立意义重大，对于推动信息共享、促进学术交流以及凝聚学科共同体力量促进学科建设，具有重要价值。

第四，我们通过"以书代刊"形式出版了环境社会学刊物。我本人在 2007 年主编出版了《中国环境社会学：一门建构中的学科》②，这是首届中国环境社会学学术研讨会形成的成果。现在，环境社会学专业委员会会刊已经确定，这就是以书代刊形式出版的《中国环境社会学》，2013 年

---

① "中国环境社会学网"是中国社会学会环境社会学专业委员会主办，由中国人民大学环境社会学研究所承办的专业网站，其宗旨是"促进环境社会学研究、推动生态文明建设"，网址为 http：//ces. ruc. edu. cn/。

② 洪大用主编：《中国环境社会学：一门建构中的学科》，社会科学文献出版社 2007 年版。

出版了第 1 辑①。

总之，中国环境社会学取得了快速发展和实质性的进步，不仅是"60 后"的学者，很多"70 后"、"80 后"学者也做出了重要贡献。青年人的踊跃加入，表明这个学科充满朝气和希望。目前，中国环境社会学发展的内外部条件确实得到了很大改善。一是中国社会学会领导更加意识到了这门学科的重要性，给予了积极支持。二是中央推进"两型社会"特别是生态文明建设的实践，为环境社会学的快速发展提供了重要契机。

陈：我们刚刚梳理了环境社会学学科史，就您个人的环境社会学研究历程而言，我觉得您关注的核心问题是环境社会学学科建设。而在经验研究方面，按照主题词归纳的话，您的研究似乎遵循了"环境意识→环境关心→环境组织→气候变化→生态文明"的学术轨迹。不知这种归纳是否妥当？您如何看待您自己的学术历程？

洪：大体上如你所说，但是我所做的一切其实都是围绕中国环境社会学的学科建设和促进中国的环境治理。与国外环境社会学和国内环境法学、环境经济学等其他环境社会科学相比，中国环境社会学还是一门比较年轻的学科。这门学科的发展既是社会学学科发展的需要，也是环境保护实践的需要，必须要有学者去推动。推动中国环境社会学学科建设，是我对自己学术发展的重要定位。而要推动这门学科建设，就必须跟踪国际学术前沿、结合国内重大实践问题。基于此，我开展了一些相关的学术研究。

我早期提出的"社会转型范式"，可以看作一种研究中国环境与社会关系的基本视角②，其所表达的核心意思是需要具体地分析环境与社会关系，比如说在中国权力非常集中的体制安排下，如何谋求政府、市场和公众参与的相互协调，共同推动环境保护。我的大致观点是，要辩证地看待

① 柴玲、包智明主编：《中国环境社会学》（第一辑），中国社会科学出版社 2014 年版；崔凤、陈涛主编：《中国环境社会学》（第二辑），社会科学文献出版社 2014 年版。

② 运用社会转型视角看待中国的环境问题与环境保护，主要体现在以下几个方面：一是当代中国社会转型凸显了环境问题；二是当代中国社会转型加剧了环境问题；三是当代中国社会转型加剧了环境治理的难度；四是当代中国社会的转型也为改进和加强环境保护提供了新的可能。洪大用：《社会变迁与环境问题——当代中国环境问题的社会学阐释》，首都师范大学出版社 2001 年版，第 86 页。

中国社会转型的环境影响，既要看到社会转型加剧了环境破坏，也要看到社会转型带来了环境保护的新形势，为通过组织创新和结构优化促进环境保护提供了可能。应该看到，随着社会转型的加速，原有的总体性的社会结构在逐步松动，为经济、社会乃至政治领域的组织创新提供了可能的空间。

组织创新所要表达的理论含义是，顺应社会重组的趋势，转换某些原有的组织功能，强化某些原有组织（如司法组织）的功能，开放新的组织资源（如大力发展 NGO），重建濒临瓦解的组织（特别是社区组织）。简单地说，就是要促进现有社会组织结构的变革和功能转换，改进环境治理的组织基础，进一步促进公众参与环境保护和可持续发展[①]。在 20 世纪 90 年代，中国社会转型的这种辩证趋势还不太明显，现在已经是越来越清晰了。所以，"社会转型范式"表达的是要关注中国社会结构性变化，它既给环境保护带来了挑战，同时也带来了机遇。这是我早期对中国环境问题开展理论研究方面的一个重要成果。近期的理论研究已经扩展到中国环境治理模式、生态现代化与生态文明建设等领域，中国人民大学出版社出版的《生态现代化与文明转型》[②] 是这方面的集中反映，它也是国家社科基金重点项目《生态文明的环境社会学研究》的最终成果。

在经验研究方面，虽然我有一些比较广泛的涉猎，但是焦点始终是公众的环境意识和行为，我认为这既是具有环境社会学学科特色、关乎环境社会学基本命题的研究课题，也是对环境治理实践具有重要现实意义的课题。我早期使用的是"环境意识"这一概念，后来为更好地开展国际交流和学术对话，我逐步用"环境关心"这一术语替换了"环境意识"。可以说，在这个领域，我和我的学术团队的研究已经奠定了不错的基础。从 1995 年、2003 年、2010 年到 2013 年，我们已经积累了连续性的数据库，并发表了不少的学术论文。最近的一本专著——《环境友好的社会基础》[③]，是我们在该领域研究的一个结晶。

---

① 详细内容参见洪大用：《社会变迁与环境问题——当代中国环境问题的社会学阐释》，首都师范大学出版社 2001 年版，第 255—265 页；洪大用：《试论改进中国环境治理的新方向》，《湖南社会科学》2008 年第 3 期。

② 洪大用、马国栋：《生态现代化与文明转型》，中国人民大学出版社 2014 年版。

③ 洪大用、肖晨阳等著：《环境友好的社会基础》，中国人民大学出版社 2012 年版。

　　无论是理论研究，还是经验研究，其实都服务于我个人的一点学术抱负，那就是通过扎扎实实的研究推进中国环境社会学学科建设。我很荣幸，我的工作得到了一些学者的支持和认可，包括一些社会学之外的学者，也吸引了一些年轻人加入我的学术团队。

环境社会学的本土化与国际性

　　陈：在有"学科意识"的发展历程中，中国环境社会学一方面致力于积极引进西方研究成果，另一方面也很强调本土化。那么，在推动环境社会学的本土化历程中，学术界开展了哪些工作，取得了哪些成就？

　　洪：中国环境社会学的发展既是本土的，也是国际的。表面上看，环境社会学这门学科是个舶来品，但是实际上主要是国内实践的需要。国内学者一直在致力于推动环境社会学的本土化，并取得了较为明显的成效。

　　首先，中国环境社会学是在直接回应中国环境问题的过程中产生和发展的，学者们希望提供观察、分析和解决中国环境问题的不同视角和路径。

　　其次，中国环境社会学的研究内容是本土的，主要面向的是本土环境问题，例如公众环境意识、水污染及其治理、海洋开发与环境保护、草原生态退化与环境保护、民间环保组织建设，等等。综观这些研究，都不是简单地在西方环境社会学研究后面跟风，而是紧紧围绕中国现代化进程中的重大环境问题与公众的重大关切而展开，体现了中国环境社会学界的现实关怀。

　　再次，中国环境社会学者在研究过程中所使用的方法和思维模式具有一定的本土性，我们首先是中国人，共享着中国的文化价值。同时，我们在定量研究方面与西方学者相比还有一定差距。我们更多的研究是基于个案的定性分析以及政策取向的研究。

　　最后，中国学者初步的理论创新也体现了本土特征。比如，我本人有关"社会转型范式"的研究[①]，陈阿江教授有关"文本规范"与"实践

---

　　① 洪大用：《社会变迁与环境问题——当代中国环境问题的社会学阐释》，首都师范大学出版社 2001 年版。

规范"的探讨①，包智明等学者在草原环境问题研究中提出的理论解释——在自上而下的生态治理脉络中，地方政府集"代理型政权经营者"与"谋利型政权经营者"于一身的"双重角色"，使环境保护目标的实现充满了不确定性②，张玉林教授有关"政经一体化"的分析③，林兵教授在对西方社会学理论反思和批评基础上提出的理论建构④，沈殿忠教授关于环境社会学学科的理论主张⑤，等等。今后，我们还需要在这些方面加强深入研究，进一步推动中国环境社会学的理论创新，提炼出具有更强解释力的学术观点，由此形成具有中国特色的环境社会学理论流派。

陈：随着中国环境社会学的快速发展，我们不仅需要"引进来"——引进西方的最新学术成果，而且需要积极地"走出去"——推动中国环境社会学的国际化，提升中国环境社会学的国际性。目前，随着东亚环境社会学网络的建立，中国环境社会学的国际化已经取得了一定的成绩，国内学者交往的学术圈得到了很大扩展。那么，中国环境社会学的国际学术影响力是否有所提升？我们在提升国际性方面取得了哪些成绩？

洪：中国环境社会学的国际化进程与本土化进程是并行不悖的。自有"学科意识"以来，中国环境社会学界就非常重视提升国际性水平。

首先，中国环境社会学的发展很开放，我们乐意接受国际上已有的优秀成果，我们对国际学术界的前沿问题保持密切的关注，并抱着虚心学习的态度。在一定意义上，中国环境社会学的发展有着后发优势，是站在一个比较高的学术起点上。

其次，中国环境社会学已经进入了国际学术社区。就与欧美学术社区的交流而言，我们在近年来取得了一些实质性的成果。在东亚地区，这种交流的成效更为明显。我们已经建立了东亚三国四地的环境社会学网络，并成功举办了四届东亚环境社会学国际学术研讨会。目前，这一学术会议

① 陈阿江：《文本规范与实践规范的分离——太湖流域工业污染的一个解释框架》，《学海》2008 年第 4 期。

② 荀丽丽、包智明：《政府动员型环境政策及其地方实践——关于内蒙古 S 旗生态移民的社会学分析》，《中国社会科学》2007 年第 5 期。

③ 张玉林：《政经一体化开发机制与中国农村的环境冲突》，《探索与争鸣》2006 年第 5 期。

④ 林兵：《环境社会学理论与方法》，中国社会科学出版社 2012 年版。

⑤ 沈殿忠主编：《环境社会学》，辽宁大学出版社 2004 年版。

已经制度化。与此同时，国内学者开始在国际环境社会学组织中任职。比如，我本人就担任了国际社会学会环境与社会研究委员会（ISA—RC24）的执行理事以及一些英文学术期刊的匿名评审人。最近，RC24 创办了国际环境社会学杂志，我也在其中担任编委会委员。

再次，我们在教师交流和学生互派方面取得一些进展，国内环境社会学者的赴国外进修学习的越来越多。据我所知，我们与美国、日本、澳大利亚、德国、英国等国家的研究机构和高校都有教师交流。特别是，在国家留学基金委资助下，很多学生到美国、日本等国家攻读学位或者接受联合培养。在"走出去"的同时，我们也邀请国外环境社会学家来华访学。比如，美国环境社会学奠基人赖利·邓拉普、荷兰环境社会学家阿瑟·摩尔等。

复次，国内学者的国际发表有所突破，并且有不断增加的趋势。学术成果的国际发表是扩大中国环境社会学国际影响力，提升其国际性的重要渠道。国外学术圈之所以不太了解中国大陆的环境社会学研究，与我们的外文学术发表匮乏有关。近年来，国内学者开始在国际学术期刊发表论文。比如，我本人与美利坚大学社会学系的肖晨阳博士、美国环境社会学家邓拉普以及密歇根州立大学的有关学者一起，已经合作发表了数篇英文论文[1]。另外，法国《环境社会学年鉴》收录了我的一篇介绍中国环境社会学的文章[2]。国际社会学会环境与社会研究委员会现任主席斯图尔特·洛基主编的《社会与环境变迁手册》也收录了我的一篇学术论文。[3]

---

[1]　参见 The Nature and Bases of Environmental Concern among Chinese Citizens, in SOCIAL SCI- ENCE QUARTERLY, Volume 94, Number 3, September 2013, DOI: 10. 1111/j. 1540— 6237. 2012. 00934. x; Gender and Concern for Environmental Issues in Urban China, Society and Natural Resources, Volume 25 Issue 5, 2012, June; Effects of attitudinal and sociodemographic factors on pro - environmental behaviour in urban China, pp. 1—8. Environmental Conservation 2011 doi: 10. 1017/ S037689291000086X; Gender differences in environmental behaviors in China, Population and Environ- ment (2010), Volume 32, Number 1, 88—104, ISSN 0199—0039.

[2]　参见 L'evolution de la sociologie chinoise de l'environnement, pp. 343—350, Sous la direction de Remi Barbier et al. Manuel de Sociologie de L'Environnement, Presses de l'Universite Laval, 2012.

[3]　参见 China's economic growth and environmental protection: Approaching a "win - win" situa- tion? —A discussion of ecological modernization theory, with Chenyang Xiao and Stewart Lockie, pp. 45—57, in Stewart Lockie et. al. Ed. Routledge International Handbook of Social and Environmental Change, London & New York: Routledge Taylor & Francis Group, 2014.

最后，我已经注意到在国外学习环境社会学的人回国工作者日渐增多，这是中国环境社会学国际性提升的又一个重要表现。比如，中国人民大学、清华大学、厦门大学、中山大学、南京大学、西安交通大学等高校都引进了这方面的青年学者，他们将成为推动中国环境社会学发展的新鲜力量。

整体上看，我认为国际学术界越来越关注中国环境社会学的发展，对我们的了解也更多。中国环境社会学的国际性在不断提升，特别是在东亚的区域性影响力有了很大提升。这当中，2007 年召开的中国环境社会学国际学术研讨会，是一次标志性事件。当时，国际环境社会学界的很多重要学者都来到了中国，他们由此开始了解中国环境社会学的发展状况。可以说，我们把成就与不足都让国外学者看了。坦率地说，从那以后，我们取得了更多的成就，但是很多不足依然存在，与国际学术界的期望和水准相比还是有很大差距。

陈：国际化进程的加快对于提升中国环境社会学的学术影响力和国际话语权非常重要。那么，在国际化的过程中，中国环境社会学处于什么位置？中国环境社会学在国际化历程中，还面临哪些挑战？

洪：中国环境社会学正在积极地步入国际学术社区，也在国际社会特别是东亚地区产生了较好的影响，但是，整体而言，中国环境社会学在国际学术圈仍然处于边缘位置。

目前，我们面临着以下几个大的问题。第一，相对于日本、北美和欧洲而言，中国环境社会学团体会员的规模并不大，人才储备还很不足。第二，知识准备不足。中国环境社会学还是个年轻学科、弱势学科，发展的时间并不长，取得的成果依然有限。第三，理论创新不足。中国有着很好的发展环境社会学的条件与土壤，但是目前具有国际影响的重大理论创新成果还是几近于零。第四，国内学者参与国际交流的积极性不强、参与度不够。目前，学者们比较积极地参与国内学术会议，但对国际学术研讨会的参加并不积极。第五，国际发表不足。目前，中国环境社会学者在国际刊物上的发表非常少，尤其是在英文重要期刊发表的成果有限。第六，自然地，中国学者也没能获得国际环境社会学界的重要奖项。比如，迄今为止，中国环境社会学界还没人问津"巴特尔杰出环境社会学奖"（Frederick H. Buttel International Award for Distinguished Scholarship in Environmental

Sociology）。所以，在提升国际性方面，中国环境社会学还有非常大的空间，还要付出更多努力，要求我们更加积极主动地融入国际学术社区。

环境社会学发展的挑战与机遇

陈：所谓"它山之石，可以攻玉"，作为一门对西方借鉴较多的学科而言，关注西方环境社会学发展中遭遇的挑战对我们的学科建设颇有裨益。反观西方环境社会学的发展历程，我们发现它也曾遭遇很多挑战和困境。比如，美国环境社会学发展中曾经历了崎岖和困境，特别是在 20 世纪 80 年代早期，环境社会学陷入困境和衰退阶段。在您看来，西方环境社会学学科发展中的主要挑战是什么？

洪：首先，美国环境社会学发展之初面临的最重要挑战是学科合法性问题。美国社会学中的人类中心主义倾向很明显，邓拉普、卡顿和巴特尔（Frederick H. Buttel）等学者当年是在向社会学学科发起挑战的基础上构建环境社会学学科的。但是，三十多年过去了，环境社会学思想并没有成为社会学的主流思想。在社会学的大家庭中，环境社会学依然是个比较边缘的学科，只是已经被接纳、被关注了，成为了一个重要研究领域。目前，这种境遇似乎有所改变。特别是，随着气候变化和全球环境议题的浮现，美国社会学会意识到社会学界需要系统性地正面回应这一现实问题。于是，专门组织了环境社会学者研究。主流的社会学杂志刊发环境社会学文章也越来越多。

其次，西方，特别是在美国，20 世纪 80 年代环境社会学遭遇困境，与其激烈的理论主张也是有关的，例如，政治经济学理论的一些主张，这些主张不符合自由资本主义的价值，也难以为广大的民众所接受。

再次，随着世界发展格局的变化，环境议题越来越多地与发展中国家联系在一起，因此，西方环境社会学如何摆脱其"西方中心论"色彩，更多地倾听发展中国家的声音，也是一个重要的现实挑战。西方环境社会学如何有效解释占世界人口五分之一的中国在工业化进程中出现的环境问题以及环境治理实践，这就是一个巨大挑战。

复次，欧洲环境社会学在一定程度上似乎面临着身份迷失的风险。美国环境社会学虽然内部研究多样化，但高度认同环境社会学学科建制。而欧洲环境社会学更多地是以环境问题和政策为中心，学科界限比较模糊，学术圈集合了环境经济学、环境政治学等很多跨学科的学者。

最后，在处理与资源社会学、生态人类学等有密切亲缘关系的学科关系方面，西方环境社会学可能也面临着挑战。

陈：在初创阶段，任何一门学科都会面临很多困境，比如，学科的合法性等问题。中国环境社会学已经经历了从"无学科意识"到"有学科意识"的发展历程，那么，在学科发展过程中，我们还面临哪些困难和挑战？

洪：中国环境社会学也是在不断回应挑战中逐步成长的，这种挑战主要来自两个方面：一是学术层面；二是实践层面。

在学术层面，首先，作为社会学的分支学科，环境社会学需要向主流社会学证明自己的价值，要证明它能对环境问题和环境治理实践进行有效的学术回应，而且有相当高的学术水准。这是在社会学学科内获得学术同行认可、获得合法性与话语权的重要前提。目前的中国环境社会学还很弱小。其次，组织基础。中国社会学会原来有个名为人口与环境社会学专业委员会的二级分会，我们通过积极努力将它发展成为环境社会学专业委员会。在此过程中，我们得到了许多社会学前辈和中国社会学会领导的大力支持，克服了诸多挑战和困难，但是目前组织基础还很薄弱。再次，学科之间的关系。环境社会学需要与其他环境社会科学（比如，环境经济学、环境法学，等等）具有明确的相互区别的研究视角。因此，环境社会学在发展中，还面临着与其他环境社会科学之间的互动和竞争问题。最后，关键挑战还是人才。中国环境社会学目前仍然处在探索和起步阶段，研究队伍力量不足，研究者的知识背景和研究议题过于多样化。多样化彰显了环境社会学富有生命力和活力的一面，但也对形成共识、相互切磋和共同提升带来了一定的挑战。

在实践层面，环境社会学面临的挑战在于你能不能有效地解释中国实践、促进中国实践？发表文章著作再多，如果没有很好地回应实践中的真问题，环境社会学就不能获得快速发展。

陈：那么，就未来十年甚至更长时间而言，中国环境社会学面临着哪些困难？

洪：其实上面已经部分地回答了这个问题。在当前和未来一段时间内，中国环境社会学面临的困难大致可以概括为两点。

一方面，具有重大影响力的科研成果难得。当前，中国环境社会学界开辟了很多研究领域，论文发表越来越多，但是，具有广泛社会影响，能够奠定这门学科基础的代表性著作和论文依然不足。在学科初创阶段，我们可能会步入歧途——在一片空白的情况下可能容易发表成果，能局限在某些小问题上做些研究，但这样会脱离大的宏观进程。正像一些老前辈说的，有时候我们可能在"立地"方面立得很足了，但是我们没有实现"顶天"，这样慢慢地就自我矮化了。因此，如果不能看到宏大的政策议题，不能对现实问题做出有效回应，对学科发展而言就是非常不利的。中国环境社会学者既要提高科研水平，还要通过学术研究产生实际的政策影响。

另一方面，中国环境社会学的队伍建设和人才培养还存在很大不足。总体上看，环境社会学的专业人才非常匮乏，人才培养方式、培养内容有待进一步完善。当前，我们需要对人才培养模式加强反思，探讨如何培养高质量的人才、如何让青年学者尽快成长，进而推动环境社会学学科更快地、更好地向前发展。

陈：近年来，中央政府越来越强调从制度层面加强环境保护。中共十八大报告首次把生态文明建设提升至与经济、政治、文化、社会四大建设并列的高度，列入中国特色社会主义"五位一体"的总体布局。十八届三中全会通过的《中共中央关于全面深化改革若干重大问题的决定》强调，建设生态文明，必须建立系统完整的生态文明制度体系，强调通过制度保护生态环境。那么，对环境社会学学科发展而言，这是否意味着一种重要的机遇？在国家政策议程之外，中国环境社会学发展还有哪些机遇可以把握？

洪：随着中国社会现代化的持续推进，中国环境社会学学科发展面临的机遇越来越多。其中，环境保护受到国家更多重视是最重大的机遇。事实上，环境保护早就被纳入政策议程，现在则是进入了实质推进阶段。早在1983年，环境保护就被确定为基本国策；2005年，国家开始推进"两型社会"建设；2007年，十七大报告提出建设生态文明；2012年，生态文明建设被纳入中国特色社会主义"五位一体"的总布局；现在，中央更加突出制度建设在生态文明建设中的重要性。

建设生态文明意味着什么？是文明的整体转型，实际上是中国在结合本国工业化进程以及国际工业化进程的经验教训基础上，努力建设的新的文明形态。当它成为国家发展战略时，毫无疑问，对环境研究的相关学科而言都是重大的机遇，对环境社会学而言自然同样如此。所以，从国家层面上讲，生态文明建设的宏观战略为学科发展提供了非常广阔的空间。

在中国社会学内部，主流社会学和环境社会学没有直接的对立关系，当然，没有对立也在一定程度上意味着它没有受到太多关注。最近几年，随着环境社会学的学科发展以及生态文明建设战略的提出，中国社会学界更加意识到发展环境社会学学科的重要性。比如，2011 年中国社会学会的年会主题就是"新发展阶段：社会建设与生态文明"。此外，在国家社会科学基金年度项目的立项规划中，最近几年每年都有环境社会学选题。这表明，中国社会学界越来越重视环境问题的学术研究，对环境社会学的发展是一个利好，表明环境社会学的学术环境更加优化。

从社会层面来说，环境社会学知识和研究的需求很大。新闻媒体、企业、NGO 和社会公众，都非常关注环境社会学的研究成果和知识贡献。在环境保护方面，中国的高层决策咨询机构——中国环境与发展国际合作委员会（简称国合会），早期强调从技术层面研究环境问题，后来重视环境政策研究，现在则转而关注"环境与社会的关系"。2013 年，国合会的年会主题就是"面向绿色发展的环境与社会"，这与环境社会学的关系已经非常密切了。此外，相关企业、社会组织和公众对环境社会学的需求也在持续增加，比如，关于空气污染、转基因食品等问题，社会学的研究成果非常有限，而 NGO 和公众希望环境社会学能够有所回应，提供更加合理的理论解释和知识普及。

最后，与以上因素相关，环境社会学研究的资源也越来越多。无论是来自政府层面的还是民间机构的，无论是国内的还是国外的，所提供的各种研究资源都在持续增加，可以好好利用。

环境社会学学科发展展望

陈：在国内的环境社会科学中，环境经济学、环境法学等学科起步较早，发展得似乎更为成熟。与之相比，中国环境社会学的未来态势如何？

洪：整体上看，在环境科学领域，环境自然科学一枝独秀的时代似乎已经过去了。当前，无论是政界还是学界，都越来越强调环境问题的社会治理，也就是通过社会系统变革来促进环境治理，包括促进公众参与、协调社会利益关系、加强制度建设和执行，等等。在此背景下，环境经济学、环境法学、环境哲学、环境伦理学、环境史学、环境传播学、环境心理学、环境社会学等都会得到更快发展。

一个学科的发展大致取决于两个方面：一是学科自身的严密性、规范程度以及学术水准；二是社会的需求状况。经济学本身就是社会科学中最接近自然科学的学科，比其他社会科学更加规范和严谨。经济学强调环境保护的市场动力。虽然说早期的政治经济学批判资本主义、批判市场，但现在的环境经济学非常重视运用市场机制促进环境保护。中国已经确立了社会主义市场经济的发展方向，环境经济学自然如鱼得水，获得了优先发展。在学科建设、专业建设、课程建设、教材建设以及与之相关的学生培养、科学研究等等方面，环境经济学都走在了其他环境社会科学的前面。环境法学的发展大抵类似，也是因为有很大的实际需求，比如，建设法治国家和国家强调环境立法与执法的需求，等等。

相对而言，环境社会学有可能成为继环境经济学、环境法学之后，能够产生更大社会影响力的一门分支学科。2000 年以来，中国政府非常强调环境信息公开、强调公众参与、强调环境社会影响评估、强调社会系统变革和生态文明建设，这些都对环境社会学提出了巨大的现实需求，提供了很好的发展机遇。如果我们对相关知识加强汇集和提炼，转换为实际的可操作的政策性工具，环境社会学就可以在参与中国环保实践进程中发挥更大的作用，赢得更为广阔的发展空间。

陈：中国社会学强调现实关怀和经世致用，比如，费孝通将他一生的学术使命归结为"志在富民"。那么，环境社会学是否需要一定的社会担当？

洪：在中国，发挥学科影响力的最有效方式就是积极服务于政府，参与相关研究，参与政府决策，通过有效的研究成果影响决策进程。由此，我们加强实践取向的研究就是十分必要的。我们可以去深入了解基层环保机构的运作、存在的问题及其改进措施，深入调查分析环境问题牵涉的各方利益及其诉求，也可以和地方政府共同研究人民群众的环境信访、诉讼以及争端处理的机制建设，等等。

进一步说，自觉促进中国的环境治理进程，努力参与建设美丽中国，应该是环境社会学者的重要担当。在历届中国和东亚环境社会学学术研讨会上，很多文章都探讨了水污染、空气污染、草原退化以及能源问题等等，可以说成果丰硕。但我所关心的是，东亚地区面临的环境问题和在成功治理环境问题方面有什么共同的或者可以成为共同的经验，这对中国来讲至关重要。但是，我们这方面的学术研究存在很大不足。

在环境治理方面，我们迫切需要探讨什么样的策略是比较适合的，什么样的环境治理政策是有效的。现在，我们如果只是简单地批评政府或企业不重视环境问题已经没有太多的价值。可能有些问题我们理解得还不够充分，重视得还不够，但更多的是我们要"怎么办"。环境社会学者需要关注环境问题的解决策略，探讨环境治理中的制度安排，由此，环境社会学家在生态文明建设等很多方面都可以有所作为。

有点遗憾的是，目前包括环境社会学在内的环境社会科学研究在一定程度上甚至落后于政府的政策制定与实施进程。从十七大提出生态文明建设到现在已经过去六年了，但我们环境社会学界并没有形成具有实质意义的研究成果，这是个很大的缺陷。中国环境社会学确实需要进一步增强责任担当和现实关怀意识，进一步加强对国家和公众重大关切议题的深入研究。

陈：最近几年，郑杭生先生一直在倡导社会学的"理论自觉"，您也对中国环境社会学的理论自觉做了专门论述。我想问的是，怎样才能做到理论自觉？在推动环境社会学的理论自觉中，有哪些重大问题需要重视？

洪：关于环境社会学者的理论自觉，我已经在《理论自觉的必要性及其意涵》① 和《理论自觉与中国环境社会学的发展》② 这两篇文章中做了比较清楚的分析。鉴于当前环境社会学研究中存在的问题，我再着重强调三点。

第一，理论自觉不是空说，不是自说自话，我们还得学习、理解西方的环境社会学理论，借鉴吸收其研究成果。西方环境社会学理论是在社会

---

① 洪大用：《理论自觉的必要性及其意涵》，《学海》2010 年第 2 期。
② 洪大用：《理论自觉与中国环境社会学的发展》，《吉林大学社会科学学报》2010 年第 3 期。

学理论和其他学科理论交叉基础上逐步产生的，包括生态现代化理论、政治经济学理论、环境公正理论、社会建构理论，等等。关于这些理论，我们首先要知道，然后要能读懂，再者要理解这些理论产生的社会文化背景，这是理论自觉的前提。不知道、不理解西方的环境社会学理论，就谈不上理论自觉；如果知道某个理论流派，但停留在简单的理论介绍和理论翻译，也不能叫理论自觉。同时，人文社会科学理论一般都植根于特定的文化和社会背景之中，因此，我们必须理解特定理论产生的社会文化背景。

在一定程度上，人文社会科学也许确实存在着形式上的普遍真理，但并没有具体的普遍真理。西方环境社会学理论，所回应的是西方国家在工业化、现代化进程中产生的环境问题。而中国现代化虽然也是世界现代化的一部分，但中国毕竟是有几千年历史的、自成一体的国家，有其复杂的、深刻的内在因素，同时也面临着更加复杂的外部环境。因此，不能简单地拿西方理论套裁中国实践。

第二，理论自觉要求我们必须紧密联系中国的环境问题，包括环境破坏和环境治理实践两方面。而联系中国实践，就不能局限于西方环境社会学的理论与方法，要特别关注方法论问题。在持续多年的环境社会学研究中，我越来越意识到整体的、历史的、辩证的和实践的视角对于研究中国环境问题与环境治理具有重要意义。

先说说整体视角。环境与社会之间的互动关系是极其复杂的。早期的环境问题研究过于关注人口、技术等个别因素，看到的是人口增长和技术进步对于生态环境的破坏性影响。但是，从社会学的角度看，这种视角的局限性是很明显的。社会学不仅要分析人口增长、技术进步背后的社会利益、制度安排和文化传统等原因，而且要关注人口增长与技术进步之间的复杂关系，由此所得出的认识应该是更为全面、更为深刻的。所以说，环境社会学的研究就像其母学科一样，需要有社会系统的概念，需要充分的想象力，需要研究个别现象背后的复杂因素。比如，在研究长三角个别企业污染行为的时候，仅仅局限在描述企业污染行为的表面逻辑是非常不够的，而有着良好社会学训练的研究者可以在一个企业的行为中发现全球资本主义体系的印迹。

再说历史的视角。环境与社会的发展演变都是一个历史过程，环境问题不是突然出现的，也不可能一夜之间就消失。实际上，环境史学研究要揭示的一个重要内容正是这种演变过程。在研究中国环境问题时，借鉴环境史学的研究成果和方法，坚持历史的视角是非常重要的。一方面，它意味着要将中国环境状况的变化与中国社会发展阶段乃至全球化进程联系起来，不能简单地脱离中国社会发展阶段来讲环境问题，也不能忽视环境恶化的全球历史进程；另一方面，它也意味着要从发展变化的动态视角来分析中国环境治理的历史进程和环境问题的演变趋势，不能忽视已经付出的努力和已经取得的成效。此外，历史的视角也有助于我们结合自身的历史文化传统分析环境问题的具体成因，并提出具有自身特色的更加适用的治理政策和路径。缺乏这样的视角，往往就会导致错误的横向比较以及技术、制度移植，无助于实际问题的解决。

再次是辩证的视角。在环境社会学研究中，有意无意的偏执并不乏见，这种偏执可能会给研究者以某种启示，但是会偏离社会事实本身，不符合实践取向的环境社会学的要求。只有采用辩证的视角，才能最大程度地把握环境与社会之间互动的真实情形。社会是由人组成的，社会系统是一个自组织系统，其自身是在应对环境变化和挑战中不断进化的。事实上，当环境状况发生变化产生环境问题，特别是产生一定的社会影响之后，人类社会就会出现相应的变化和调整，虽然其幅度与速度可能因时间地点不同而不同。这种认识也是生态现代化理论的一个基本内容。坚持辩证的视角，意味着我们不仅要关注环境自身的变化，也要关注环境变化所引起的社会变化；不仅要看到社会对于环境的破坏过程和机制，也要分析社会应对环境变化的过程和机制；不仅要看到环境问题的唯物的、客观的一面，也要看到其被发现和被建构的一面；不仅要注重个人、企业、社区、区域和国家等层面的国内因素分析，也要注重国家之外的全球性因素分析。

最后是实践的视角，也就是要强调理论联系实际的重要性。现在学术界确实存在着一种不良的倾向，就是简单照搬国外的理论与经验，特别是发达国家的所谓经验。我在前面讲过，中国在超过13亿人口的基础上推进工业化，这是史无前例的，在一定程度上也是没有什么太多现成经验可资借鉴的，我们更多地是要靠在实践中去创造性地解决我们所面对的独特问题。这就要求我们的环境社会学研究要接地气，要注意参与到环境治理的实践中去，要以平等对话的姿态去了解和沟通，而不能只是纸上谈兵、居高临下、指手画脚。在这方面，我们确实需要学习借鉴日本环境社会学发展的经验，更多地去推动基于本土实践的理论创新。

第三，理论自觉要求我们努力地对中国传统文化具有深刻的理解和认知，这有助于我们在上述两点基础上建构自己的理论。一方面，我们需要把握中国文化的内涵，理解它在被嵌入现代性的过程中所面临的"真问题"，认识到中国现代化和社会转型中的"真问题"。当前，不少研究所探讨的并不是"真问题"。有的研究用国外理论和假设简单地检验自己的调查数据，这不是学术创新的终极路径。更有甚者，有些研究对西方理论不加反思就盲目套用。不是面对"真问题"的研究，得出的结论自然不能成为"真理论"。另一方面，我们需要加强实地调查，并在调研中养成对自身文化的自知之明，这也是达成理论自觉的重要路径。

陈：最后一个问题，我们做个畅想，二十年以后，您认为中国环境社会学会发展成什么格局，是否会成为一门拥有重要话语权的学科？

洪：中国环境社会学还有很大的发展空间。至少在二十年之内，中国环境社会学都还要不断成长。作为一门分支学科，中国环境社会学要达到成熟阶段起码也需要二十年。按照目前的发展态势，二十年之后，中国环境社会学肯定会发展成为社会学中具有重要影响力的分支学科，也可能成为对生态文明建设做出实质性贡献的学科。

未来二十年是中国环境社会学发展的关键时期，这个关键时期的瓶颈制约就是队伍建设和人才培养。如果人才培养跟不上的话，我们就谈不上创造性的贡献。如果我们的人才队伍数量不断扩大、质量不断提升，并且能面对中国实践开展深入研究，那么，我们就会有很多希望，我们的学术影响就会越来越大。

中国环境社会学的发展也有可能对世界环境社会学做出创造性的贡献。中国是个拥有超过十三亿人口的大国，可耕地面积只有世界的百分之七。面对这一基本国情，如果中国在现代化进程中能解决环境问题，避免现代社会的崩溃和冲突，并在理论上做出相应的创新，那就毫无疑问地对世界发展做出了巨大贡献，也毫无疑问地会形成环境社会学的中国学派。这就是说，只要中国环境社会学者紧密跟踪国际学术前沿，立足中国实践，并且自觉参与这个实践，那么，我们发展的本土理论就一定会产生世界性的影响。

在美国、日本等已经高度工业化的国家，环境社会学关注的很多问题已经不是局限于其本国的问题。而中国有很多现实的严重问题亟待解决。目前，中国已经开始更加强化环境治理，这种治理也是政策的不断调整和试错的过程。以大气污染治理为例，伦敦和洛杉矶的污染治理用了几十年，中国解决这些问题也需要相当长的时间。在此过程中，中国环境社会学能不能做出贡献，取决于我们准备得怎么样。我们准备得充分，做出了贡献，我们就有了学术地位、学科地位，也就会产生国际性影响。简言之，未来环境社会学的影响力，取决于我们在当下所付出的努力，取决于我们有效回应和解决了什么问题，做出了什么样的学术贡献。

[**受访者简介**] 洪大用教授，主要从事环境社会学、社会发展与社会政策方向的教学与研究。现任中国人民大学副校长，兼任中国人民大学环境社会学研究所所长，社会与人口学院院长、教育部人文社会科学重点研究基地中国人民大学社会学理论与方法研究中心副主任、中央实施马克思主义理论研究和建设工程社会学组首席专家、国际社会学学会环境与社会研究委员会执行理事、中国社会学会环境社会学专业委员会学术委员主任、《社会建设》主编。曾获全国优秀博士学位论文奖、中国高校人文社会科学研究优秀成果奖。入选教育部"新世纪优秀人才支持计划"，享受国务院有突出贡献专家特殊津贴。

[**访谈者简介**] 陈涛，社会学博士，河海大学社会学系副教授，硕士生导师。主要从事环境社会学、农村社会学研究。

环境社会学研究中的科学精神与中国传统

——陈阿江教授访谈录①

【导读】 费孝通在晚年提出，社会学兼具"科学"和"人文"两重性格。受访人从日本环境社会学主要流派的发展脉络中尝试说明什么是环境社会学，并结合自己的研究经验澄清环境社会学的研究对象。与其他社会学分支相比，环境社会学体现出非常鲜明的"科学"特征，具体包括科学态度与科学精神、科学知识和科学的方法与工具三个层面。就环境社会学"人文"特性而言，受访人认为环境社会学可从中国传统的思想资源方面汲取营养，如经典文献中关于人与自然的关系，还可以从现实的生产实践与生活世界中的历史传承中观察、提炼。未来的环境社会学研究需要更加深入地扎根于有深厚传统且不断变化的中国现实中。

问：陈教授，您好。"什么是环境社会学"大型访谈围绕环境社会学主题设置了多组个性化的访谈主题，希望通过访谈加深读者对环境社会学的认知，扩大环境社会学的影响。这次访谈主题主要围绕"环境社会学研究中的科学精神与中国传统"展开。很荣幸我们有机会访谈您，希望您能分享一些真知灼见。首先想请您谈一下什么是环境社会学，您是怎么样界定环境社会学的？

答：什么是环境社会学？其实很难回答。就像别人问我们社会学专业的人，什么是社会学？我常常回避直接说社会学的定义。当然，这不等于

① 2013 年 12 月"面源污染"课题在安徽肥东县石塘镇调查期间，由耿言虎和罗亚娟完成了对陈阿江教授的访谈。陈阿江教授对整理后的文稿进行了审订。

我真的对社会学一无所知。一个本科生学了一门环境社会学概论以后，就把什么是环境社会学的概念背出来了。但是到了我们这个阶段去定义环境社会学的概念，反而觉得很为难。

我以前也说过，其实我觉得"环境社会学"这个叫法可能有点问题，为什么呢？我是这样理解的：我们一说到环境这个词，肯定还有一个指向点，一个"系统"或者是"我"。这个指向点，比如是"我"，那么"我"之外的才是环境。或者是指向一个"系统"，这个系统之外才是"环境"。我的理念是，希望系统地看待环境（生态系统）与社会或者与人的关系，而不是把环境与"我"或者环境与社会简单地二元对立。二元对立是西方学术传统的渊源，而中国的传统里讲中庸，不走极端。

当然，现在已经是约定俗成了，我就接受了环境社会学这个名称。

从日本环境社会学的流源看环境社会学

问：日本是我们的近邻，日本的环境社会学研究起步比我们早，学科发展也比我们成熟。基于本土现实，日本环境社会学形成了一些有影响力的理论流派。就"什么是环境社会学"这一主题来说，日本的环境社会学研究有什么给我们启示的地方？

答：如果把日本的环境社会学两个流派梳理一下，大概可以看出什么是环境社会学。一个是饭岛伸子、舩桥晴俊这个流派，他们是从环境问题出发来研究环境社会学的。社会学传统里，就有人认为社会学是研究社会问题。如果细看社会学学科的发展史，最早很多也是从关注和研究社会问题起步的。比如，早期的英国社会学，因为英国的工业化、城市化使社会运行出了毛病，比如人口聚集、工业化等引起的各种各样的社会问题，然后去研究社会学。日本的环境社会学中，饭岛伸子—舩桥晴俊这个流派就是从环境问题开始研究的，这个环境问题是作为社会问题的环境问题，不是简单的物质系统的污染问题。当然，舩桥晴俊后期的研究有些转向，从研究环境问题到提出解决环境问题，比如环境治理。这个转向实际上也是一个自然而然的转化过程，好比医生一样，最初找出问题所在，最终还是要去解决问题。我们国内或者其他一些地方也是这样，从关注作为社会问题的环境问题起，发展所谓的环境社会学的概念、框架，等等，从而形成一个分支。这是我的理解。

　　日本环境社会学另外一个分支，就是鸟越皓之这个传统，属于人类学（在日本叫民俗学）的传统。我觉得他们更多地是从系统的角度去看这个问题。实际上谈人（或社会）与环境的关系，是更为系统的理解。他们是从琵琶湖水治理过程中去体会、理解，后来总结出"生活环境主义"的概念。他强调利用与保护的兼容性。东方的传统与西方如美国的传统，就很不相同。美国的国家公园不允许人为的干预，除了它有这个资源条件，也体现了它观念里人与自然对立的观念。在东亚，人多地少，如果这儿也不准动、那儿也不准动，那么我们这么多人怎么生活？保护自然的目的是使人类生活得好，而不是简单地保护自然，不能让人忍冻挨饿。从现实的实践来看，有的时候利用和保护是可以兼顾的。我们去看看农耕史或游牧史中的传统。游牧实际上是在利用中保护草原的。农业也是这样，传统的小农也是一边开发利用一边也是在保护水系和农田的。日本的森林也是这样，适度的采伐也是在保护森林，两者是不矛盾的。所以，我觉得鸟越皓之的环境社会学这个传统，有更多系统的考虑。

　　我们团队做环境研究，大概也是这样两个类似的角度。一部分是我们早期看到很多水污染问题，我们去研究环境问题；还有一部分，就是我们静下心来更多地去思考宏观一点的问题，比如人与水的关系。比如我们"人—水和谐"课题里设计的两个框架，DDP 和 EES①。DDP 理想类型的研究，是环境问题取向性的，我们去看存在什么问题，造成什么影响，以及产生这些问题的社会文化原因，但没有提出治理措施，因为跟我们那个时段的进程有关系；EES 更多地强调协调发展，是更为系统的考虑，强调人与自然，或者是生态系统、经济与社会这三者之间的协调。

---

　　① DDP，即 Degradation，Disease，Poverty，指环境衰退、及由环境衰退而引发的疾病、贫困等社会问题。EES，即 Ecological，Economical，and Social 指生态、经济和社会三个方面或三个系统的协调或协同的关系。参见陈阿江：《论人水和谐》，《河海大学学报》（哲学社会科学版）2008 年第 4 期。

问：研究对象的厘清对一个分支学科的发展至关重要。对环境社会学的研究对象，有不同的看法。有人认为是用社会学的视角研究"环境问题"的，也有人认为是研究环境与社会互动。您认为环境社会学的研究对象是什么呢？

答：说环境社会学是研究环境问题的，或说，环境社会学是研究环境与社会关系的，是一个比较笼统的理解，但确实都没有说得特别清楚。其实我们可以从三个不同层次来理解环境社会学的研究对象问题。

第一个层次是，除人以外的物理世界的变化，当然包括除人以外的生命系统。为什么不说自然呢？因为我们现在所谓的自然是人化的自然，很难找纯粹的自然了。比如你看到一片金灿灿的油菜地，你会说，自然多美啊；你看到一望无垠的草原，你说大自然多神奇啊……其实无论油菜地还是草原，都是人化的自然。我们关注的就是这样一个所谓的环境即物理世界的变化，而且往往是快速的不是我们所期待的变化，集中的体现就是环境污染和生态系统的退化或恶化。

第二个层次是，物理世界的变化或者说环境变化对社会、对人的影响。事实上，物理世界的变化每时每刻都在进行着，而我们关注的变化是有选择性的，是特定的……我们关注和研究的是对我们人类社会有关系的物理世界的变化，并且事实上这些变化都是因为人类的活动而导致的。这就与自然科学发生了分野。自然科学家看到水污染，他只研究水污染的物理、化学、生物方面的原因，以及相应的解决方案。而社会学研究者，自然而然地会问：是谁在排放污染物？影响了哪些群体？渔民、贫困群体怎么样？为什么政府没有发挥应有的作用？为什么老百姓、民间组织没有起来反对？他的视角一下就指向了产生影响环境的人/社会，以及环境对人/社会的影响。

第三个层次是，当然还是指向人或社会的，即我们关注因物理世界的变化而产生而导致的社会关系的改变，或产生的特殊社会关系。这个时候，物理世界的变化/环境演变，只是一个道具，社会学真正关心的还是人和社会。通过污染事件或生态系统退化，我们研究、分析各利益相关群体的行动有什么特点，社会公平公正是怎样的一个态势。当我们去应对环境影响时，很大程度是协调环境影响的承受人与环境影响的发出者——日学者专门研究受害人与加害人——之间的关系。

环境社会学的科学性

　　问：社会学不同的分支因为研究对象的不同表现出不同的特征。环境社会学作为一个新兴的以环境为研究主题的社会学分支，与其他社会学分支相比，有什么较为鲜明的特征？

　　答：费孝通在《试谈扩展社会学的传统界限》时①谈到社会学具有"科学"和"人文"双重性格。作为分支社会学的环境社会学，无疑也具有"科学"和"人文"的双重性格。科学性的特征比起其他分支学科更明显。环境研究的议题涉及有很多科学技术问题，所以环境社会里科学性感觉更明显一些。

　　我觉得，谈环境社会学的科学性问题，首先是科学的态度、科学的精神。其次是科学知识，对研究问题的科学层面有比较准确的理解。第三个是科学的方法、手段或设备上，要与时俱进。

　　先说科学态度。有些年轻人为什么做学术研究做到后来做不下去了呢？因为他的目标比较短，就是我要写篇文章发表。碰到难题了，他不能往前了。比如说，我们现在面源污染这个题目，如果说我们要将就的话，编编也能编出来。但是，我们就这样"折腾"，实地调查跑好多次，还要买仪器来测量。这有一个科学态度在里面，我们要最大限度地追求我们能追求到的精准性。这个很重要——科学事实、对污染物质的判断、测量。我们最终是社会学的理解或成果，但对物质状态的了解，跟我们对社会事实的判断和解释是密切相关的。如果我们把科学这一块忽略掉了，在环境社会学里恐怕很难有突破。我们做"癌症村"时，也做得很艰难。孟营村的时候，我们跑了很多，当时也没有仪器，但总觉得跟原来了解的不一样，上游的特征污染物跟癌症找不到关系。后来，把村里的癌症名单反复分类了好几次，比如想看癌症死亡者住房与水塘的空间关系，看看劳动力外流与癌症死亡者之间的关系。这是一个探索的过程。反复分类，在过程里发现。后来，通过王医生，在癌症名单中发现"吸烟—性别"、"乙肝

---

　　①　费孝通：《试谈扩展社会学的传统界限》，《北京大学学报》（哲学社会科学版）2003 年第 3 期。

—肝癌"这样一些特殊关系。写文章时，也还存在一个科学态度问题。污染导致了疾病、癌症，这是一方面。但是，像我们所做调查的孟营村，可能还有被忽略的事实，就是内部的生活方式。因为按照流行病学的基本原理，癌症是一果多因的。跟污染有关、跟基因有关、跟居民的生活方式等因素有关。虽然污染严重、癌症严重，但是我们不能简单地说那么严重的污染导致那么严重的癌症。特别是在舆论关注很强烈、民众的情绪很高涨的情况下，我们还是要静下心来，看看到底还有什么情况。"污染导致癌症"，在这个村里的解释是不全面的。所以我想把他们忽略掉的东西拿出来做解释补充，做一个平衡。对媒体、对公众可能存在的认知的偏向做个平衡。① 我想这个首先是个科学态度。不能说因为别人这么说，我就这么说。因为我所调查看到的是这个状态。当然，如果将来有新的研究出来，否定我的想法，这也是正常的。科学不是代表正确的东西，西方意义上的科学，是能够被证实或能够被证伪的。科学的进步，也是这样，一点一点地积累起来、一步一步向前发展。"污染导致癌症高发"比以前对污染与疾病关系的熟视无睹是前进了，这是你的发现、你的贡献。但是你的理论、你的假设，后来者有义务去修正、证实、证伪。还可以有更后来者，来把我们提出的假设继续纠偏。科学就是这么走过来的。

无论是自然科学还是社会科学，都要有个基本的态度。比如说，我们做水污染的时候，早期的时候，我们主要把污染的危害说出来。为什么呢？20 世纪 90 年代后期，2000 年前后，因为水污染对民众的影响，官方不重视的、媒体也不敢说的或者被压制的，社会科学的学术研究也很少进去。那个时候，我们进入的时候，就是要把污染造成的危害说出来，当然也是需要实事求是。那个阶段，我觉得这个是一个很急迫的问题。到今天，因为大家都知道污染造成的危害，知道得很多，污染的状态也知道得比较多，政府也比较重视了。但是，在这个过程里也有些偏向。比如，我和李琦做的关于癌症名单②问题，当时我一直怀疑。因为我们调查了村庄、村卫生室，工厂全走了一遍后，还访问了相关的机构，一直觉得好像

① 参见陈阿江：《"癌症村"内外》，载《"癌症村"调查》，中国社会科学出版社 2013 年版。

② 参见李琦、陈阿江：《"肺癌高发"的背后》，载《"癌症村"调查》，中国社会科学出版社 2013 年版。

不对。但是有什么疑点也说不上来。不像这次巢湖流域，南淝河的推论比较清晰。数据测出来后，你们觉得没法解释杭埠河水的氨氮含量比巢湖还要低，甚至怀疑仪器。我说这也是个解释嘛，我马上就想到合肥的城市污染、可能与南淝河排放"肥水"有关。其实，"合肥通过入湖水道排放污染是巢湖重要污染源"的想法，在我脑袋里已经闪过很多次了。现在我们测下来，就证实了。当时看"肺癌"名单时，一直在想，好像不大可能，但是因为这里面复杂因素太多了，技术上的、社会上的，各种复杂因素。我一直没法深入，但是没法深入不等于说我就停止了。我在想这个事情。然后我就看数据嘛，看一个时间关系时，就发现了新疑点。看到一个什么关系呢，就是说呼吸道系统的癌症发病率提高的时间，跟与焚烧发电厂建成的时间几乎是同期的。我就怀疑了。因为我前面读过一些书，说癌症是"慢性病"，它有一个较长的累积过程。那是一个突破口，正好李琦作硕士论文，请她去做调查，做做看。癌症问题是很复杂，让她查实最有可能突破比较简单的肺癌名单。她通过对"肺癌"死者家属的入户访谈、对照，发现"肺癌"名单中大概有一半不是真的。一两个可以是误差，如果是有一半，那说明有问题了。这里面还是一个态度问题。就是污染产生了，那我们怎么面对，因为我们是做研究的，就首先应该把事实的状态呈现出来。行动者是有利益诉求的。他可以这样做，但是我们做研究的，一定要把事实状态呈现出来。这个时候的事实状态跟前期又不一样了。我们方法上也有些转换，对媒体不是一味地相信，对环境影响者也不是一味地同情，情况开始复杂化了。

简单说，实事求是、勇于探索，是基本的科学态度和科学精神了。

问：从科学态度里我们感受到了环境社会学者的责任感和使命感，对年轻学者做环境社会学研究也具有很好的鞭策和借鉴意义。那科学知识、科学方法都包括什么？

答：科学的知识是对研究问题中的科学层面，要有准确的理解。年轻人要把环境社会学做好，我觉得知识面是要拓展的。因为很多时候科学知识是作为常识来用的，缺乏常识的话，很可能制造笑话。我举个例，有一个NGO的人，做过一个正式的研究汇报。她发现某垃圾焚烧厂出来的炉渣，有很多破布，没有烧掉，她的这个照片也显示这个情况。垃圾焚烧，炉温通常要控制到摄氏850度以上，二噁英才可以分解掉。如果炉渣里有布条，温度应该比较低，排放二噁英的风险就会比较高。大家一看就知道这个垃圾焚烧是有问题的了！但是我细看了这个照片，发现这个可能性是值得怀疑的。我的质疑是：如果说炉温没有达到摄氏 850 度，也应该有摄氏 700 多度、600 多度、500 多度吧。化纤的布料，在一个温度比较高的炉膛里待上一段时间，怎么还可能平展在那里？化纤的布料如果没有被烧掉，应该会熔成团，至少是变形了。这里可能有很多种情况了，有一种情况就是说这个照片里的垃圾不是焚烧厂的炉渣，只是想象中的，为了求一个效果。还有一种可能，就是没有了解得很细，可能确实是个炉渣，但是别的生活垃圾也放在上面了。这里面我想说的是，化纤在炉子里面，即使没有被烧掉也会成团的，不可能平展展出来的，这是一个常识。如果有这个常识的话，可以帮助去辨别这些事。如果没有常识的话，按预设的假设走，最后会害了谁呢？你以此去反对垃圾焚烧厂，害了垃圾焚烧厂，也害了你自己，也害了你所在 NGO 的名声啊。做行动的也要有基本的科学依据啊。总之，如果想在环境社会学做得好的话，不同学科的知识还是很重要的。

还有就是工具和方法。比如说我们买水质测量仪，在十年前是不可能的。但今天，是可能的。因为仪器本身的技术成熟了，精度提高了。很多机构或个人都在用，大家都要用数据，仪器产量大了价格也下来了。我们不要说这是他们理科的，这是我们文科的。因为不管是社会科学还是自然科学，都要遵循科学里面一般的原则。只要对我们的认知有帮助的工具，只要有条件用的，我们没有道理拒绝。因为社会在变化，技术在发展。问卷数据以前要用计算器算，后来用 SPSS，而且版本不断更新，这个是我们接受的。我们现在用水质检测仪，将来还要用别的简易设备，帮助我们去提高认识，认识得更清楚、更准确。我们要有不断完善工具、不断改进工具的理念。

环境社会学与中国传统

问：刚才您沿着费孝通先生关于社会学应该具有"科学"和"人文"双重性格，着重谈了环境社会学的科学方面的特征。那您觉得我们怎么来理解环境社会学在"人文"方面的特点呢？

答： 费孝通先生的那篇文章，主要的篇幅是谈社会学的人文特性。他说，社会学的人文性，决定了社会学应该投放一定的精力，研究一些关于群体、社会、文化、历史等基本问题。他认为从中国丰厚的文化传统和大量社会历史实践中，发掘中国社会自身的社会历史传统，是中国学术发展的重要方向。他谈了中国社会中如"天人合一"、"将心比心"等中国传统历史文化遗存。

就我目前涉及的环境社会学的研究，中国传统里很多很重要的东西需要我们认真学习。一方面就是有经典文献记载的，主要是思想观念部分。经典文献这一块，老子的《道德经》，我觉得是一个登峰造极的东西了，世界文献里可能没有超过他的。强调人融于自然。没有说把自己超越于自然，没有构成人与自然的对立。人完全是自然中的一部分。人在生态系统中追求快乐、满足。这种世界观、价值观，非常有意思。比如深受道家思想影响道观，一般建在山上。华山的长空栈道很有意思。元代高道贺志真在绝壁上修栈道，率徒历数十年完成大朝元洞。人住在这绝壁上挖成的大朝元洞，绝对是远离尘世，可静心修炼的了。但他还嫌不够，继续向西修栈道，即今天的长空栈道尽头的"全真岩"下。对于世俗社会，这当然是一个极端、一个异类了。但是我们可以体会高道融入自然这种心境、心态。佛教是外来的，但深受中国本土思想的影响。佛教也强调人与自然的和谐相处。儒家强调出世、积极的态度，里面相对会少一些。关于这方面的话题，我做过一点讨论，有兴趣的话，可以参阅《次生焦虑》的重印本序。①

另一方面是没有系统的记载却在实践中演变和传承的，比如说农业、游牧业，还有我们日常生活中的实践形态。我们现在正处于一个大变局的时代，有的是主动批判、放弃的，有的是不知不觉地不用、遗忘、遗失了的。"小农"作为落后的东西常被批判的，马克思批小农，说小农像一袋马铃薯，是散的、缺乏组织的，他是从有组织的产业工人这个角度批小农的。毛泽东继承列宁的传统，把小农看成是产生资产阶级思想的温床。现在从工业化角度挤兑小农，主要是嫌农业的经济效益低下。从城市生活方

---

① 陈阿江：《中国环境问题的社会历史根源》，《次生焦虑》重印本序，中国社会科学出版社 2012 年版。

式的角度，看农民又是土、又是粪，又脏又臭。中国的悠久农耕文明，是一个发育到了极致的文明。一个丘陵地区的小山村，人均一亩耕地，几百亩地养几百口人，这个产出把人养活了。农业在当时的科学认知情况下和技术状态条件下，能把人养活，并且世代养活了。实际上，村民是非常巧妙地考虑了水保林、经济林、粮食作物的关系，以及村民的行为后果与环境之间的关系。用现在的话来说，小农是可持续的。

问：鸟越皓之的"生活环境主义"理论，在解释东亚人多地少的情景场合下是比较适用的。在使用中保护，并不是单纯地为了保护环境而保护，既可以做到环境保护，也可以做到农业生产，使用和保护协调统一。但是现在很多东西因为不被利用而造成污染，比如秸秆、人畜粪等。不知您怎么认为？

答：鸟越皓之的观点还是能够看出东亚传统的影响。比如说中庸之道，不走极端。"生活环境主义"就有这味道。他可能没说，但是你能体会那种不走极端、中庸的意蕴。环境主义是说我要保护环境，但是生活环境主义是说我是不走极端的环境主义，相当于西方的浅生态主义，不是深生态主义。体现了中庸的传统。以前批判中庸，我以为中庸是简单的调和，简单地不取两个极端。我现在理解，中庸强调的是一种合适的状态、适度的状态。比如说利用，利用要适度。保护也要适度。要保护环境，我们不可能不吃、不喝，大家要过好生活，我们不可能放弃。但如果政府过分强调 GDP，个人追求高档消费、追求奢靡的生活，这就过了。说到这个，我想中国传统里有个节俭的观念。节俭的观念，虽然本身不是对环境提出来的，从人多地少、物质相对匮乏的状态来提的节俭。但是与过度消费比对的话，还是有很多积极意义在里面。比如说，今天太阳从窗户里照进来，挺暖和了，我们就不要开空调了。像美国，所有的房间系统里，空调是 24 小时开的，甚至是几个月都开，你个人的房间不想开也不行——这就有很多的能量浪费了。你要过舒适的生活，但是在舒适的状态下，你还是可以做一些节俭的工作，这可以减少现在的环境问题。

我们现在主要是处在大变局中，假定是从甲状态到乙状态，我们以前是农耕社会，到一个未来社会。未来社会，其实不是很清楚，是在实践中慢慢定型的。但是我们想象的未来社会，无非是美国、日本这种，生活很富足，有保障；有房、有车等。在这样一个过渡阶段，耗时、耗力的，或者是没有经济效益的，往往很多被抛弃了。

问：有些传统往往也是有生命力的。在环境领域，能很明显地感受到传统和现代的矛盾和冲突。比如说南方林区传统的刀耕火种农业，北方草原传统的游牧农业，其实都是有非常高超的生态智慧的。但是面对现代的追求效率的农业、牧业生产而不得不逐渐退出历史。

答：我举一个城里种菜的例子，可能比较有意思。我看过几次电视新闻，说有些居民在河坡上、小区里种菜，城管把它铲掉了。但这个是"野火烧不尽，春风吹又生"。你铲了，他再种，种了再铲。《环境社会学》课上，我让学生做城里种菜的调查，学生的报告把各方的观点都写了一下。我说，我就要一个观点，"种菜就是好的"。我就认为城里种菜是可以的……为什么不在城里规划种菜的菜地呢？那比如说种树，为什么说香樟树就是合法的，因为规划用的，为什么不可以种柿子树、梨树呢？为什么不可以那样规划呢？为什么我们不可以把农业和绿化兼顾呢？再回到种菜这个事情上，种菜可能会有一些问题。比如说施肥，可能有异味。至于美不美，我觉得这是一个价值观的问题。我如果喜欢农业，我就认为是美的。小麦绿油油的，油菜到了开花的时候，"遍地黄金甲"。现在城里人成群结队地去看油菜花，那就说明油菜花很美的啊，为什么不能种在我们家门口呢？美不美是一个相对的观点。我们可以认为油菜花很美，可以认为在城里种小麦也很美的啊。小麦丰收的时候，按老农的观点，也是很美的，很有收获感的。至于肥料，也是可以解决的问题。我在日本就看到，他们用的肥料，就是处理过的。比如说猪粪、牛粪，先发酵，臭味就没有了。就像我们到草原上看到牛粪，完全是干物质的东西。那时候做肥料，就没有什么影响了。肥料有些还可以埋到土壤里。假定说臭的问题解决了，规划是可以人做的，审美也是可以讨论的，至少可以调节的。那为什么就一味地不准种菜呢？那就是因为我们有个比较刻板的印象，觉得城市就应该像个城市，这个是我们制造出来的。城市像个城市，就应该不准种菜。其实，你想想，假定你家门口种半个平方米的葱，可以减少多少环境问题啊。首先是运输问题。葱从农田里取出来，到菜市场上去，葱带了黄叶啊、土啊，带到城里边去。黄叶啊、土啊，会产生很多的垃圾，就要产生垃圾的填埋问题、或垃圾焚烧问题。然后就说你买的时候，用塑料袋，你买一块钱葱，要给你个塑料袋。你拿到家里，一块钱葱用不完，不新鲜又扔掉。从田里到菜市场，从菜市场到你家里面，耗时、耗力、耗交通，如果你家门口种一点葱的话，就解决了不少问题。这是一个例子了，理论上有很多环节的环境问题就可以减少了。

当然我不是说种菜一点没有问题了。我觉得都市里的"小农"是一个可管理的问题，而不是一个应该彻底铲除的问题。巧得很，2013 年 11 月 4 日东亚环境社会学会议学术考察，在无锡参观小区垃圾分类，舩桥晴俊访问垃圾分类志愿者时，看到斜对面有个种菜的。他说挺好的，在院子里种菜。就问志愿者，你们都种菜吗？志愿者就反复地强调说，我们这里是不准种菜的，要统一管理的，这些都是绿化地。他说从管理的角度是不准种菜的，种菜是非法的、不好的，总之是强调种菜是负面的东西。他反复解释，说是不能种的，我们基本上都做到了，只是有些人不太自觉。我很清楚的，这个小区是农转居的，有空地种菜、种庄稼是很自然的事。舩桥晴俊的意思是，种菜是可以的啊，东京也照样有种菜的。但志愿者（以前的农民）已被洗脑了，一味地否定小区居民种菜。

城市生活就是城市生活，农村生活就是农村生活，绝对对立起来，循环的链就断掉了。比如说我们现在住的这家小旅馆（肥东县石塘镇）及周边上的居民，早上我很注意地看了一下，实际上他们门口都种些菜。门口如果有个 2—3 分菜地的话，很多的垃圾就消耗掉了，污染就减少了。前两天我们中午在龙桥镇那家小餐馆吃饭，看起来很凌乱，有很多生活垃圾，但有一点，他家的菜地帮他消耗了很多生活垃圾。有利用就循环，有循环就没有问题，循环过程打断了才成问题。如果在不影响外围环境、不影响规划、不影响他人的情况下，种菜是一个多利的事情。

未来发展趋势

问：20 世纪 90 年代社会主义市场经济建立起来，中国经济快速发展。但是市场对环境问题造成了很多的负面影响。比如说草原衰竭、生物多样性锐减等。但是市场是现代社会所无法规避的，您认为怎么协调，发挥市场的正面作用，把市场对环境的负面作用降低？

答：市场化，或者说现代化，改变了很多。一个是价值观改了。比如，我们以前强调节俭，衣服补了又补，也不会扔，现在很多衣服没有穿破就扔了……还有就是我们的能力增强了，改造自然的能力、破坏自然的能力都大大增强了。这方面的研究比较多，有不同的方面理解，有不同的理论，比如 treadmill、生态现代化。我和同学讨论过生态现代化的问题，我说，生态现代化是一个庸俗的理论，但是最后我们大概还得按这个路走，就像我们原先反对"先污染后治理"，反对是反对，但最后基本上还没有摆脱这个路径。我们一旦进入现代这个体系，谁也不愿意退回从前，实际上也不可能退回去了。纯粹从生态系统这个角度来说，可能是不太乐观的。我们能做的，实际上就是一个改良的工作。

我做了城市垃圾处理课题后，对环境问题有些新的理解。我原来是比较悲观的。扔垃圾，心里总有种内疚感、负罪感。垃圾这个东西怎么处理？电池怎么放？……一方面，我们确实有很多无奈，比如说，我们天天在产生垃圾，你说不产生，有没有可能？不可能，退不回去了。既然退不回去了，只能面对。从这个角度来说，垃圾填埋、垃圾焚烧，还是有他的可取之处的。如果我们管理得当，管理重视，一方面能够收集、处理产生的垃圾；另一方面，做些分类，适当地利用。这个当然是跟传统小农是没法比的，传统小农里整个都是循环的。但是我们既然不愿意退回去，我们既然要过舒适的城市生活，便捷的现代生活，在这个不变的前提下，只能选一个相对次优的方式了。

问：那么您认为在现代化的背景下，就环境这方面而言，我们将来要进到一个什么样的社会，或者说我们要倡导一个什么样的社会？

答：中国的现代化有被动的一面，因为我们不得不发展，不发展就挨打，就被人殖民。但是我们的经济发展到了一定的阶段，我们是否有可能倡导一种适宜的"生态文明"。中国有悠久的历史，又是一个大国，倡导一种价值，不仅可能也是有意义的。比如说，消费应该是适度的。追求高消费是没有止境的。把中国传统中的一些好的东西嫁接起来，倡导适度消费。再比如说现代技术与传统农业的嫁接。传统农业低效，但生产优质产品，对自然环境的影响较小。现代农业高效，但却产生食品安全、环境污染等一系列问题。我觉得传统农业文化里面有很多有生命力的东西。虽然有很多被破坏了，但我还是看到有很多有生命力的东西。这些结合的话，加上适度的倡导。如果整个世界潮流不再那么苛求 GDP 了，苛求物质财富了，相对来说，我们增长可以慢一点，或者慢一点也能接受，这样一种背景下，有些我们今天看来还很理想的也有可能实现。

　　比如说，我们看到现实中探索的"稻鱼共生模式"。中国有很多地方，是"鱼米之乡"。最近我在想，为什么是"鱼米之乡"而不是"米鱼之乡"呢？当然，我的史前知识有限，但在我参观考古遗址、了解史前人类生活的状态史时，我觉得"鱼"、"米"之顺序是符合历史发展的进程的。至少鱼是史前人类重要的食物来源之一。长江流域的水稻栽培也有很悠久的历史了，河姆渡遗址展示了7000年前的人工栽培稻谷……实际上，鱼和稻本来就存在共生的，按照现在的说法，共生在那湿地系统里。我们小的时候，水田里的泥鳅、黄鳝、蛙类等就很多；下雨的时候，鲫鱼等鱼类会逆水沿水沟上溯、甚至跑到水田里。西南有些地区，稻田养鱼，就有很悠久的传统的。我们最近看了好几处"稻鱼共生模式"。总的来说，"稻鱼共生模式"，经济效益不错，环境效益很好，社会效益也很好。比如说，原来一亩田要么产1000斤粮食，要么产500斤鱼，现在的"稻鱼共生模式"，粮食少了一点，可能只有700—800斤粮食，鱼的产量也降下来，200—300斤。土地对食品贡献的总量没有减少，经济价值也有提高，最重要地，食品质量提高了——没有农药、没有化肥。对环境的负面影响也降到了最低，甚至产生了正影响。"稻鱼共生模式"，看到了一些希望。民间有养殖户在探索，有些企业也在探索，有的地方政府也看好这样的发展趋势，在积极支持。我相信有中国悠久的农耕文明作为底蕴，我觉得还是有希望的。

　　问：中国有深厚传统和丰富的生态遗产，特别是在农业领域，很多传统还是保留了下来。当我们面对现代社会严重的环境问题的时候，突然意识到传统的可贵。或许我们可以把传统的有益的方面拿出来，将传统进行一定的改造与现代进行结合？

　　答：应该是再创造。从技术模式来说完全是再创造。从技术来说，是新的技术模式，但为什么说传承呢，从观念来说，是传承的。比如说，浙江德清的企业养甲鱼，养了很多年甲鱼，由于甲鱼的排泄物累积，池塘慢慢地就变得很肥了。再养甲鱼，甲鱼要生病嘛，而且对外环境也造成污染。搞农业的人，他们都是农村出身的，很直观地想，那么肥，我种稻不就行了吗？对我们农耕区的人，这个是太常识了。甚至不觉得这是个常识了。这样一个常识的常识，那他就去种稻嘛！种几年稻，发现不用肥料产量也很高，把肥料吸收后，又可以养甲鱼了。那我这样来回倒腾，稻田里养点甲鱼不就好了吗？这个观念是自然而然产生的。当然他本身在思索，他既是一个企业家，又是一个农技专家。试出来一个技术模式是跟以前深厚的农耕文明的传统是有关联的。我们现在到城里了，对上年纪的人来说，种点菜还不简单吗？只要有地，菜长得好不好另说，种菜还不简单吗？这是农耕文明啊，是一个传承啊。我在青海访问过一个藏民的移民安置区，移民管理部门给移民建了暖棚，可以种菜。但是藏民不会种菜。实际上，种菜的条件是很好的：暖棚光热条件都很好，他们是养牛养羊的，牛粪羊粪肥料多的是。但他们的传统是擅长牧业，不会种菜。移民干部告诉我，有户的女主人是从汉区嫁过来的，我去参观了，她家暖棚的菜就种得很好……当我们面对一个游牧为主的人群时，突然发现我们农耕文明很会种菜就是一个优势了。农耕文明有它劣的一方面，但是也有它优的一方面，不要全部把它消灭了，或者是有意把它消灭了，或者无意把它遗忘了。面对现在环境污染、生态破坏，我们去重新认识传统农耕文明，我觉得是有意义的。

问：听了您的这些话，我们对未来中国的环境状况的改善和环境治理又增添了一些信心。那您认为未来的中国环境走向会怎样？是否有很多积极因素呢？

答：你知道我们2007年国家社科基金设计的EES，当时几乎找不到真正意义上的EES类型，虽然很渴望。但是这两年，EES类型慢慢浮出水面了。第一，农业我们本身有很悠久的农耕文明。第二，我们中国人，对食品安全，对吃，有不算低的要求吧。这就有市场的驱动力，还有政府和民众对食品生产者的安全压力。这么几个合力加一起的话，几个力会把做农业的挤到一个比较理想的状态。我相信未来10年、20年，从生态农业来说，我们可能会比美国做得好。

经济和社会的发展，应该有个阶段的考虑。我们的工业化不可能停下来，城镇化也不可能停下来，我们还要发展。按照邓小平的预计，我们要到21世纪中叶，还有30多年的时间才能达到"中等发达"。至少这个10年，工业还是要快速发展的。我们和日本、美国的差距是，它们是普遍的富裕状态，能达到教育、医疗等方面的均衡的福利。我们只是局部达到，虽然总体也有很大的改善。我们要达到普遍的富裕、小康还是要有时间的。我在江浙走的时候很担忧，那么多的企业、工厂，污染这么多怎么了得！但是我在巢湖流域这边的乡镇走，其实我也很担忧，好像没有多少企业。没有产业你怎么支撑啊。从经济来说，农业的量肯定是有限的，制造业，二产还是很重要的部门。所以环境的压力还会很大。

我希望利用环境社会学这个舞台，和你们年轻人一起，把已经开的几个题继续深入做下去。对社会学专业的人来说，这是一个千载难逢的机会；对环境社会学学习者、研究者来说，更是处于一个极其难得的时代。

[**受访者简介**]　陈阿江，河海大学教授。1997 年毕业于中国社会科学院研究生院社会学所，获博士学位。主要从事环境社会学、城乡社会学、社会评价等研究。现任河海大学社会学系主任，环境与社会研究中心主任、中国社会学会环境社会学专业委员会会长。发表环境社会学论文多篇，专著《次生焦虑——太湖流域水污染的社会解读》获江苏省第十二届哲学社会科学优秀成果一等奖。

[**访谈者简介**]　耿言虎，安徽大学社会学系讲师，主要从事环境社会学研究；罗亚娟，湖州师范学院社会发展与管理学院讲师，博士，主要从事环境社会学研究。

"社会"如何呈现：兼谈环境社会学的方法论

——王晓毅研究员访谈①

【导读】 对环境问题的解读是一个认识社会的过程。只有在读懂、呈现"社会"基础上，才能更好地抽丝剥茧"环境问题"。从费孝通开始，不少学者扎根于中国社会土壤，从社会现实中提炼、梳理问题，就社会现实问题进行解释和再发现、思考。这种思路和目前所谓"规范的"、"命题假说"的研究方式不同，它更强调对社会的理解，不断关注变化着的社会现象，探寻社会现象背后的原因。王晓毅认为这样一种"问题的发现，问题的逻辑梳理，问题的解释和问题的再发现，发现的呈现"……研究逻辑，就是一次发现和理解社会的过程，通过认识社会来解释、探索环境问题。可以说，这一研究逻辑不仅仅是环境问题的研究方法，更是一种普适性的认识社会的方法。从环境社会学研究方法角度来说，这一方法对于研究当下大变迁的中国环境问题更有借鉴意义。下文将呈现王晓毅研究环境问题的具体过程，让读者进一步了解，环境社会学者是如何研究环境问题的。

环境问题的"开放式"研究思路

王婧（以下简称"王"）：王老师，您好！近些年来，您一直在关注乡村环境问题，特别是草原牧区的环境问题。我觉得您的研究都是基于深

---

① 本文根据王婧博士对王晓毅研究员的两次访谈整理而成，并经王晓毅研究员审订。第一次访谈以邮件的形式进行，王晓毅研究员于 2014 年 2 月 9 日对访谈提纲进行书面回答。第二次访谈是在 2014 年 3 月 1 日通过电话访谈形式对前次访谈进行大量补充和完善。

入的社会调查，可以说是中国环境社会学研究成果中，非常值得学习的本土化研究。我想应该有很多读者想知道真实的、具体的田野调查过程是怎样的。王老师可否结合自己的研究经历，谈谈您是如何进行环境社会学研究的？

王晓毅：其实我一直没有把这当成是所谓"研究"的过程，我一直当成是一种学习的过程，一个了解社会的过程。我所说的"研究"是指那种有着明确的研究目的，希望通过收集社会事实来证明某个命题的过程。而我说的学习的过程则是一个开放的过程，是在不断地实地调查中发现社会事实，以及对社会事实进行解释的过程。社会就像一本摊开的大书，你在这里要得到的不仅仅是数据，更重要的是从社会中得到知识。这些知识大部分是发现和解释诸多社会事实之间的关系。这个过程的逻辑是：问题的发现，问题的逻辑梳理，问题的解释和问题的再发现，最后是发现的呈现。

比如，这几年我主要关注内蒙古的草原问题，为什么关注内蒙古草原问题？实在来说只是对那个地方有些兴趣，又恰好有条件进入草原牧区。最初并没有一个精确的研究计划，对草原没有很清晰的认识，也没有计划该从哪个地方入手，更谈不上有计划地选点或形成假设。如果说做调查必须选点的话，我的选点最重要的标准就是可以进入，也就是有人帮助你进入这个地区，并能够得到真实可靠的信息。当然，能帮助你的"熟人"最好是既能和政府部门有联系，同时对基层社会也比较了解，能够成为你进入实地的媒介。

我最初是从赤峰市克什克腾旗做内蒙古草原调查，有关这个地方的研究已经有3—4篇文章发表。在进入这个地方之前，我的知识储备是很不够的，也没有特别清晰的问题，但是我相信在深入调查中，问题会自己浮现出来，而且浮现出来的那些问题往往是在我们讨论的学术问题之外的。

在我进入那个地区之前，许多人在争论草原承包对草原环境保护起到了什么作用？我在研究一个半农半牧村庄时却发现，完全没有办法去讨论这个问题，因为那个村庄的草原根本没有实行承包。政策是一致的，但是在草原面积狭小的地方，不管如何推动，都不可能将草原承包到户。牧民的解释是牲畜是流动的，不可能被固定在一个地方，放牧面积不可能太小。这里就提出了多种原因解释，比如放牧需要比较大的草原，通过政策干预将草原的放牧面积单位缩小，与草原畜牧业对草原的需求是有矛盾的；承包使牧民家庭具有了排他的草原使用权，但是在草原比较少的地方，实现这种排他权利的成本是很高的。我们可以设想，如果草原面积足够大，牧民就可以在自家的草原上放牧，而且因为邻居之间距离足够大，互相之间也不会因为畜群越界而产生许多矛盾，是不是草原承包就会更容易接受？在这里讨论的问题就不是草原承包政策对草原环境的影响，而是草原分户经营模式需要什么样的条件，或者说是草原面积与草原承包之间的关系。

这一个案例梳理的逻辑是否成立呢？那就需要在不同的背景下去验证。我们跑了一些其他的草原牧区，发现在草原面积比较小的地方，大部分没有真正承包到户，还有一些荒漠化草原地区，草原也不需要刻意承包，因为这种地方人口稀少，草原面积很大，牧民之间居住分散，牧民之间相隔很远，草原一直是各自利用，不需要加入草原承包政策，草原承包政策影响比较大的多是介于这两种情况之间。不同地区对草原承包政策有不同反应，在进入草原牧区之前，这些都是我自己完全没有意识到的问题，而是在调查中逐渐浮现出来。

再比如，我们进入草原之前就知道国家正在草原实施"退牧还草"政策，也就是要通过休牧、禁牧和草畜平衡来恢复草原的环境。我想知道这个政策实施的效果如何。开始实地调查的时候，我从所有政府机构反馈的信息得出，"退牧还草"政策的实施大大改善了草原环境，改善了牧民的生存条件。但是在进入牧区以后发现，我们很难对这个政策的效果进行评价，因为在多数地方，这个政策并没有真正落实。除此之外，这个政策还发挥了一些意想不到的作用，比如增加了基层监管部门的罚款收入，增加了地方政府与牧民讨价还价的筹码，一些地方将这个政策作为管理牧民的工具，对于听话的牧民，可以适当放松监察；而对于不听话的牧民，则加强监察。牧民也把缴纳的罚款计入了总的生产成本，当成一项必要的支出。这些信息在我进入调查之前并没有意识到，而是在与牧民和基层干部相互熟悉以后，才逐渐浮现出来。

当我们说要研究真的问题，就要关注这些逐渐浮出来的问题，而不是，至少不仅仅是，依照我们已经设定的问题去收集资料。这种思路与"规范"的研究可能有些不太一致。我刚刚也谈到了，现在"规范"的研究都是要先有个假说或命题，我们要去收集资料来验证这个问题。对于我来说，环境问题的研究是从调查开始，也是在调查中完成的，这似乎有点不够"科学"和"规范"。规范的社会科学方法越来越多地用数据收集来代替实地调查，也就是有针对性地收集资料来验证命题，所以研究成果是可以预期的，但是我的研究经常很难预期会有什么结果，也不知道在社会调查中会被哪个问题牵引到哪个地方去。

王：调查是否一定会有吸引人的问题浮现出来？

王晓毅：这带有很大的不确定性。我们的调查往往是从一般的现象进入，会从重复无数次的问题开始，也许你原来关注着某一个问题，或者有个假设的结论，但是进入田野以后发现你的问题与当地情况完全没有关系，或者你想要的数据完全没有办法得到。所以说调查也存在风险，我们不可能预期每次社会调查都会有很有意思的问题浮现出来。在我的经验中，很多时候会有一些有意思的发现呈现出来，如果没有，那可能是因为我们的调查不够深入，没有触及社会的深层，一旦我们有了更深入的调查，也许问题就会浮现出来。

当问题浮现出来，我们就要对问题进行解释，解释可能会在两个层面上进行，第一个层面是在经验的解释，也就是我说的逻辑的梳理，比如草原面积与草原承包之间的关系，草原监管部门在监管中以罚代管与草原保护政策落实之间的关系，通过这些逻辑的梳理，我们就可以明白在一个调查点上所发生的事情，背后可能有着一般性的逻辑规律。但是这仍然没有完成我们的研究，比如说为什么国家要推行这样一种草原保护政策，草原监管部门为什么会将草原保护政策转变为罚款的政策，以及牧民和草原监管部门之间是如何互动的，要回答所有这些问题，就需要开阔视野，从大的社会变迁过程中来理解调查点的故事，这就是第二个层面的解释，从具体的经验层面做必要的提升。

你的发现在多大范围上是真实可靠的？随着一些条件的变化，结论会不会也出现相应的变化？在这个意义上提问题，就是问题再发现了。有时我们在一个研究地点的发现会纠缠我们的一生，会不断回到最初的问题，思考这些问题，思考我们对这些问题的再发现，这里面或许是由一个隐藏更深的因素导致的。

如果按照这个思路来表述我们的研究成果或发现，我们会觉得这与现在一般的论文表述逻辑是倒置的。我们都知道，现在的论文写作是要有清晰的问题，然后用科学的方法处理大量的数据以证实这个命题。但是我们的逻辑是一个问题逐渐成熟的过程，在这个过程中我们逐步将发现展示出来，所以结论是过程发展的结果。同时，我们的结论往往是开放的，读者所阅读的是社会事实和过程的描述，通过阅读，他们甚至可以得到与我们研究者不同的结论。我经常不是去做一个封闭性的结论，而是倾向于开放性的结论。所以，社会事实呈现的过程也是我进一步学习的过程。

王：沿着您的这种研究路径：问题的发现，问题的逻辑梳理，问题的解释和问题的再发现，发现的呈现……您能再举个您自己的研究例子说明您是如何发现、梳理问题，进而解释这些问题的吗？

王晓毅：差不多20年前我开始在中国的西部地区做一点调查，主要关注贫困问题，后来感觉在西部地区，贫困与环境之间有着密切的关系，所以转而做一些有关草原生态环境的调查。

最初通过朋友的介绍，我到了达里湖边上的贡格尔，熟悉内蒙古的人都知道，达里湖是内蒙古著名的天鹅之湖，周边的景色很好，但是近年来湖水水位下降，水面面积缩小，与此相关联，周边的草原开始出现退化。

这个时候关于草原承包、超载过牧和草原退化的争论已经开始，我也是带着这些问题进入这个地区。大概过了两年的时间，我在这个村庄（在蒙语里也被称为嘎查）前后调查了两年，走马观花地看一些东西，并没有发现什么让人兴奋的问题。因为与所有牧区一样，草原退化了，草畜平衡和休牧禁牧的政策实施了，但是并没有严格的监管。一部分村民的草原围封起来了，有些是以户为单位围封，有些是以组为单位围封，究其背后的原因，也并不复杂，主要是在不同时期，农牧局的资金有不同的规定。

后来因为社科院批准我们一个研究项目，要探讨牧区社会、草原环境与适应气候变化的关系，这就给我机会在这个村庄较长时间地住了下来。我开始梳理草原使用制度的变化及其对牧民生计的影响，这一梳理过程使我对这个村庄的变化有了更深入的理解，许多微观层面的发现颠覆了我们许多正在争论的议题。

比如草原承包和草原退化的关系。有些学者认为草原承包调动了牧民保护草原的积极性，因此要保护草原必须明晰产权；也有的人认为草原承包造成草原碎片化，不利于草原的合理利用。但是二者争论的基本前提是草原被同时分割围封起来，牲畜在被围封的草原上放牧。但是在贡格尔，草原围封的逻辑却与此完全不同。在贡格尔，草原承包以后，因为没有围栏，所以保持了草原的集体使用的传统，换句话说，在没有围封的前提下，草原承包并没有改变草原利用方式。但是随着草原退化，牧草逐渐开始紧缺，有势力的牧民便开始获得项目资助，将自己承包的草原围封起来，围封的目的在于将牲畜放牧在围栏之外以保护围栏之内的草原。在这之后，有越来越多的人将草原围封起来，大家都把牲畜放牧到尚未围封的草原上。由于放牧的面积越来越小，公共放牧地就出现了严重的超载过牧。我们发现，当决策者希望通过草原围封来管理牲畜，从而避免出现"公地悲剧"，但在实践层面，围栏却导致"公地悲剧"风险的增加，这一定是决策者没有想到的。

我们还发现，畜群私有化导致了畜群规模缩小，这对草原利用方式也产生了重要影响。早在鄂温克旗的调查就发现，在畜群缩小以后，牧民便停止了远距离游牧，逐渐地就失去了夏季牧场的放牧权。放弃游牧减少了牧民可利用的资源。在贡格尔调查时，我们也发现了同样的问题，在定居和牲畜私有化以后，牧民逐渐放弃了冬季草原和夏季草原的利用。在这种情况下，所谓过牧就具有了完全不同的意义。当可利用的牧场面积减少，在局部地区就出现了严重的牧草不足，于是大部分牧民开始购买牧草，这造成了生产成本提高，并使牧民的生计水平下降，债务增加，从而在牧区产生了一系列的社会问题。

在这个地点的调查使我们看到了许多新的现象，纠正了我们原来对牧区的许多误解，我们发现，牧区有着被我们所忽视的内在逻辑。当我们用一些假想的简单逻辑代替事实的时候，我们就会犯许多错误。从这个意义上说，深入的实地调查是一个证伪的过程，也就是用社会事实修正我们原有的许多认识。

经验研究不仅仅是为了讲几个有意思的故事，经验研究也不仅仅是为了证明某一项结论，经验研究的目的是还原社会的复杂性，从而使我们能够更加深入和全面地认识社会。为了这样的目的，我们就不仅仅需要将一个故事讲好，而且要把这个故事放到更大的背景下去看，这样才能将村庄的案例与宏观的社会变迁过程结合起来。为了深入地理解这个问题，我开始在调查的基础上梳理相关的问题：

1. 游牧与环境的关系，以及游牧的变迁。这是人类学和地理学的领域，由于各地环境不同，出现了不同的游牧方式。首先，游牧是一种与环境相适应的资源利用方式，多发生在资源比较贫乏的地区，比如高山、干旱半干旱地区或寒冷地带。这种资源利用方式是一种可持续的资源利用方式，并且围绕着资源利用形成了一整套的社会、文化和经济制度。大量的人类学研究早已经颠覆了将游牧看做落后生产方式的看法。其次，游牧本身是处于变化状态中的，特别是现代化的过程对游牧的冲击尤为严重。目前由国家主导的草原管理在很大程度上可以看做是这个过程的一部分。

2. 基层社会治理。草原生态环境的管理实际是社会治理的结果，因为草原保护是人的行动，而不是草原的行动。在这个层面上我们就可以看到，从 20 世纪 90 年代以来的牧区制度变迁在很大程度上削弱了基层社会的管理能力。那么如何加强基层社会的治理能力？这有待继续探讨。

3. 在生态环境保护中，国家、市场和社会的相互作用。在草原管理中，单纯地发挥政府、市场或社会的作用都无法达到环境保护的目的，这一点是很清楚的，但是问题在于，首先，如何使社会在环境保护中发挥更重要的作用。国家和市场在环境保护中发挥作用，已经有许多成型的方案，但是社会怎样在环境保护中发挥作用，还缺少相关的研究。公共参与、社区为基础的环境保护等方面都有许多成功的经验，需要进行认真梳理。其次，相比较国家和市场，社会是弱小的，而且在国家推动的市场化改革中，社会面临着进一步弱化的可能。所以农村社会变迁，特别是边缘的牧区社会变迁，对环境有着至关重要的影响。

4. 全球变化的问题。大家都在说气候变化的影响，草原环境对降雨和气温的变化是高度敏感的，那么气候变化是如何影响草原环境和牧区社会的？我们去年完成的一项成果就是讨论气候变化、政策和牧区社会之间复杂的关系。

经过对这些问题的梳理，草原的环境退化问题就不再仅仅是草原的问题，也不是简单的草原管理问题，草原环境是社会变迁的一个呈现。我们应该意识到，人是生存于环境中的，一旦人类社会要摆脱环境对人类社会的制约，就会出现严重的环境问题。反过来，我们进行环境社会学的研究是将环境问题纳入到社会中，环境问题不是简单的污染和退化，而是社会变迁的结果。

环境问题研究中的"认识社会"方法

王：您一般做调查会在一个地方待多久？

王晓毅：这个比较难说了。如果我们不考虑其他的限制因素，我想在一个地方每年都待上一两个月是最适合的，也许三五年，也许七八年。我们处于一个快速的变动时期，如果我们在一个地方能够持续地关注三五年，或者七八年，我想我们就会看到一个变动的过程，这对于我们理解社会有许多帮助。可能原来我们纠结的问题，随着新的因素的进入，已经以我们没有想到的方式解决了，或者改变了。

王：我看您的调查过程中，有一些地方去过很多次了。

王晓毅：其实许多调查点都需要去多次，特别是现在这样一个浮躁的时代里，能在村庄中静下心来住上几个月变得越来越困难。在克什克腾旗的两个调查点，我在5—6年的时间，每年都会过去一段时间，在科尔沁沙地的调查点，前前后后去了三四次，每次都有2—3周的时间。之所以会多次去，并不仅仅因为不能长时间的持续调查，有时候也是为了增加访问次数，多次访问的好处在于你有许多机会去重新思考和发现问题。比如你第一年去两周，第二年再去两周，这与连续在那里住上四周的效果是不一样的。多次调查不仅给你更多的时间去思考，而且也给村民更多的时间去了解和认识你。随着时间推移，每年都会有新的事情发生，所以多次的观察和访问还会使你能够观察到社会的变动。又如我们关注草原环境，不同的年份可能会有不同的表现，长期的关注会使认识更加厚重一些。我们看科尔沁沙地的村庄，第一次去只是走马观花，看了一些表面现象；第二次去，认认真真地做了一些历史的调查，看到荒漠化对村庄的影响，村庄的生计陷入了困境；到了第三次，看到灌溉农业的发展已经使村庄的生计方式发生了改变，开始出现地下水危机。据说最近又有新的变化，随着柠条深加工的发展，村庄的生计和生态都在发生新的改变。

王：那您进入村子里后，具体是如何做调查的？

王晓毅：在村庄中做调查可能有三个阶段，第一个阶段是熟悉村庄的阶段。调查者进入一个新的地方，看到新的景观和人群，想知道这个村庄有什么故事。调查的第一个阶段就是了解这个村庄。当然这个阶段也许是最不吸引人的阶段，因为我们没有主题地询问各种情况，各种历史和制度安排。我们在这个过程中了解了这个村庄，了解了这个村庄的生产和生活，也知道了哪些信息可以通过什么方法来得到，有哪些人是我们需要不断访问的人。这个过程可长可短，有的村庄，我们去了三五次，都还停留在这个阶段。

随着对村庄各种情况的了解，村庄的问题开始逐渐浮现出来，这就逐渐进入第二个阶段，试图理解村庄的逻辑，这个时候往往也是比较辛苦的，你通过各种途径来归纳你所发现的问题，也总会有新的一些现象来否定你的一些问题或结论。你试图将村庄的问题归纳到一个逻辑框架中去解释，但是总会有各种细节的问题分散你的注意力。当你从众多现象中归纳出一个自以为还可以的解释，但是很快会发现有新的现象与你的发现相互矛盾。在村庄复杂的事实中梳理出一条有逻辑的线索并不是一件很容易的事情。你的调查越深入，你会发现你的解释得到越来越多的支持，那还是很让人兴奋的。

到第三个阶段，就进入收获季节了，当问题浮现出来而你又找到问题背后的社会逻辑，你希望有更丰富、更详细的描述使你的故事更加圆满，让你的逻辑表述得到更多的支持，在不断地思考过程中，将你的一些发现与一些理论做一些对话，你觉得你又明白了一件事情，而且这个发现是可以表述出来的，这时候你开始有目的地收集资料，从而使研究更加完善。

这样看来，农村调查有些像智力游戏，你在不断试错过程中，找到问题并给出解释，我想这也是农村调查吸引人之处。

王：其实王老师您的研究思路、方法是比较偏向人类学。

王晓毅：也许是吧。我们要面对的社会现象往往是很难用因果关系来证明，往往是一种变动的复杂关系，人类学的方法有一定优势。在学术研究方面，所谓的社会学科科学化过程中，社会科学越来越被要求像物理学、经济学、统计学那样思路清晰，方法规范，提倡量化，追求一种可以验证的结论。但是我们知道，即使在自然科学中，也存在海森伯的测不准理论。那种稳定的因果关系经常是不存在的，在面对社会现象的时候，追求一种简单稳定的因果关系就更困难。因此在我们观察社会的时候，经常会发现各种因素之间的关系是会变动的。比如说在草原环境问题上，我们都知道当地牧民是环境退化的直接受害者，但是这并不意味着他们一定可以采取行动来应对草原退化，不同的牧民在不同的背景下会有不同的反应，简单的因果分析很难把握这样复杂的现实。

王：这套研究思路和费孝通的研究是一脉相承的，包括毛泽东所做的中国社会调查，都提倡从社会事实中来探究问题，而非从书本上来预设问题再去验证，研究都深深扎根于中国社会土壤。您的这套研究思路和我们的陈阿江老师比较相似，都是强调本土研究的特色。这套研究思路可以用一个什么词语来概括呢？

王晓毅：其实我也没有特别想去概括，真的要去概括的话，要读很多方法类的书，然后在放到方法论的话语体系中去概括提炼，这肯定非我所长。以后有机会我们可以和阿江来组织一下，专门谈谈这个问题，把这样的一个研究方法探索出来，大家一起讨论。

就我自己而言，我很关注的是事实的再现。多数学者希望通过对事实的提炼以升华到理论，我往往没有这种需求，我希望能够将社会事实再现出来，就已经足够了。

事实的再现并不是一件容易的事情，因为我们面对的是一个活的世界，每时每刻都在变化。每个现象之间都有错综复杂的关系，而且今天的现象与以往的历史也有着密切的联系。所以在一定的历史背景下，社会事实的呈现需要认真和深入的调查过程。

但是如何呈现这种对社会的理解仍然是一个困扰我们的问题。有些学者批评我们讲故事，因为故事往往是具体的，其结论往往受到诸多因素的限制，不能作为一般的结论，而决策者往往希望有放之四海皆准的一般性结论。所以我们如何认识社会与环境之间的复杂性，如何将这种复杂性表述出来，特别是复杂的因素之间动态地相互影响，从方法论上还有许多值得深入讨论的地方。

王：那您是如何看待用定量的方法来研究环境问题、农村问题？

王晓毅：说实在的，我的研究比较少用定量方法。定量方法为什么这么流行？我们生活在一个数字时代，更喜欢用数字来说明问题。甚至定性研究也越来越要规范和科学，我觉得我现在的研究方法在某种意义上是经验的积累，也许还不能说是一种方法。过去我也试图用一些问卷收集定量数据，但是效果不是很好。效果不好可能有几方面的原因，比如和研究设计的好坏有关系，和研究对象也有关系。就拿研究对象来说，我们在西部做调查，研究对象是否对你设计的这套问卷熟悉？在用问卷提问题的时候，一些语言如何转换？当你把这些语言转换之后，可能你要问的问题已经不是原来的问题了。也许与我个人的风格有关，我做研究比较发散，比较灵活，我不习惯比较封闭的、收敛的方法。我本来就是不预设问题地进入调查地，所以看到什么现象和得出什么结论，我也不会去用一个框架式问题设限。还有一个原因就是，如果你的调查对象是大学生，问卷的成本就不会很高，但是如果你去牧区找牧民做问卷调查，这个费用可能比大学生做问卷要高出一百倍都不止。

王：我知道您在进行环境问题研究的时候，经常是跨学科领域的，就像您自己说过的一句话"在我的工具箱里，什么工具都有，既有社会学，也有文化人类学，还有经济学等"。您是如何看待环境问题的跨学科研究的？

王晓毅：我是一个比较没有学科概念的人，所以也不太关注自己是否在做环境社会学研究，有时甚至不知道自己是否在做社会学。学科是我们认识问题的工具，给我们规定了观察问题的方向，但是在现实中我们所面对的是复杂的问题，这就要我们对问题从不同侧面进行观察和解释，这必然超出学科的视野。我们坐在教室里面，好像能很清楚地分出哪些是环境问题，哪些是经济问题，哪些是社会问题，但是真正到了社会之中就分不清哪些是经济学，哪些是社会学。比如说到牧民的贫困问题，这到底是一个经济学问题还是社会学问题？这看似是一个经济问题，其实是和个体、社会结构、环境等紧密联系在一起的。

作为学术训练，我们当然会强调学科的界限，但是在认识社会的时候，我们无法固守在我们学科的范围之内，特别是在做环境问题研究的时候。环境问题本身就是个边缘问题，需要不同学科的知识背景。在这个意义上说，上面所谈的方法不是所谓的社会学方法，更像是认识社会的一种方法。在认识社会过程中，我们的研究成果，包括论文、图书，其实只是一个副产品，真正的成果是我们在这个过程中加深了对社会的认识，当我们把我们的认识过程与其他读者分享的时候，才会有我们所谓的研究成果。吸引我们的永远不是完成研究成果，而是对未知世界的兴趣，对理解这个世界的渴望。

王：是不是可以说，您其实就是在用一种"认识社会的方法"去研究环境问题？您觉得这种方法有哪些是值得我们学习的呢？

王晓毅：认识社会的方法有很多。在这里我想区别一下社会学研究方法和认识社会的方法。社会学有很多成熟的研究方法，都可以用来研究环境与社会的关系。但是在社会学的研究方法之外还有很多认识社会的方法，这些方法对于我们认识社会可能更有意义。在我的个人的研究经历中，对下面的一些因素重视的可能更多一点：

1. 整体论。社会和环境是在一个整体里面的，各种因素交织在一起，需要进行整体和综合的考察。现代科学，包括社会科学，已经越来越强调各自的专业特征和学科特色，因而会更多地将社会事实进行人为的切割，这对于理解环境与社会的关系是很不利的。比如我们探讨禁牧政策的效果，一些人只是将禁牧措施与牧民的收支联系在一起，看禁牧政策减少了牧民多少收入，增加了多少成本，从而希望通过政府补贴来覆盖这些损失。这样的研究无疑是很有意义的，但是却不能帮助我们真正理解牧区环境与社会关系。因为资源、资源利用方式、社会组织和个体行为等各种因素都相互影响，并因相互影响而各自发生变动，我们需要从一个整体去认识。当然，如果我们从一个整体的角度去认识社会，那么观察的单位就不能太大，这也是我这么多年比较多地以村庄为研究的基本单位的理由。

2. 理解。社会事实往往不同于自然界的事实，经常不是唯一存在的。比如草原环境退化是一个客观的事实，可以用草的高度、盖度、产量等来衡量。但是如果我们引入社会的视角，就发现基于不同的立场，草原退化具有不同的含义。比如对于生态环境保护部门来说，他们要改善草原的质量以减缓沙漠化的影响，在这个意义上说，所有的草原植被都是有意义的，而且越高越密越好，即使是杂草、毒草，都可以起到防风固沙的作用。而对于牧民来说，他们关注的是可以利用的牧草，因此毒草、灌木过多都不是好现象。甚至如果草长得过高过密，也不一定是好现象。当大家都在说草原生态环境退化的时候，可能内在的含义是不完全相同的。对社会事实的认识就需要能够理解，或者说站在被研究对象的立场上，才能认识社会事实的复杂性。实际上，只有当我们理解了研究对象，他们能够接纳你的研究，你才能还原现实社会中的故事，发现社会事实的复杂性。

王：我知道您做研究的二十多年中，前十年主要关注东部地区。当时您的研究思路和方法也是这样吗？有没有发生过什么改变？

王晓毅： 其实这二十年里，我的研究方法没有特别大的转变。我以前在温州调查，也是这样做的。刚开始的时候，我连温州在地图哪个地方都不知道，温州对于我来说是一个完全陌生的地方。后来我开始在这个地方生活，和各种各样的人接触，总是听到大家在说温州的民间金融。在温州，每个人都可能成为金融系统中的一员，有人从别人那里借钱办企业，有人把钱借给企业，没有抵押，也没有合同，这样的金融系统究竟是怎么来维系的呢？温州的金融系统中，人与人之间的信任关系是怎么建构起来的？我在这里待得时间长了，我才可以比较好地理解温州这个地方，对于温州的一些东西，我可以说三道四了，说明我有点懂了。《民间金融与农村工业化》写完以后，有很多年没有机会再去那个地方，据说那里变化非常大，现在就不敢说三道四了。

后来我们又在广东、华北做一些研究，也大体上是这样做的，涉及农村的社会冲突、农村集体经济、农村家族制度、农民工等问题，这些问题在很大程度上都不是我设计好的选题，而是在下乡调查中自动浮现出来的问题。有时我们会觉得中国农村是百科全书，而且是电子版的，你随便点击到哪个词条，然后超文本的链接都会带你进入一个不同的世界。这种阅读方式与原来的阅读有着完全不同的体验。有时候我们去农村，好像就是这种阅读方式，也许是某一个原因带你进入了村庄，在你试图理解这个村庄的过程中，就打开了无数的链接，你可以选择打开那个链接做深入的阅读，但是你没有办法打开桌面上没有的链接。

环境问题产生的原因与反思

王：根据您上述丰富的调查经验，您可以总结一下当今中国环境问题的社会根源是什么吗？如何解决这些环境问题？

王晓毅： 我一直侧重在农村研究，所关注的环境问题也主要是农村环境问题。在中国，农村环境问题主要表现在三个方面，即由于现代农业所导致的面源污染问题，农村生态环境退化问题和城市工业污染物下乡的问题。在过去的几十年中，这些问题已经积累成为严重的社会问题。比如中国将近40％的土地处于退化中，虽然国家投入巨资防止土地退化，但是收效甚微；种植业大量施用化肥和使用农药，造成严重的面源污染；养殖业的牲畜粪便得不到有效的治理，造成水体污染。水污染中差不多有50％来源于农业；高污染的企业也逐渐向农村扩散，一些地区采矿业迅速发展，这些都给农村带来了日益严重的环境问题。

第一种思路是将环境问题看做发展问题。所谓发展的视角包括了两种完全不同的看法，有人将环境问题简单地看作是发展的结果，因为发展导致了环境恶化，因此解决环境问题的首要任务就是如何限制发展；也有的将环境问题看作是发展不足的问题，要解决环境问题就需要加快发展。当经济水平提高以后，人们自然会更加关注环境，也会有更多的资源用于环境保护。甚至有人将环境问题简单地看作是中等收入的问题，一旦突破中等收入陷阱，环境问题就会得到解决。

第二种思路是将环境问题看作技术和产业链的问题，这是发展问题的一个变体。为什么中国环境污染问题恶化得非常快，是因为中国处于世界产业链的末端。作为世界工厂，中国的环境问题几乎是不可避免的，因为要维持生产，能耗的增加和污染物的排放大都集中在中国，当中国制造的产品被送到世界各地的时候将环境污染留在了国内。对于中国来说，解决环境问题是产业升级的问题。按照这种思路，东部农村的环境问题会逐渐好转，因为高污染的企业正向中西部转移。

第三种思路将环境问题看做利益问题。不管是环境保护或环境破坏，都会存在着受益者和受损者。环境问题出现的主要原因是环境破坏的成本太低。比如多数的污染实际上并非不可控制和治理，只是因为受益者不愿意减少自己的收益。企业之所以将污水直接排放，就是因为他们要节约治理污染的成本从而获得更高的收益。反过来说，那些遭受污染的人群实际上是替受益者支付了成本。

上面这些看法无疑都有道理，环境问题产生的背景是复杂的，没有单一原因引起的环境问题，当然也没有灵丹妙药。但是我的研究可能比较多地关注了在农村基层社会日益衰败背景下，农村居民不能在环境管理上发挥作用的问题。无论是环境保护和环境破坏，在很大程度上都不是当地人所能左右的。比如采矿所导致的环境问题在西部地区日益严重，但是当地人无能为力；控制牲畜数量以保护草原环境，牧民也觉得无能为力。在我这么多年的观察中，我认为我们环境社会学要特别关注的就是环境与社会的关系问题，如果换成政策话语，就是如何建立农村环境与社会之间更密切的关系。如果展开来，这个方面可能还可以谈很长，但其实质就是社会如何能够自主行动起来。

[**受访者简介**] 王晓毅，中国社会科学院社会学研究所研究员，农村环境与社会中心主任。1987 年南开大学社会学系研究生毕业后进入中国社会科学院，从事农村社会学研究。研究领域涉及农村发展、农村贫困与环境问题等。

[**访谈者简介**] 王婧，贵州大学公共管理学院社会学系教师。2013 年毕业于河海大学社会学系，研究方向为环境社会学。

环境社会学与环境史

——张玉林教授访谈录①

【导读】德国环境史学家约阿希姆·拉德卡指出，环境史绝不仅仅是危机和灾难的历史，也是人与自然的联系以及自然环境默然再生的历史。受访者在梳理日本环境社会学的发展以及代表人物相关研究的基础上，坚持认为我们应该基于人与自然的互动关系，从环境史的视角去分析"什么是环境社会学"这一核心问题。首先，受访者通过比较欧美、日本和中国的环境社会学研究成就，阐述了人与自然的互动关系演变史对于理解环境社会学的研究对象、研究方法等学科性问题具有不可或缺性；其次，基于自身的研究经验，受访者建议中国的年轻人在开展环境社会学本土化的研究和教育时要关注人类整体或者某个特定社会的环境史。

从农村研究出发探究环境问题

唐国建（以下简称唐）：张教授好！为了加深对环境社会学的理解，陈阿江教授计划约请这一领域的部分学者就"什么是环境社会学"进行深度访谈。我很高兴能借助这次东亚环境社会学国际研讨会的便利对您进行采访。作为国内最早一批从事环境社会学研究的学者，您的许多研究产生了较大影响。我刚刚拜读过您关于"环境抗争"的几篇论文，给我很大的启发。您是什么时候开始从事环境社会学研究的？

---

① 本文根据唐国建博士对张玉林教授的访谈整理而成，并经张玉林教授审订。访谈是 2013 年 11 月在河海大学召开的第四届东亚环境社会学国际研讨会期间完成的。

　　张玉林（以下简称张）：我做这方面研究的时间不算长，最早发表的一篇论文是在 2003 年，和顾金土老师合作写的。2001 年我在南京农业大学工作期间申报了一个江苏省的社科基金项目，题为《环境问题引发的社会冲突及防范对策研究》，作为项目的研究成果，发表了《环境污染背景下的"三农问题"》（《战略与管理》2003 年第 3 期）。在这一研究的基础上，主要是基于冲突的视角，重点围绕施害—受害关系开展了后续研究。我当时有一个较简单的判断，就是在环境整体恶化的背景下，农村、农业和农民受到的影响最大。

　　唐：从已经发表的论文来看，您似乎一直都比较关注农村的环境问题，这是为什么呢？

　　张：我是做农村问题研究的，专业定位最早只是在农村社会学。其实不止是我，日本、美国以及国内的不少学者，都既是农村社会学者，也是环境社会学者。说到缘由，不是因为关注环境问题才关注农村问题，而更多地是从农村研究出发探究环境问题。比如日本的福武直和鸟越皓之。福武直在 20 世纪 50 年代就开始调查日本的环境污染问题，但他是一个农村社会学家，他和他的一些弟子都做过农村环境的研究。依我个人的感受，研究农村的学者对环境的变化可能更敏感一些，因为农业、农村和农民受环境恶化的冲击更加直接，也更加深刻，这种冲击会自然地影响到农村研究者的认知，使他们必须关注这些问题。当然也有例外，比如费孝通先生。我曾经在《天地异变与中国农村研究》（《中国研究》第九辑，2010 年）一文中对费孝通与福武直进行过比较，探讨了这两位大家对环境问题的不同态度，以及背后的影响因素，大概有些启发。

环境社会学的定位与环境史的视角

　　唐：环境社会学作为社会学的分支学科，相比农村社会学、城市社会学、经济社会学等分支学科来说，在国内似乎一直得不到主流社会学的认可，您怎么看这个问题？

　　张：关于这个问题，首先不能说国内主流社会学不承认它。主流社会学家可能不一定很熟悉环境社会学是做什么的，但一般也不会否定这个学科的合法性。其次，的确可以发现，国内社会学界的大腕们极少研究环境问题，虽然有个别学者因为某种机缘写过这方面的论文，但也仅仅是写过一两篇文章而已，社会学会的会长、副会长们，以及各大学社会学院（系）的院长或系主任们，没有几个是做环境研究的。这个事实也说明，国内社会科学界的主流学者对环境问题缺少足够的关心。这也就涉及我们今天探讨的主题，即"什么是环境社会学"，或者说社会学为什么要研究环境问题。

我们都知道，在传统社会学那里，也就是19世纪和20世纪前期的社会学，都极少关注自然环境。传统社会学热衷于社会结构、社会组织，家庭和社区，人与人之间的关系，等等。导致这种状况的主要原因，应该是当时人类发展对自然环境的破坏，包括资源的过度消耗等问题的严重性还没有整体地呈现出来。环境危机的整体性呈现是20世纪60年代开始的，到70年代，西方世界普遍意识到了这个问题，社会学界也开始了反思。通常认为环境社会学最初是从美国兴起的，但是如果从社会学界涉及环境问题的时间来看，日本比美国更早一些，他们在20世纪50年就开始了，到60年代出现了一些有影响的研究，虽然当时没有公开打出"环境社会学"的旗号。

环境社会学的研究重点究竟是环境与社会之间的关系，还是环境中的人与人的关系，可能还没有一个较明确的定位。我个人认为两者都很重要。但前者是第一位的，不过仅有笼统的"社会"或"人类"还不够，比如环境哲学或伦理学也非常关注"人类与环境"，但是在具体审视环境与社会的关系时，环境社会学的把握维度和层次，与环境哲学以及其他学科的把握差异较大，概括地说，环境社会学者更加关注不同的"人类"或社会。进而，我们都承认环境与社会之间的影响是双向的，但是对于影响的程度、规模等问题缺少更深入的理解。每个国家的社会学者都是依据他自己国家所面临的状况进行研究的，因此我们会发现，日本、美国、中国的环境社会学家们所关注的具体问题并不一样。譬如，美国的环境社会学的研究对象，早期是自然保护运动，到20世纪80年代才开始关注受害、施害等环境正义方面的研究，进而拓展到能源正义、气候公正、食物公正等问题。而日本在20世纪50年代开始涉及环境问题时就关注加害、受害现象，如福武直和他的弟子就考察过一个冶炼厂给当地居民带来哪些危害，到80年代，他们所关注的领域更加广泛了。

　　唐：我自己做环境社会学的研究也有 10 年了，对于环境社会学作为一个学科，我认为确定其研究对象是很重要的。我的观点是将环境社会学的研究对象确定为环境行为。您怎么看这个问题？

　　张：你所说的环境行为指的是什么？个体的还是集体的行为？

　　唐：我所说的环境行为是指人类对自然环境产生了影响，并且这种影响反过来又影响到人类自身的一切活动。

　　张：那我们说的是一个意思。我觉得首先要从文明史、环境史的角度来认识环境社会学的学科性质和研究对象。就人与自然的互动关系而言，我们对这个关系的认识本身是逐步变化的。关于人与自然之间的相互影响，到底在多大程度上是可以把握的？这已经超越了环境社会学的研究领域。要把握这些问题，必须对生态环境史有更多了解，需要阅读历史地理学、社会经济史等领域的研究成果。不管是环境行为还是环境与社会的关系，并不是现代社会才有的，作为"问题"早就存在了，只是到 20 世纪中期才开始被强烈地意识到而已。至于问题是怎么演变而来的，我们可能没有精力去逐一研究，但必须通过阅读相关的研究去了解和理解。就像社会学中的基本概念"社会变迁"，理解它可以用千年、百年，也可以用三十年甚至三五年的时间尺度来衡量。没有一个恰当的时间尺度，对于"社会变迁"的理解就只能是浅层次的、短视的，或者说是缺少历史感的。

　　只有在充分了解环境史的基础上，才能对现代工业社会所造成的整个社会经济体系与自然生态环境之间的关系转变有清醒认识。从历史的角度，才能弄清楚究竟是机器、科学技术，还是企业、资本和不负责任的官员，以及相应的制度等因素导致了两者的关系发生了根本转变。当然，最重要的是从中找到起决定作用的整体性力量。这种整体性力量，最后集中表现为生产方式和生活方式，它改变了人对自然的态度和行为，进而改变了环境与社会的关系。例如，现在对土地的过度利用现象就很明显，像寿光的大棚蔬菜种植，实质上是一种掠夺式的行为。环境史的研究表明，正是由于阿拉伯人过度利用土地，才导致或加剧了两河流域的沙漠化，进而导致了一个文明的消失。

　　人类与自然的关系的变化，也可以从自然资源量的变动、资源开采方式的变化等方面来把握。比如说伐木，当用斧头砍树转向用现代化的机械到深山老林去砍树时，人对待自然的态度，或者说社会与环境之间的关系就发生了质的变化。用斧头砍树是"野蛮的"，但这种"野蛮"短期来看大致是自然可以承受的，也就是说它没有超越自然的自我恢复能力。等到用电锯伐木，状况就不一样了，就发生了质变。现代科学技术或者说机器文明的确从根本上改变了人与自然的关系，机器的大量运用对自然环境所产生的影响，远远超出了我们所理解的程度。就以日常生活中的"不守规则"现象而言，在农业时代，不守规则可能不会导致太严重的后果，因为接触的范围有限，又处于一个熟人社会，只要你不是故意地伤害别人，你对他人一般也难以造成很大的伤害。但在现代"汽车社会"就不一样了，例如，开车闯红灯，或者开车时打电话、玩微信，很容易在无意伤害中造成严重伤害，驾车的人实质上是在操纵着一部随时会变成杀人工具的机器，但许多人对此缺少警惕。

延伸开来说，我个人认为，当中国变成汽车社会，很可能意味着中国甚至整个人类在资源短缺和生态环境恶化的问题上基本没有退路了。我们一方面严格控制人口，一方面又鼓励居民买车，这是一个笑话。控制人口就是因为资源的有限，而鼓励汽车产业却是在鼓励大量地消耗资源。当然，鼓励汽车成为日常交通工具，主要是出于推动经济增长的需要。政权的合法性以保证经济增长为前提，这与传统国家政权的合法性取得不同。在传统社会，人们对政府的期待并不多，所谓好的政府或皇帝，就是不要剥夺太多，能够维持治安、保证社会安定，发生灾害时及时救济，推动"经济增长"并不在其中，也不是其突出的功能。而在现代社会，不管是社会主义国家，还是资本主义国家，政权的合法性都建立在经济增长的基础上。依靠大量的投资、大量的生产、大量的消费和消耗来推动增长，结果只能是大量的排放和废弃。因此，与传统社会提倡节俭的伦理不同，现代社会经济体系的内在逻辑结果就是浪费，通过刺激欲望、扩大需求来维持和扩大生产体系，因此对资源环境的压力越来越大，超出了自然生态系统的承受限度。从这方面也能看到，人与自然的关系发生了根本性变化。

要深化这方面的认识，需要改变现在的教育模式和教育内容，需要重塑价值观。我们现在对很多问题的理解都是从概念到概念，而对其具体的内涵缺少切实感悟。以我昨天的报告中谈到的"高能量社会"或"高能源社会"而言，就是理解现代社会的一个关键词。它是指工业革命以来人类对化石能源的开采利用呈现加速度的扩张，现代文明的基础就是过度的能源利用。以山西的煤炭开采为例，目前一年的煤炭产量高达9亿吨（内蒙古的产量更高），超过1900年的全球产量（大概是7.6亿吨）。这意味着什么？在1900年，老牌工业国都已经很发达了，已经拥有支配世界的能力，而这种能力所依赖的能源90%以上是煤炭，当时石油的开采量还很少，只有几千万吨。环境史学家约翰·R.麦克尼尔在《20世纪环境史》中提到，在20世纪的一百年中，人类消耗的能源相当于此前的一千年间所消耗的10倍，而在农耕出现后的一万年中所消耗的能源也只有20世纪消耗量的三分之一。麦克尼尔写作《20世纪环境史》的时候，中国还不是"世界工厂"。中国正式成为世界工厂是在2001年加入WTO之后，也就是开始深度卷入全球市场经济体系之后。在这种情况下，大量投资进入中国，生产能力变成了加速度的现象。看看《中国统计年鉴》中的数据就知道了，在最近的十年中，每年钢铁生产的净增加量就超过了20世纪80年代初的全年产量！比如1981年的钢产量是3700万吨，而从2002年到2012年，钢产量从不到2亿吨增加到7亿多吨，平均每年净增加5300多万吨。这些数据说明，我们这个经济体的膨胀速度就如当初宇宙大爆炸一样，令人震撼。所以，我个人的感觉是，从资源和环境的角度来看，当美国、西欧和日本都变成工业社会时，虽然也已经很可怕，但只有当中国和印度加入进来才是决定性的。抛开"中国威胁论"和"发展的权利"等问题，我们应该对这种转变的意蕴和长远影响有更客观的理解。

唐：从您的研究来看，您对环境史的内容比较重视。但是我发现在我们受教育的过程中，基本没有类似的课程，国内对环境史也没有专门的研究。

张：是的，社会学界的确没有关于环境史的研究和相关课程，正如很少重视社会史一样。但是社会经济史、历史学、地理学领域对环境还是有很多研究的，不过不一定叫"环境史"。例如，著名的历史地理学家史念海先生，他的《黄土高原历史地理研究》（黄河水利出版社2001年版）就是一部关于黄土高原的环境史研究。近二十年来国内史学界关于环境史的研究成果已经出版不少。当然，整合性的东西，也就是超出史学专业的影响、为整个社会科学界阅读的成果似乎还没有。只有较多地了解中国历史上的环境演变脉络，才能更深入地理解中国今天所面临的问题。为了弥补这方面的不足，我在南京大学联系了一些老师，开设了一门叫"环境与社会"的通识课，其中环境史方面是重要内容，比如请历史系的马俊亚教授讲授农耕时代的中国环境变迁，我本人讲工业化以来的环境变迁。通常有 6 位来自不同院系的老师讲授这门课程。课程讲义今年 7 月已由清华大学出版社出版，书名就是《环境与社会》。

唐：这本书中是否对环境社会学进行了某种定位？

张：主要还是梳理了不同时代的环境变迁状况，也包括从不同的学科视角和问题领域如何理解和"解决"环境问题。你比较关心环境社会学的研究对象，这个问题可以简单地说成"环境与社会的关系"，关键是如何具体去把握，同样重要的是必须超越"社会学"的学科视野。作为社会科学领域的研究者，我们对自然环境及其变化了解甚少，如同化学需氧量、重金属含量、各种有机化合物，等等，我们肉眼看不到，无法判断，也很难进行研究。我们能看到的是水的颜色、气味等大的方面，这只是粗浅的认识，与一般人大致相同，因此必须借助自然科学的研究成果来认识和理解。在此基础上，才能探究造成污染的社会机理是什么，才能进入对政治经济体系和人与人之间的关系、社会与环境的关系的分析。

因此，我对环境社会学的定位是比较宽泛的。这是因为我觉得社会学本身已经变得越来越狭窄，越来越缺少穿透力了。我们都承认马克思是古典社会学的"三大家"之一，但却很少阅读马克思的东西，通常只是借用几个概念。社会学已经变成用干巴巴的概念来表述的学科了。学习社会学，如果不了解社会史，对社会的理解肯定是有问题的。只有先回到历史，才能对现实问题和社会变迁有切实的理解。因此，必须阅读历史，包括三百年、三千年的历史。宽泛的环境社会学定位，意味着我们必须从其他学科中吸收有用的成分。为什么最近很多人提倡跨学科研究？就是因为现在的学术分工导致了学科之间的断裂，使得各自的研究碎片化。一百年前不是这样的，那时候为什么会有"大家"？是因为他们在广泛阅读的基础上进行整体性思考。现在的每个人都是小鼻子小眼，博士不再意味着博学，变得很狭隘。这意味着人在萎缩，所谓的"知识分子"在萎缩。可能躯干还在伸展，但大脑和视野都在萎缩。因此只看到局部和表面，而看不到整体，也看不到核心。所以，今天要把握自然环境与社会的关系，就必须大量借助自然科学的研究和历史学的研究。尽管一些研究还存在争议，但很多具有共识性的东西还是值得借鉴的，比如说大量的碳排放对气候变化的影响。其实我们的任何行为，促成或引起它的，以及它所引起的一系列的反应，等等，都有助于理解环境与社会的关系。这方面有一个重要概念是"生态足迹"。如果你不了解生态足迹，你就不能深入地理解人与自然的关系。

环境史视野中的环境社会学本土化问题

唐：通过刚才您所讲的，我想到了一个问题，就是关于环境社会学中国化或本土化的问题。在现在的环境社会学教育中，我们接触到的知识、概念基本上都来自欧美或日本。如果从历史的角度来理解环境与社会的关系，那么我们的理解肯定不同于欧美或日本学者的理解，因为各自的历史不一样。我们如何在具体的研究或教学中处理外来的知识体系呢？

张：首先，关于环境史，我的理解就是环境的问题史。在这方面，日本和美国都有系统的研究成果，而中国还缺少整合性的研究，这可能也与中国体量太大、整合需要更多的时间有关。但国内已经有很多关于某一区域或领域的研究成果，比如长江流域、黄河流域等。

至于欧美或日本的研究范式或知识体系问题，需要具体分析。翻阅美国的生态环境史，从其森林覆盖率的变化就会发现美国文明是很可怕的。从 17 世纪大量移民进入开始，东部的森林消失得非常快，整个美国的 60% 的森林在大约 200 年间就被砍伐掉了，而中国是大致用了三千年才完成类似"壮举"的。正是在这种状况下，美国的自然保护运动出现了。邓拉普等人总结的所谓"人类例外范式"（HEP）和"新环境范式"（NEP），是一种整体性的认识范式，在美国可能更适用，但如果作为分析工具用来考察今天中国的环境问题，就显得大而无当，适用性不强。相反，施奈伯格的"生产永动机"概念可能更有效，它虽然是用来解释现代资本主义经济体系与环境、自然的关系的，但用来解释中国的问题，就会发现它不仅"永动"，而且速度更高，典型的例子是"保八"，这与我们的体制有直接关系。

日本人对环境的破坏当然很早就成了问题。从明治维新开始，日本的工业化在一些矿区和工厂密集地区都造成了严重的生态破坏，虽然当时还只是局部的。因此，日本的研究从一开始就关注施害、受害的问题，后来归纳出受害圈、受益圈等概念，用来分析中国的问题也是有效的，能够拓展我们的思路。

至于环境社会学的"本土化"，它应当是自然而然地形成的，不需要刻意求之。环境问题既包括社区层面，也包括全球层面，今天的欧美学者可能更关注全球层面，如气候变化，中国的学者更关注国内，无论城市还是乡村，或者某一个区域和流域。应该承认分工，同时要有全球眼光。关键是超越单一学科的局限，专注于实在的问题本身。如果已有的概念或范式中能够找到你需要的分析工具，当然很好，如果没有，就需要从中国的经验研究中抽象或归纳出来。我在十年前的那篇文章中曾提到过"政经一体化"，当时没有详细论证，后来在做浙江的环境群体性事件的研究中，经过斟酌，意识到它可能就是所谓的本土化概念，能够说明中国环境问题的一个重要症结，甚至对认识其他领域的一些症结也有启发。日本人在研究中也注意到政府与企业的关系，但他们的表现形式与中国不同，日本的地方政府不是一个经济体，而中国的地方政府已经变成了与企业没有两样的经济体，比如过分追求经济总量和财政收入、税收，这与企业追求市场份额和利润非常相似。由于它过分追求经济总量和税收，因此也就非常"青睐"能够带来大量GDP和税收的企业，因此有"亲商"之说。

总之，不要过分追求"本土化"。它主要不是表现在你造出了哪些概念，而是表现在你所研究和呈现出来的东西与其他国家区别何在。外来的概念或理论范式，一般都是针对特定的国家或制度、特定历史阶段而言的，也因此往往有一定的局限性，不可能是全能的。

唐：除了"政经一体化"，最近几年您在这方面有哪些新的发现或探索吗？

张：我在关于山西采煤沉陷区治理的报告中提到过"灾害的再生产"（《灾害的再生产与治理危机——中国经验的山西样本》，见《中国乡村研究》总第10辑，2013年），可能算是新的探索。关于它的内涵，简单地说就是从地下挖出一吨煤，必然意味着相应地出现一个空洞，大量采煤必然造成大面积的地下采空，而踩空必然导致塌陷。尽管可以用回填等技术手段来解决这一问题，但由于企业和地方政府都一味地追求产量、利润或税收，造成监管失灵，技术手段也就不再成为手段了，甚至原本用于防止坍塌的"保安煤柱"也被挖走，造成大面积的"煤矿地质灾害"，比如水源枯竭、地表开裂、房倒屋塌，最严重的是村民大量外迁，村庄完全成了废墟。这就是灾害的生产和再生产。这背后当然有制度的原因，前面所说的"政经一体化"造成加倍效应，使灾害不断地扩大和累积，形成一种"累积性灾难"，受害者又长期得不到救济。总之，煤炭的采掘过程就是一个制造灾害的物理过程，而制度缺陷使它放大，变成了典型的政治和社会过程，因此灾害在"扩大再生产"。但进一步的问题在于，我们通常只是把这种物理过程漠然地看作"必要的代价"，而没有注意到"代价"如何被人为地扩大，以及如何只由一部分人承受。这种漠然的态度，意味着我们对"灾害"和"灾难"的理解是非常肤浅的，缺少环境正义和社会公正的维度。

唐：除了理论层面的问题，我知道您做了许多田野调查工作。那么，在环境社会学的研究方法上您有什么看法？

张：在田野调查方面，每个人都有自己的习惯和心得。我原来是做记者的，经常到基层做访谈，我更倾向于"走马观花"和深度访谈的结合。走马观花的价值不容否定，它能提供经验的广度，当然最终研究要靠深度访谈，其实走马观花也是为深度访谈服务的，只有具有更多、更广泛的一般性了解，才可能知道哪里存在着"深度"。至于定量研究，以前也曾尝试过发放问卷，比如在江苏宜兴、河南沈丘，以及安徽的宿县，都带领学生做过问卷调查，但最终对调查所获的信息缺少信心，只是作为参考。问卷调查的缺陷在于，首先调查者本人对问题的设定和理解上可能就存在误区，其次是填写问卷的受访者也存在着误区，双重甚至多重的误区叠加到一起，可信性就要打上很大的问号。

我个人以为，在今天的信息时代，学会用二手资料做研究非常重要，这需要向历史学家学习，需要掌握他们拥有的功夫。互联网每天都会为我们提供大量的相关信息，如何有效地利用这些信息，应该认真思考。不少人对互联网上的信息，包括纸质新闻媒体的报道持怀疑态度，怀疑当然是必要的，但不能因此否定它的利用价值，起码是作为"线索"的价值。关键是对你打算使用的二手资料进行可信度的审查，不仅是新闻报道，也包括学术文献中的案例或信息，都需要进行可信度审查，防止虚假、夸大和误读。这种审查当然需要学识、阅历和逻辑，更需要到现场，到事件的发生地去确认。经过这种审查，你所使用的资料、案例的可信性就不会再是基础性的问题，你的研究所呈现出来的，可能会更加接近真实或真相。

唐：对于准备进入和刚进入环境社会学领域的年轻人来说，我们比较关注环境社会学的未来。所以，最后您能提点从事学习和研究方面的建议吗？

张：我个人相信，环境问题的"根本解决"甚至"基本解决"是一个漫长而艰难的过程，在这一过程中，环境社会学的必要性是不容置疑的，至于它在中国的必要性，则肯定会增强。而每一个个体的研究都是一个学科发展的组成部分，只要你做出了这个学科认可的、有助于深化人们认识的研究，你就是有贡献的。就如你们河海大学的陈阿江老师一样，开始可能也没有目的性非常明确的追求，比如所谓的学术地位或影响力，但是慢慢地做下来，就会发现他积累很多，发表了很有见地的论文论著，培养了一批学生，大家就很认可，甚至觉得河海大学的环境社会学不错。所以千万不要人为地定义一些东西，譬如说环境社会学要怎么怎么样。其实说到底不可能怎么样，与环境问题究竟能否解决，是不是会演化到危及整个人类生存这样的大问题相比，环境社会学怎么样非常不重要。你自己将研究做得很扎实，做出了有助于理解甚至解决环境问题的成果，这个学科也就自然发展起来了。美国的环境社会学有它的特色，日本有日本的特色，印度也有它自己的特色，但"特色"不是人为标榜的结果。关键是对自己的经验的呈现和分析，这需要真态度和真功夫，不是靠人数和产量，也不是靠课题和资金。我曾经写过一篇短文，题目叫"环境问题的恶化与环境研究的繁荣"，说的就是这个问题。不仅我们所研究的环境"病"得不轻，我们的环境问题研究本身也有很多"病"。很多人只是将研究当作一种职业，甚至追名逐利的工具，而缺少真正的关怀，因此争课题、浪费钱、造假现象所在多有，这需要高度警惕。总之，踏踏实实地去做比什么都重要。

[受访者简介] 张玉林，男，南京大学社会学院教授。1985年山东大学中文系毕业后进入新华日报社工作，1992年赴日本京都大学留学，主攻农村社会学，2000年获得博士学位，执教于南京农业大学社会学系，

2002 年调入南京大学至今。21 世纪以来主要研究农村环境问题，发表过多篇有影响的论文。

　　[**访谈者简介**] 唐国建，男，哈尔滨工程大学人文学院社会学系讲师，博士，硕士生导师，主要研究方向为环境社会学。

环境行为与海洋环境问题研究

——崔凤教授访谈录[①]

【导语】 20 世纪 90 年代中期以后，中国的海洋环境问题日趋严重。海洋环境问题可以说是非常复杂的，从环境问题本身来说，它是很多环境问题的聚集体，既包括海洋上的环境问题，也包括陆地上的环境问题。从环境问题的影响主体来看，海洋问题牵扯了各种利益主体，影响范围不仅限于某一国度内，更是一种全球性的问题。围绕海洋环境问题的研究也越来越得到学术界的重视，其中从社会学视角来看待海洋环境问题，是一个颇有特色和研究潜力的方向。中国海洋大学法政学院崔凤教授是海洋与社会研究领域中很有影响力的代表性人物，近年来他一直着力从社会学的角度解读海洋环境问题，并在海洋社会学基本理论研究和应用研究中取得了一些突破性的成果，如海洋环境问题研究、"三渔"问题研究等。2013 年东亚环境社会学研讨会期间，笔者有幸访谈到崔教授，向崔教授探讨诸多问题。环境社会学学科定位如何？与海洋社会学学科的关系如何？当前中国海洋环境问题的现状、原因如何？有何治理对策？环境社会学学科发展趋势怎样？等等。接下来，请看崔教授为您逐一解读。

环境社会学的学科定位

王婧（以下简称王）：崔教授，您好。根据您的研究经历，您最初是

---

① 本文根据王婧博士对崔凤教授的访谈整理而成，并经崔凤教授审订。访谈是在 2013 年 11 月在河海大学召开的第四届东亚环境社会学国际研讨会期间完成的。

做社会保障政策研究，您是如何转入环境社会学和海洋社会学研究领域的呢？

崔凤（以下简称崔）：好的。最初我集中做的研究就是社会保障政策，到了中国海洋大学以后，我才真正开始接触环境社会学的教学科研工作。从 2003 年开始，我陆陆续续地发表了一些环境社会学方面的论文。2005 年以后，由于学科发展需要，我又开始从事和海洋环境问题有关的社会学研究，我自己把它叫作"海洋社会学"。中国海洋大学的特色就是和海洋有关，而且我们学院法学学科中环境法比较强，所以综合考虑，我就牵头办起了海洋社会学。我们学校社会学学科有四个主要研究方向：环境社会学、海洋社会学、农村社会学、社会政策，其中环境社会学和海洋社会学已经成为中国海洋大学社会学学科两个非常突出的特色。

如果从 2003 年开始算的话，我从事环境社会学研究正好 10 年了。总结一下，这 10 年主要做了两个方面的研究：一方面是做了海洋环境这一专门类型的研究，这属于应用研究，主要是去探讨海洋环境变化以后的影响，比如对渔村的影响；另一方面就是提出了一个观点吧，认为环境行为是环境社会学的研究对象之一。

王：也就是说，您认为环境社会学的研究对象之一就是环境行为？

崔：是的。从邓拉普开始，有部分学者认为环境社会学的研究对象是环境与社会的关系；还有一种观点，如洪大用早期认为，环境社会学的研究对象是环境问题。我在对环境社会学研究对象界定的时候，并不是在反对这两种观点，而是认为可不可以有第三种观点，环境社会学的研究对象也包括环境行为？当我们沿着邓拉普的思路，探讨环境与社会的关系时候，就会觉得它很宏观，如果处理不好，很可能走向哲学的层面。大家都知道，环境社会学要发展，应该要多鼓励做经验研究，如果仅仅将研究对象拘泥于环境与社会的关系，类似于哲学思辨，那么如何做经验研究？当我们按照第二种思路，把环境问题作为研究对象，这倒是有助于我们去做经验研究，但是宏观层面的关注又不够。还有一个问题，就是环境问题研究不是我们的终极研究对象，环境问题可能只是一个表象。综合这些考虑，我坚持认为，环境社会学的研究对象至少应该包含环境行为，可以说，环境行为应该成为环境社会学很重要的研究对象之一。

王：您这里所说的环境行为，主体有哪些呢？

崔：可以先分为三个层次吧。包括个体的环境行为，群体或组织的环境行为，还包括关于"类"的环境行为。

个体的环境行为比较好理解。我曾经指导过一个学生做硕士毕业论文，就是一个微观的环境社会学研究——居民垃圾分类行为的考察。我让她到一个社区里面，去观察社区的居民会不会按照这个要求去垃圾分类，如果居民做到了垃圾分类，那么就去研究他们是怎么做到的？结果是，居民做垃圾分类做得不好，不管垃圾箱分为两种（可回收和不可回收垃圾箱），或是四种类型，居民都不做分类，还是习惯性地把垃圾倒在一起。我们再来看日本，日本的垃圾箱很多，据我了解，日本的垃圾箱有十多种，各种各样的，居民能很好地进行垃圾分类，做得井然有序。为什么中国居民的这种环境行为会难以改变？这就是环境社会学需要解答的一个问题了。

从宏观上看，政府的环境行为就是一种组织的行为，也可以去考察。政府作为一种组织类型，对环境的影响很大。改革开放后30年，政府单方面追求GDP，这对环境的影响，大家都清楚。还有很多的大中小型企业，它们的环境行为怎样？对环境产生了什么影响？国家对企业的约束往往是采取法律的手段，或者经济手段（税收），但是我们看企业的环境行为，会不会改变，按不按国家的规定去做？我们看到是这其中有着非常复杂的情况。企业在处理环境问题时，发生一些规律性的行为，这些行为如何，通过对这些行为的认识，我们再去完善我们的法律。所以说，要回答这些问题，从操作层面来讲，环境行为就成为我们做研究一个比较好入手的工具，我就是经常从这个角度来思考问题的。

除了个体、群体、组织的划分外，我还想提出一种"类"的概念。随着全球性环境问题的出现，要认识和解决环境问题，还得要靠整个人类的努力，否则很多环境问题是解决不了的。最典型的全球环境问题就是气候变暖，气候变暖了以后对地球上所有的国家都会造成影响，这里面有的是直接影响，有的是间接影响。比如海平面上升以后，一些小岛国就会消失，还有一些不是岛国的国家也会受到影响，如出现极端气候。另一个就是海洋的污染问题，因为海水是流动的，一国的海水污染后，会影响到毗邻国家的海水。日本的福岛发生核泄漏之后，海水进行流动，污染物就蔓延到太平洋的东岸，临近墨西哥、南美的地方，自然科学家已经在这些地区检测出了核的放射性元素含量逐渐增高的趋势。这些全球环境问题的出现，只靠一个国家，或是某几个国家都很难解决，必须要依靠几个国家联合起来。从人的存在方式的一个最高的层面，就是"类"存在来看，人作为一个类的存在，就会有一种类环境行为。

早期我发的文章中，只写到了组织环境行为这块，后面关于"类"的概念，还没有提出来。当时还是想法受到了局限，只想到了如何在国家内部解决环境问题，还没有涉及更广阔的思路，后来才慢慢有了一些新想法，这也是一个发展的过程吧。

总体来说，环境问题的成因，归根结底，就是人类行为造成的。我觉得，不管是制度的、文化的影响因素，最终都会反映到人的行为这一现象上去。所以，环境行为就是一个非常有助于我们做研究的视角。

关于环境行为这块，我觉得也不能仅仅停留在概念的思考上，还得继续用环境行为这一视角去做大量的经验研究。概念分析只是一个准备，接下来，我会努力去做自己的研究，沿着环境行为的思路去做。

王：您刚刚说了很多，把环境行为看成是环境社会学的主要研究对象，那您觉得环境意识呢，或者说社会心理层次的，是否也可以成为环境社会学的研究对象呢？

崔：我是这样理解的。我认为环境行为是一个核心概念，很多都和这一核心概念有关系。比如你刚说的环境意识，或是社会心理，从某种程度上来说，人的行为是受到人的意识的影响，但不是决定的关系。有的时候意识改变了，行为会发生改变，但是行为的改变，并不一定是意识变化的结果。我举个例子，咱们国家搞计划生育，从生育率这个指标来看，80年代中后期以后，生育率大幅度地下降，这种行为的变化，是因为人们的生育意愿的改变吗？有调查研究发现，人们的生育意愿改变得不那么明显，主要是我们实行了严格的计划生育政策，是政策导致了行为的改变。所以，从这个角度来讲，你说的这个环境意识，也是可以从环境行为的角度来讲，环境意识最终还是要通过环境行为的变化，来改善现有的环境的状况，不能仅仅停留在意识的层面。当环境意识不能够对环境行为有决定性的影响，单纯地去研究环境意识，没有环境行为，意义不大。

关于环境意识这块，我没有做过调查，只是自己观察、看文献。通过看一系列的量表测量，你会发现，居民的环境意识并不是很差，但是，我们的环境状况的改变不是那么明显，意识和行为之间有差距，为什么呢？可能的情况是，大家在填问卷的时候，有意识地去提高自己的环境意识，因为他们怕被调查者看不起。即使有些人平时乱扔垃圾，不爱护环境，他也不会说自己不爱护环境，而是装出一副爱护环境的样子来，这样的调查，效度和信度就会受到影响。

所以我倒是觉得，如果把环境意识和环境行为结合起来去研究，倒是比单纯地去研究环境意识，效果好一些。其他的，你说的社会心理、制度文化层面的，是可以和环境行为结合起来考察……也许我的表达并不是很准确，把环境社会学的研究对象看成是环境行为，准确一点说呢，环境行为至少是环境社会学研究中非常重要的一个部分，围绕环境行为去做研究，有些问题会好理解。或许，我是不是也可以说，不一定要用对象这个层面去解释，而说环境行为是一个比较好入手的研究视角。

王：接下来，您能否简单地概括一下，环境社会学是什么？

崔：其实我刚刚也解释了一些。关于"环境社会学是什么"，就还得从"社会学的研究对象是什么"来说。首先，我把环境社会学定位于是应用社会学，环境社会学就是，运用社会学的概念、理论、方法去研究人类环境行为的一个分支社会学。我觉得这一概念理解，和洪大用的环境问题研究路子是一样的。

王：您做了环境社会学的研究，也做了很多的海洋社会学研究，您觉得这两种提法，海洋社会学与环境社会学有什么差异？

崔：这个问题呢，我早就准备好了，因为会有不同的人在问。其实最初的时候，我觉得这两个概念之间也是朦胧的。从我自己的研究经历来讲，我是先做的环境社会学，后做的海洋社会学，可以说，我一开始做的环境社会学就是从海洋环境问题研究入手的。这个时候，别人就很容易说，那么海洋社会学不就是环境社会学嘛，既然有环境社会学了，为什么还要海洋社会学呢？这是一个很大的问题，如果我自己解决不了的话，那么就是说海洋社会学没有存在的必要了。我现在的解决方案是，我觉得海洋社会学涉及的问题还很多，很复杂，不仅仅是环境社会学能够解决的。

怎么说呢，这个问题和我的国家社科基金题目也相关，我自己也一直在思考。现在社会学分支也多了，比如还有什么体育社会学，农村社会学，城市社会学，然后"海洋社会学"和这些叫法不是对等的……

现在我觉得，海洋社会学就是用社会学的视角去研究海洋的，这只是一种叫法。目前研究才刚开始，不能想得太多。这和我之前讲的环境行为有一定的关系。比如我们做人类海洋开发活动的研究，不能就说叫"人类海洋开发实践活动的社会学研究"吧，这样太啰唆了，所以"海洋社会学"就是一个缩略语。

王：那您认为海洋社会学和环境社会学是平行的，还是说海洋社会学只是环境社会学里面的一个子课题？

崔：包容关系。它俩是交叉的。现在我还不认为海洋社会学是环境社会学的一个子课题，海洋确实是一种环境类型，但是它跟其他的环境类型去比的话，它对人类的影响力要大得多，从自然的角度来说，它会深刻影响自然气候变化。

或者，我们退而求其次，我们不准备把海洋社会学作为一个学科了，我更愿意把海洋社会学看成是一种学科领域。环境社会学是一种学科吧，海洋社会学是学科领域。我们的想法很简单，并不是想标新立异一个新概念，我们只是想运用社会学的概念、方法，去研究和海洋环境问题有关的现象。这些在以前的社会学界，基本没有人去触及。我们先去做做看，和陆地上的环境社会学研究比较看，能不能有新的发现。这么多年做下来，确实发现有不同的地方。

王：您平时是如何做研究的，也就是说，研究方法上的特色？

崔：一般就是做个案啊，访谈啊，运用社会学所学的方法，去获取第一手资料。方法现在还谈不上特色。我自己的一些研究、课题，主要还是停留在基本理论探讨上。比如我的国家社科基金，题目就叫作海洋社会学的基本概念与体系框架研究，因为是属于研究的初创阶段，解决完基本的概念、理论体系后，再多做一些经验研究。所以接下来，会做一些案例研究。比如，海洋环境变迁以后，渔村发生了什么变化。渔村本来是一个典型的自然形成的社区，但是海洋渔业枯竭了，他们如何转型。关于这类的案例研究，我可能不会做问卷，基本上就是采用一些典型的个案，进行深入研究。在指导学生做论文这块，主要也是做个案。当然，也会鼓励他们有选择地去做一些问卷，但是肯定不是大规模的。

中国海洋环境问题的现状、原因与治理对策

王：您觉得，目前中国的海洋环境到底是一个什么状态？

崔：海洋环境状况总体不乐观。从时间维度来说，90年代中期海洋环境开始出现较为严重的问题。海洋环境也一直在治理，国家海洋局的说法是海洋环境的恶化得到一定的遏制，但总体环境不乐观（这些年一直都在这么说）。海洋环境质量的监测，也不大好说，海洋和陆地不大一样，受到的影响因素很多。比如这一年海水的流动比较快，监测数据可能就好一点，或者陆地上的径流污染小一点，海水的污染程度也会相应降低。还跟环保政策有关系，如果国家抓得紧一点，海水质量也要好一点。国家海洋局对全国设置了三十几个监测点，每个监测点有三种状态描述，健康、亚健康和不健康，海水监测点显示亚健康、不健康的比例是非常高的。

王：中国的海域污染和周边其他国家相比，我们是更严重吗？

崔：看跟哪块海域比。举个例子，拿我们国家的渤海和日本的濑户内海比较。渤海和濑户内海都是内海，不跟其他国家接壤，濑户内海要比渤海小，它们都是曾经污染很严重的海域，只是目前经历的阶段不同。濑户内海海域周边的城市化程度比较高，污染汇聚在海域里，就出现了比较严重的污染，后来日本出台了一系列的濑户内海环境保护制度，海域治理得比较成功，污染就渐渐少了，而现在我们国家的渤海还处于严重的污染／破坏状态。

渤海里的动植物资源都枯竭了。原先渤海是我们国家的传统渔场，渔业资源非常丰富，山东的，河北的，辽宁的渔民都在渤海里打鱼。而现在呢，渔民们基本上都打不到鱼了。现在渤海比其他海域的污染高很多。

目前日本的海域环境问题没有中国严重，他们的治理行动要比中国早得多。日本濑户内海经过治理以后，就变得好很多了，最初的时候，日本濑户内海的污染和我们渤海一样，都很严重。但是日本经过治理以后，环境比我们要好了。中国的海洋环境问题已经很严重了，等我们真正意识到这是一个很严重的问题的时候，已经有点晚了。

　　王：用"枯竭"来形容渤海，会不会比较夸张？因为海域也有自我修复的能力。

　　崔："枯竭"这个词是对的，大家都达成共识了，用"枯竭"来形容目前渤海海域的动植物资源，一点也不夸张。这就是所谓的"海洋沙漠化"，很可怕的。但是这种"枯竭"不是指一条鱼、虾都没有了，可不能这么理解，鱼已经很少，尤其是跟以前比。

　　明年我有个硕士生要毕业了，我给他的硕士论文题目就是，"海洋环境变迁的主观感受"，让他在环渤海区域，找大约50个65岁以上的渔民，做一个口述史研究。让老渔民口述一下从新中国成立到现在的，他们所感受到的海洋环境的变化。目前这个学生找了二十几个老渔民了，还在继续做。等这个研究结果出来以后，我们再结合政府公布的环境质量数据，去做全面的分析，我觉得这样的认识是蛮有意义的。

　　我再举个例子。我曾经和唐国建去做过调查，当地人跟我们说，50—60年代的时候，盛产黄花鱼，非常好吃，但是现在黄花鱼基本上就绝迹了。早期黄花鱼多的时候，会形成渔汛，能有规律地产卵、洄游和密集滞留。它们就是贴着渤海海岸，由北往南游，到了朝鲜半岛的时候，再游出来。洄游的时候，鱼会发出声音，人可以听得非常清楚。晚上，渔民们靠听这个声音，下网，就可以捕捞到大量的黄花鱼。现在呢，别说基本的渔汛了，就连小小的黄花鱼都看不到了，你说用"枯竭"这个词语来形容，不对吗？再比如，舟山渔场那边产带鱼比较多，原先带鱼也是可以形成渔汛的，现在也没有渔汛了……

　　王：您觉得造成海洋污染的原因有哪些？

　　崔：海洋污染不是三大来源嘛：一个就是径流污染（通到海里面的河流所带来的污染）。另一个就是沿海城市化过程中，生产、生活所带来的污染。沿海城市生活排污对海洋影响很大，沿海城市的生活污水处理率还是比较低，有很多地方就是直接排到海里了，加重了海水的污染。再一个就是海洋上生产所带来的污染，比如渔业养殖、海洋石油钻探、海洋运输……目前来看，海上生产的污染是越来越严重了。

　　王：那么，对海洋动植物资源造成破坏的行为有哪些？

　　崔：一个典型的例子就是海洋外来生物入侵。我们院有个老师专门研究法律的，他的博士论文就是研究海洋外来生物入侵的。比如，她研究的那个船的压舱水，就会带来环境破坏。船空载的时候，必须有东西压着舱，否则船不稳。最早的时候，英国就是用黑乎乎的煤来压舱，那时候还没有意识到煤是一种很好的燃料。每当船靠岸的时候，就把煤卸载码头上，煤就一堆堆的，像小山丘似的。后来，大家发现煤是一种燃料，开始大量烧煤，伦敦雾也就出现了（题外话）。人们不用煤压舱了，直接用海水。空船过去的时候，舱里装着海水，到达目的地海岸后，再把舱里的海水排出来，这样就把之前海域里的水带到了一个新的地方。海域里的水虽然是连着的，但是每块海域的动植物是不同的。当某个海域的动植物被带到了新的海域，新的海域可能更适合这类动植物生产，它们就会疯长，然后把新海域里面的动植物吃掉，造成海洋动植物资源失衡。

王：这种影响大吗？

崔：有时候影响会很大。比如在美国的沿海，就发现来自中国的什么贝类入侵，结果导致美国沿海的某种动植物就被吃得差不多了，甚至说没了。还有一个现象就是，美国人从亚洲引进过去了一种螃蟹，搞螃蟹养殖，规模还挺大的，后来养殖没有弄好，网箱破了，蟹子就跑出来了，吃了当地的动植物，还成为一种灾害。

别说压舱水会带来外来物种入侵，就连船矛都会附着一些贝类的东西，可能无意中又传播到其他海域，带来意想不到的生物链破坏效果。

在古代这些现象也会发生，但是并不严重，现代社会，船的运输非常频繁，问题就变得很严重了。我们国家的对外贸易，90%都是靠海上运输，其中80%的原油也是靠海上运输，如此频繁的运输，就导致外来物种入侵成为一个非常严重的问题。

王：造成海洋环境问题的社会原因有哪些呢？

崔：一方面是市场化导向，导致开发过度。简单来说，就是一切都为了钱。现在的海洋捕捞技术很高，GPS 定位，船上有冷冻设施，捕捞船很大……有不少人还去南极捕捞呢。比如南极有一种特产，叫南极磷虾，味道特别鲜美，但是有个条件，必须吃新鲜的，因为磷虾被捕捞后，很容易变质，需要速冻。所以捕捞船上都有冷冻设施，拿回来以后，市场价格特别高。

另一方面，国家的监管力度也不够，比如过度捕捞就没有人真正去管，等我们意识到的时候，又晚了，有很多的动植物物种都灭绝了，要想恢复很难，甚至是不可能的。再一个呢，就是海洋环境的公共性更强，比如一个池塘、一块土地，可以进行私有化，但是海洋就很难私有化。海域是国家所有，不是集体所有，如真要靠国家来管理，成本太大，也不现实。

王：对于如果解决海洋环境问题，您有什么建议？

崔：这个问题是非常复杂的，我曾经想过，但是没有写过东西。从宏观来讲，就是海陆空三个方面，共同入手，综合治理，一起走向绿色环保。海上的生产活动，一定要走向绿色，养殖和开发都必须环保，尤其是近海的，一定要环保优先。我们政府一定要保障立法，监管到位。陆地上的径流，也必须着重治理，淮河治理好了，对海洋的治理就很有帮助……大气污染治理也很重要，大气和海洋环境息息相关。比如空气污染，沉降下来，到海水里面，会导致海水酸化，盐度下降，这样对海里面的动植物是有影响的。再比如就是气候变化以后，海平面上升，对海岸的侵蚀，海上的工程，还有一些小岛，都会带来危害。

日本的濑户内海治理，就是强制性地命令，海域周边城市生产生活污水处理必须达标排放。现在我们的情况，很多时候，就是将污水直排到海里去了，导致海域的污染非常严重。海域就像一个大染缸一样，接受了形形色色的污染物。所以要治理海洋环境，陆地径流的水污染也得治理。

近海渔业养殖与海洋环境问题

王：您之前提到了，近海渔业养殖对海洋环境影响很大，可以具体说说吗？

崔：跟你说一个"捞铜捞银捞金"的养殖案例吧。山东长岛县的一个岛，我和唐国建一起去过的调查点。第一次去的时候，我们收集到一个比较有意思的材料，一本村志。岛上的村主任非常有心，自己写了一本村志，还打印了出来（不是正式的出版物），非常详细，记录了改革开放前的渔业情况，包括生产大队是怎么打鱼的，产量如何，也记录了改革开放以后的情况，实行家庭联产承包责任制，当地居民如何搞近海养殖。这本村志里面，尤其讲了改革开放以后，村民不断地搞养殖业，经历了"捞铜捞银捞金"三个阶段。

"捞铜"就是养海带，"捞银"就是养贝类，"捞金"就是养海参鲍鱼。按照市场价格排列，海带—贝类—海参鲍鱼，越来越值钱。从80年代中期开始，居民开始养海带，到了后来又养起来贝类。养贝类的时候，非常赚钱，家家户户都因此盖上了二三层的小楼，长岛县也因此成为了山东省第一个被命名的"小康县"。贝类养殖很好养，用网箱养殖，然后就放在海水里面就行了，没有什么技术含量，收益比打鱼还要好些。那个时候，大家才刚刚开始认识海产品，运输的条件又逐渐改善了，销量很不错。后来，一部分居民赚了一定的本钱，又搞起来了海参鲍鱼养殖。海参鲍鱼是海底生物，必须在海底养殖。居民就在陆地上挖池子，像池塘一样，再把海水引进来，搞人工养殖。海参鲍鱼的苗比较贵，成本投入很大，不是一般人家能够养得起的。一次要投入10万元或20多万元，对很多家庭来说风险比较大。

刚开始，向海洋"捞铜捞银捞金"的效益很不错，但是盲目的市场导向以后，家家户户为了多赚钱，纷纷办起了大面积高密度的养殖，产量反而急剧下降。90年代初期的时候，就发生了很多大面积高密度养殖贝类，导致贝类死亡的事情。贝类死亡以后，就直接扔了，没有人会治病，损失就很严重。收成不好，养殖户也很少去找原因，认为是天灾，反而有一种赌博心理，明年再加大投入。第二年，养殖户继续加大投入，想把损失给挽回来，但是高密度养殖，贝类又开始出现疾病，这样的恶性循环，导致养殖户年年损失惨重。为了挽回损失，有很多人不惜去贷款，结果欠款一堆，养殖业低迷。90年代中期，当地养殖业就开始陷入低谷，再到后来贝类的养殖就开始不行了。有一些养殖户就又开始发展海参鲍鱼，在浅海的地方，用水泥，砖块，石头垒池子，又掀起了新一轮的养殖热……

王：这些养殖对海洋环境有什么影响吗？

崔：环境的影响开始显示出来了。现在的海产品养殖呢，都要用一些饵料，就是往海水里撒啊，没有什么投料技术的，过多的饵料会导致海水的富营养化。此外，养殖还会用一些农药，可以说鱼类的养殖，都要用农药的。有人爆料过，在日照那个地方，多宝鱼（海水中养殖的一种鱼），就被检测出来了农药残留超标，人吃了就会得病。

现在我们国家沿海地区的海水富营养化程度比较高，有些地方出现赤潮，就是红色的那种。2012年7月，山东青岛再次遭遇浒苔大规模来袭。

浒苔就是一种绿色的海上植物，大量漂浮聚集到岸边，不仅破坏海洋生态系统，还严重威胁沿海渔业、旅游业发展。浒苔，一离开海水上了岸，时间不长，就会发臭，味道特别难闻，很麻烦。几乎年年，青岛都当作一场场战役来解决浒苔问题，和蓝藻问题的道理也很像。

王：您刚刚谈到了近海养殖对海水的富营养化有很大的作用，青岛沿海是不是基本都被近海养殖给占满了？

崔：现在恰恰相反，整个青岛市的沿海是禁止养殖了。原先有渔村的地方，都看不到渔村了，只能看到一些痕迹。21世纪初，为了发展旅游业，不是为了环境治理，就不让养殖了，这些渔民都要上岸转型了。离城市稍微远一些的地方，还有一些渔民和典型的渔村。

王：从环境治理的角度来说，现在对渔民有没有什么规范啊？

崔：现在对渔民的约束主要就是休渔这块。7月至9月休渔，那个时候正是鱼产卵时期。过去休渔政策只在渤海施行，现在四大海域都有执行。

休渔政策已经用了很长的时间，但是大家总觉得效果并不是很好。每逢休渔过后，恰恰出现一种反弹，渔民加大马力去捕捞。因为休渔的三个月期间，渔民是没有任何收入的，用经济学的概念来讲，就是季节性失业，一旦休渔期结束了，就会过度捕捞。

国家有规定，网眼、网距是多少，但是由于监管的成本太高，根本无暇顾及渔民所用的渔网。对渔民来说，网眼是越做越小，他们自己也知道，这叫"绝户网"，把小鱼小虾全部都给捞上来了。本来休渔想要达到的目的，还是达不到，因为这些小鱼还是被捞上来了。所以，休渔政策这么多年，近海渔业却没有任何修复的迹象。

王：光靠国家监管，一是成本太高；二是不一定符合当地实际情况。像传统渔民，会不会有什么规则，或者观念文化，自下而上地保护海洋环境？

崔：我觉得海洋上的渔民，环境保护观念要比陆地上弱。从生产力来讲，对于传统渔民来说，海洋资源是取之不尽，用之不竭的。人们过去认为海洋是无限的，人力太有限了，所以，对海洋资源用都用不完，也不会想到什么保护。

人对海洋的敬畏，是在敬畏风险，而不是自然本身。你看沿海地区的妈祖信仰，妈祖是福建的一个小姑娘，叫陈默娘，传说中她有一种能力，她爸爸遭遇台风了，她能把他爸爸救回来，然后越传越神，就形成了妈祖信仰，从这里可以看出，人们信仰妈祖，是为了祈求平安，敬畏这种风险，而不是敬畏海洋里面生态资源。

学科发展趋势与研究展望

王：您认为中国环境问题的未来走势怎样？

崔：中国的环境问题，未来看，总体是可以乐观的，但是这种乐观是有限的。第一，从微观的角度来看，个体的环境意识确实在提高，能够看得到，这个意识的提高，虽然不能说是否能根本地解决环境问题，这个不好说，但是是一个好的趋势。第二，国家开始重视这些方面的，这段时间出现了一些问题，也出台了相应的政策。从国家的层面，调整经济增长方式这块，我觉得还是有帮助的。

但是，国家的这些政策，能不能够得到很好的落实，还是需要去观察。这些政策有的会跟地方利益是有冲突，或者会对地方经济增长造成影响……在现有的结构下，还不能找到一个有效的途径。有人说公众参与，我觉得是有限的，又有人说在法律里面搞环境公益诉讼，我觉得这也是有限的，解决之道可能需要继续去观察。

王：你觉得环境社会学学科发展得如何呢？

崔：我觉得环境社会学可以成为社会学一个最主要的分支（或者说是重要的分支）。今天会场上，有位老师说，在日本，搞环境社会学的人是整个社会学里面最多的人，环境社会学会是最壮大的，我觉得我们国家也应该这样。

如果我们的环境、资源得不到持续的关注的话，将会成为中国未来发展一个非常大的制约因素。所以这个非常非常的重要。所以，我写过一个初稿的论文，但还没有发表，因为觉得不满意，题目很胆大，为"环境社会学：社会学的一场'革命'"。我想呼吁国内的社会学研究者达成一个共识，就是将环境的因素引进过来，引发我们对传统社会的重新认识，但是，目前的社会学界还没有做到这一步。不管社会学研究什么，如果能把环境的因素考虑进去，将会对解决中国的环境问题很有帮助。

环境社会学学科肯定是正在发展，从 2007 年在中国人民大学的会议开始，我每次都参加，慢慢就会发现，国内研究环境社会学的人，基本还是这个圈子。如果说有扩大？那么扩大在哪？主要是像洪大用、陈阿江等知名教授的学生成长起来了，算是纵向的发展。但是原先搞社会学的，突然意识到环境社会学很重要的，再转入环境社会学的，很少！算是没有横向扩展。你看，其他社会学研究者，或是理工科的环境研究者，他们可能并没有意识到环境社会学的重要性。参与到这个话题的人多起来，对学科的发展还是有好处。

王：您今后的研究打算？

崔：我个人是想把我研究的内容和领域不断地缩小，社会保障政策这块，慢慢地我就不做了，没有精力去做了。然后，比较环境社会学和海洋社会学，我更倾向于继续着力去做海洋社会学，兼着去做环境社会学，不想把战线拉得太长了。从中国海洋大学学术团队的角度来讲，我们还有一个学科发展的任务。现在我们这里只有一个硕士点，而且这个硕士点还是一个二级硕士点，下一步，我们想要弄成硕士一级学科，还再想弄博士点，最终地还想把博士点弄成一级学科嘛，这个任务也很艰巨。然后呢，还得要引进人才，建队伍。在研究上呢，我们想集中一下，一开始，这边的研究队伍呢，也有点散，每个人都是搞自己的那一小块，现在能不能把大家的研究都联合起来，一起做一些研究啊，看效果能不能好一点。

还有就是把一些常规性的事务坚持下去，比如我们的论坛，刊物……从环境社会学来讲，海洋就是我们的特色，在国内的环境社会学界，我们是以海洋为特色，国内的社会学界，我们也是以海洋社会学为特色。

海洋问题，不光是我们国家，就是全球来说，也是一个很大的问题。过去环境社会学关注得不够，更多是关注陆地上的一些环境问题，比如草原，森林，河流等。现在海洋被开发的力度越来越大，被破坏得也越来越严重，污染的程度也越来越高。我们就是抓住这样一些时代背景去做海洋社会学。

现在呢，我们最想探讨的是，海洋开发——这种人类特有的一种环境行为，与渔村社会变迁的关系。还想做一些研究，比如总结一下其他国家的经验，或是社会层面的一些经验，看看哪些值得我们去借鉴，帮助我们更好地认识和解决中国海洋环境问题，试图为海洋强国战略做出点贡献。

　　[**受访者简介**] 崔凤，男，汉族，1967 年生，吉林乾安人，教授，哲学博士、社会学博士后。于 1990 年、1995 年和 2001 年在吉林大学获哲学学士学位、哲学硕士学位和哲学博士学位，并于 2001—2004 年在中国社会科学院社会学研究所做博士后研究。现任中国海洋大学法政学院党委书记、博士生导师。担任主要的社会职务有中国社会学会理事，中国社会学会海洋社会学专业委员会理事长，中国社会学会环境社会学专业委员会常务理事，山东省社会学学会副会长，中国海洋发展研究中心研究员等。已发表著作 7 本，重要学术论文 20 余篇。主要研究方向：海洋社会学、环境社会学、社会政策。

　　[**访谈者简介**] 王婧，女，汉族，1985 年生，江西井冈山人，社会学博士，2013 年毕业于河海大学。现为贵州大学公共管理学院社会学系教师。

刀耕火种的生态人类学解读

——尹绍亭教授访谈录①

【导读】生态人类学是人类学的一门重要分支。扎根于中国田野中的生态人类学家们用独特的视角解读生态与文化及其互动关系。尹绍亭教授是改革开放后国内最早从事生态人类学研究的著名学者。20世纪80年代，在全国对当代刀耕火种农业一边倒的批判声音中，尹教授在大量的调查基础上，用文化适应的观点阐释刀耕火种，并运用文化生态系统的方法进行研究，指出当代的刀耕火种农业是土著民族对生态环境适应的生计方式，揭示了其盛行和延续的文化生态原因，总结了刀耕火种丰富的传统知识和生态智慧，为农业文明和生态文明的传承、为学界和社会正确认识刀耕火种、为政府决策提供了有益的参考。紧扣时代脉搏，开拓创新，是尹教授30多年学术生涯的一贯追求。在刀耕火种研究的基础上，立足于生态人类学，并拓展跨学科的研究，在生态与文化多样性研究、文化生态村建设、生态环境史研究等方面，尹教授亦锐意探索，取得了丰硕的成果，产生了广泛的影响。这篇采访，大致反映了尹教授的学术经历、治学思想、理论方法、研究特色以及孜孜以求、严谨踏实的学者风范。

刀耕火种研究的缘起、理论与研究方法

耿言虎（以下简称耿）：我的导师陈阿江教授主要从事环境社会学研

---

① 本访谈录由耿言虎整理，并经尹绍亭教授审订。访谈是 2014 年 12 月 21 日在昆明进行的。本访谈录曾发表于《鄱阳湖学刊》2016 年第 1 期。

究，导师重视跨学科的研究，近年来积极推动与相近学科的交流与合作。此次委派我专程来昆拜见尹教授，承蒙您抽时间接受我的采访。先请教一个问题，我们知道您从事生态人类学的研究是从研究刀耕火种开始的，请问刀耕火种这个名称是怎么来的？

尹绍亭（以下简称尹）：刀耕火种，是我30多年前开始研究的课题，现在你们年轻学者还感兴趣，我很高兴。刀耕火种在我国古代叫"火耕"、"畲田"，明清之后西南史料广泛使用"刀耕火种"，延续至今。日本农民过去也从事刀耕火种，日语叫"烧畑"。英语有两个名称，一是"swidden"，意为火耕，一是"shifting agriculture"，意为轮歇农业。但是轮歇农业不是太确切，轮歇是指循环耕种，循环耕种有两种情况，一是森林地的砍烧轮歇，即刀耕火种，一是没有森林的旱地的轮歇，那就不是刀耕火种，即刀耕火种是轮歇农业，而轮歇农业不完全是刀耕火种。学术界还有不少人把刀耕火种叫作"游耕"，也不准确。因为在从事刀耕火种的民族里面，有的确实是居无定所不断迁徙，土地耕种随人之迁徙而变动，那可以叫作"游耕"；而大多数刀耕火种民族却是祖祖辈辈定居于一地，循环开垦林地进行耕种，那是"轮歇"而不能叫作"游耕"，轮歇和游耕是两个概念，不能混为一谈。刀耕火种是一个形象通俗的叫法，农史学界讲耕作有"刀耕"、"锄耕"、"犁耕"的分类，"刀耕"意为使用刀斧砍伐树木，"火种"是把砍伐晒干的树木焚烧成灰然后播种。"刀耕火种"表达的意思比较明确，又是传统习惯叫法，所以我认为可以沿用。

耿：20世纪80年代，刀耕火种在全国范围内受到批判，被认为是破坏生态的农业生产方式。在这种情况下，您为什么选择研究此课题？

尹：说来话长，选择这个课题，首先是现实需要。20世纪七八十年代，亚洲、非洲以及南美洲等地区的热带雨林遭受严重破坏，造成全球重大环境问题。在我国，在经历了历次运动特别是"文革"十年动乱之后，森林严重破坏导致的生态恶化状况凸显出来，环境问题也成为热点。在此背景下，西南山地民族千百年来从事的刀耕火种突然成为众矢之的，被认为是"破坏森林的罪魁祸首"、"原始陋习、残余"，遭到史无前例的口诛笔伐。时任中国社会科学院副院长的于光远先生十分关注，多次发表意见："毁林开荒这种现象一定要很快地制止。对于这种情况大家都很着急。研究工作应该走在实践的前面。我觉得我们社会科学界，特别是云南社会科学界在这个问题上有重大责任，应该把这个问题的研究当作一个紧急的工作来抓……看到西双版纳毁林开荒的严重情况，对这方面的研究一定要'快'！"① 社会对刀耕火种的存在感到忧心，当时的中共中央总书记和国务院总理前往西双版纳考察时也对此表示了特别的关切。面对这样的形势，作为云南学子，深感问题重大，有责任参与研究。就是在这样的背景下，步入了这一领域。

其次，选择研究刀耕火种，与我当时求学的学习环境不无关系。80年代初期我以在职的身份考入云南社会科学院研究生部读硕士研究生，该研究生部的老师们都是长期从事科研的专家学者，大都参加过五六十年代的民族大调查，积累深厚，成果丰硕。授课除了本院的老师，还聘请院外著名的老师上课，如考古学、语言学、历史学、东南亚研究等专业的老师，都是学界名流。老师们强调勤奋笃实、兼收并蓄、重视田野、勇于创新的治学精神，对于我选择研究方向有很大的影响。

第三，选择刀耕火种，还与我少年时代的经历有关。我的家乡在云南西部腾冲县，小学读书在县城，假期经常去乡下姑妈家。认识刀耕火种，也是那个时候。家里水田不够，有一次表哥带我和侄男侄女上山，找了一片森林，把树砍倒，过两三个月再来烧树，然后种谷子，他说这叫火烧地。第二次接触刀耕火种则吃了皮肉之苦。其时腾冲残留着在灌木草地里进行刀耕火种的农业形态：用锄头翻挖土垡，以土垡堆垒直径两米左右的圆形土包，内烧树根杂草牛粪，经过一段时间的焚烧，土垡被烧成灰状，土壤肥沃了，草籽害虫也悉尽烧死，对农作物的生长十分有利。一次学校组织郊游，举行抢夺红旗的竞赛，红旗插在山顶，自山脚到山顶要经过一片布满土堆的火烧地，为了抢时间，我没有绕行土堆，想跑直线，于是一脚踹入内部炽热燃烧的土堆，顿时疼痛难当，拔出脚来脚皮已被烧坏，而且马上鼓起不少水泡。那次烧伤治疗了很长时间，好了后却留下了一脚刀耕火种的斑斑花纹。少年时代与大自然和刀耕火种亲密接触的经历，让人刻骨铭心。二十几年后居然研究起刀耕火种来，算是与之有不解之缘吧。

---

① 于光远：《给云南省经济研究所的一封信》，载云南省经济研究所《学习研究参考资料（西双版纳经济问题研究专辑）》1984 年第 10 期。

耿：您研究刀耕火种借鉴了哪些理论？有哪些理论方面的思考？

尹：那时候可参考的理论有下面几种。

理论一，当时国内民族研究统一奉行的理论是进化论。该理论认为，人类社会的发展史，是5种社会形态（原始社会、奴隶社会、封建社会、资本主义社会、社会主义社会）依次进化的历史，生产力与生产关系、经济基础与上层建筑的矛盾运动是社会发展的原动力。按照进化论的观点，每一种社会形态都有其特定的生产力和生产关系，古老的采集狩猎刀耕火种经济，就是原始社会的生产力。这就是进化论对刀耕火种的定性。由于是原始社会的落后的生产力，所以毫无疑义必须彻底改造、禁止、取代。进化论作为当时的理论经典，所有研究（包括我在内）都自觉以之为指导，然而面对刀耕火种的现实，却感到十分困惑和难以解释：其一，新中国成立以后，生产关系已经完成了社会主义改造，而"原始社会生产力"刀耕火种为何无法消灭，而且竟然长期延续？这与"生产力决定生产关系"的原理好像不符。其二，在滇西南地区，同在社会主义制度下，低地民族从事的是集约的水田灌溉农业，而多数山地民族却选择进行刀耕火种，原因何在？其三，为禁止和消灭刀耕火种，政府和社会采取了种种措施，然而收效甚微，何故？其四，多数自然科学学者和民族学者的"调查研究"，几乎都是人云亦云，先有定论然后搜罗需要的资料去论述刀耕火种"原始社会生产力"的"原始落后"，这显然违背了实事求是、调查研究然后才有结论的逻辑。

理论二，农业史的进化论。该理论认为，农业的进化经历了从原始刀耕农业到锄耕农业再到犁耕农业的进化过程，云南山地民族的刀耕火种作为"不知锄、犁"的原始"刀耕"，是佐证农史进化规律的绝佳的"活化石"。这一理论也有疑点：众所周知，新石器时代的原始刀耕火种最突出的特征，是使用石刀、石斧等原始生产工具，而当代山地民族的刀耕火种不仅使用铁刀，还同时使用铁锄、牛犁，而且有的民族还同时耕种水田；稍微深入了解，会发现这种农业更多的技术含量，例如，其栽培作物种类及品种之多、栽培技术之复杂，就远远超乎想象。所以，将当代的刀耕火种与石器时代的刀耕火种混为一谈是不妥当的，视为"活化石"显然不能成立。

理论三，经济文化类型论或称"社会文化类型"理论。1950年代中国大陆的民族研究曾深受苏联民族学的影响，"经济文化类型"即为其时中苏合作研究的成果。"经济文化类型"理论主要着眼于生计和物质文化差异，将东亚各民族的生计形态划分为三种类型：第一是狩猎、采集和捕鱼起主导作用的类型（渔猎采集经济文化类型）；第二是以锄掘（徒手耕）农业或动物饲养为主的类型（畜牧经济文化类型）；第三是以犁耕（耕耘）农业为主的类型（农耕经济文化类型）。除上述分类之外，对于"在解放时保留原始公社制末期及其残余的少数民族或其支系的鄂温克、鄂伦春、独龙、怒、傈僳、佤、德昂、布朗、景颇、基诺等"，依照地理和经济特点，再划分为南方原始农业经济刀耕火种（游耕）类型和北方渔猎采集经济类型。经济文化类型、文化区域、生态文化区分类的研究，都讲文化的空间分布，显然有人文地理学的印迹，而其源头还可以追溯到威斯勒（C. Wissler）和克鲁伯（A. L. Kroeber）的文化区域（culture area）理论。该理论以社会经济发展阶段进化的差别即生产力发展水平的差异表现以及自然地理条件解释文化类型及其空间分布，综合了进化论和文化区域理论的观点。此理论的不足在于只注意文化的类型和空间分布，而不深究文化类型形成的内在原理与机制，它适宜于描述历史上的传统的文化空间，而不适宜进行当代复杂的文化变迁的研究。

　　上述三种理论，虽然盛行，然而都有缺陷，难于参照运用，那么国外的理论又如何呢？

　　先看日本。80年代初期，日本学者捷足先登，来云南考察者较多，他们带来了一个与云南关系密切的日本文化源流理论——照叶树林文化论。该理论认为在亚洲包括日本在内的中低纬度地带，也即地理上说的照叶树林地带，存在着较多相同的文化要素，统称为照叶树林文化，其文化的中心就在云南及其周边。刀耕火种是照叶树林文化的重要文化内涵之一，是该文化古老的基层文化。这一理论将刀耕火种作为古老的农耕文化进行研究，没有涉及当代刀耕火种是什么、和环境的关系以及为何持续存在等现实问题，所以与我国现实研究的语境不同，研究取向存在差异。不过，其时日本学者对日本和世界刀耕火种的田野调查研究已经相当充分，资料收集的广度和深度居于世界前列。代表性的研究者如著名学者佐佐木高明先生，他不仅深入调查研究了日本的刀耕火种，还调查了东南亚、南亚、南美等地的刀耕火种，著述丰硕，堪称大家。由于研究取向不同，所以我没有沿袭日本学者们关于探寻日本文化源流的照叶树林文化论及其刀耕火种研究的观点，不过通过阅读他们的著作，深感他们田野调查的深入扎实，资料收集的细致入微，治学态度的一丝不苟，这些都使我深受启发和影响。

再看美国等西方国家的理论。20世纪80年代初期，来中国进行学术交流的西方学者还比较少，西方的书籍看不到，信息查询很困难。一些杂志如《民族译丛》等开始介绍国外人类学、民族学的理论，然而介绍性的短文看后很不过瘾，只知皮毛，不得要领。譬如通过介绍知道西方学者早在40年代就提出了文化生态学（cultural ecology）的概念，70年代又拓展为生态人类学（ecological anthropology），这些概念和理论究竟是怎么一回事，可否参照应用，能否解决问题？没有详细的信息，看不到相关的文献资料，两眼一抹黑，只有遗憾。哪里像现在你们年轻学者，查找古今中外的资料毫不费力，社会变化确实太大了。

从上可知，当时研究刀耕火种，欲选择可参照的社会科学理论是很困难的。不过，也并非完全没有门路。其时讨论刀耕火种的核心是生态环境问题，不管是什么学科背景的研究，都主要聚焦于生态环境问题之上，所以社会科学的研究要具备科学性，要与其他学科进行对话，最基本的一点，是必须掌握生态学的知识。国外文化生态学和生态人类学的文献难以找到，而生态学的参考书却很容易寻觅，书店和图书馆里都有。通过学习生态学的知识，学会运用生态学的原理进行思考，再结合初步的田野调查进行分析，思路突然豁然开朗，终于找到了研究刀耕火种的途径，并摸索出一种较为理想的理论框架。其实，西方的生态人类学理论，也是借鉴和运用了生态学的生态系统理论才发展和完善起来的。那时候学习生态学，结合田野思考，获得了四点认识，对整个研究起了至关重要的作用。

认识一，生态学讲生物与自然环境的关系，是适应的关系，那么适应也应该是人类与自然环境的最基本的关系。如果我们以适应的观点看待刀耕火种，还原其基本的功能，那么刀耕火种其实是山地民族解决吃饭问题的生计形态，是一种特殊的农业，而非形而上的"陋习"。俗话说"靠山吃山、靠水吃水"，生活于山地森林之中，森林是最便于利用的资源，刀耕火种就是山地民族对森林生态环境的适应方式。这样认识刀耕火种，现在看来再普通不过了，而在当时却是颠覆性的新观点。

认识二，很多人断言刀耕火种是"砍倒烧光、毁林开荒"，如果运用生态学的原理进行分析，就会发现刀耕火种并不那么简单，而是一个复杂的人类生态系统。刀耕火种作为一种食物生产方式，一种山地森林农业形态，也和其他农业一样，是一个对自然生态系统进行干预、控制，使其根据人类的需要进行能量转换和物质循环的人类生态系统。在刀耕火种人类生态系统中，人类是"多级消费者"，人类一方面通过采集和渔猎手段获取各类动植物食物，一方面通过砍伐和焚烧植物，使其变为物质代谢材料无机盐类，即把固定于植物中的太阳能转化投入土壤，然后播种农作物，农作物吸收无机盐类进行光合作用而茁壮生长，实现了太阳能的多次转化，森林生态系统于是成为了人类利用的农业生态系统。刀耕火种人类生态系统的"生产者"和"消费者"之间的物质循环、能量转换，体现了人类适应、认知、利用自然的智慧。

认识三，刀耕火种人类生态系统的平衡，在无外界干扰和影响的情况下，取决于人口和森林土地资源的关系，人口少森林土地多，就能良性循环，可持续利用，人口多森林土地少，就会失去平衡，不可持续，导致人类生存危机和生态环境破坏。根据我个人调查测算，在云南西南热带亚热带山地，人地关系的比例至少需保持在 1∶24 这一水平之上，即人均所有林地必须在 24 亩以上，刀耕火种人类生态系统才能良性循环。当代人口爆炸，不具备这个条件了，刀耕火种自然消亡；如果还具备这个条件，就有可能盛行刀耕火种。排开其他因素，单纯从人地关系的角度看，刀耕火种的兴衰与社会形态是没有关系的。

认识四，生态系统理论是生态学的重要分析工具，也是刀耕火种研究的重要的方法论。生态系统理论认为，系统由组成其结构的众多要素构成，各种要素相互依存，相互作用，系统内在的调适机制是维持系统结构平衡和良性循环的保障；而如果一种或几种系统要素发生不可逆转的变化，且使得系统的调节机制失去调适功能的话，那么系统的循环和稳定就会受到破坏，系统就将分崩离析乃至消亡。生态系统的动态的整体认识论，既有益于我对刀耕火种文化生态内涵的把握和其"生命过程"的探索，又对开发刀耕火种的研究方法大有帮助，可以说是统领我的整个研究的"纲"。

耿：您的刀耕火种研究主要采取的研究方法是什么？

尹：我的研究采用了"纵横交错，点面结合，系统分析"的研究方法。所谓"纵横交错"，"纵"是历史的梳理，"横"是田野调查。历史梳理靠文献，田野之前，先做文献的搜集和研究。查阅资料，阅读迄今为止我国尤其是云南有关刀耕火种的文献，并参考东南亚、南亚和日本的研究，摘录要点制作卡片。通过案头工作，掌握了刀耕火种的历史概况，当代各学科研究刀耕火种的视角和观点，以及 20 世纪五六十年代中国民族大调查的若干比较有参考价值的田野调查资料。文献研究不可缺少，但是问题不少。由于对少数民族心存偏见，所以几乎所有关于刀耕火种的古代历史记载均非常简单，少有较为翔实的调查。20 世纪五六十年代的调查资料，涉及社会组织、土地制度、轮歇方式、生产工具、作物产量等，有较高的参考利用价值，不过深度和广度不够，只能作为进一步调查的线索和依据。所以要真切了解刀耕火种的生态文化内涵，要验证自己的理论假设，还得靠自己深入田野调查。

所谓"点面结合"，"点"为定点深入调查，"面"是不同民族跨文化的比较调查研究。我最早进行刀耕火种调查的田野点是西双版纳基诺族集聚的基诺山，那是从做硕士论文开始。导师是民族学家杜玉亭，杜先生起初让我去做勐海县的民族研究，初步调查后感觉该县民族多，文化复杂，难以驾驭，提出改做景洪县基诺山基诺族和橄榄坝傣族的比较研究。调查后还是感觉题目大，可能做不好，于是再次提出改做刀耕火种的想法，杜先生欣然应允，认为此课题做好了极有价值。当时一些前辈学者对我的选题并不看好，有的认为太敏感有的认为做原始落后的东西意义不大，不合时代潮流；等等，然而杜先生独具慧眼，热情支持。原因何在？众所周知，杜先生曾在多个学术领域做过开拓性的研究，其中对基诺族的研究用力最深，其基诺族的田野调查从 1958 年至今从未间断，跟踪延续了 50 余年，是公认的基诺族研究的第一人，对基诺族文化的感情极为深厚，深知基诺族刀耕火种文化的价值，所以毫不犹疑地同意了我的选题和选点。从事田野调查，选点是关键。比较了原先去过的拉祜族、哈尼族、瑶族等村寨，结果定在了基诺山，应是明智之举。一来基诺族的刀耕火种文化十分丰富，非常典型；二来基诺山是导师长期研究的田野点，经他介绍，调查顺利很多。其时基诺山有 45 个村寨，初步调查之后，我选择了三个海拔高度不同的村寨——雅诺寨、巴亚中寨、巴卡小寨——作为调查点。基诺族的调查间断性进行了三年，参与体验了一年到头的生产生活周期，获取了较为丰富的基诺族的传统知识，研究的思路、观点、理论、方法更加明确。期间发表了数篇论文，硕士论文《基诺族刀耕火种的民族生态学研究》通过答辩后先后发表于《农业考古》、《云南国土研究》杂志，并作为1987年在西双版纳召开的"亚洲热带农田与森林国际研讨会"会议论文在大会上做了主题报告。对基诺族的刀耕火种有了较全面的认识之后，从1987年年底开始，步入了"面"的调查。此后又间断性地花了三年的时间，先后调查了怒江和独龙江峡谷的独龙族、怒族、傈僳族、墨勒人（白族支系），德宏地区的景颇族、傈僳族、德昂族，临沧和思茅地区的佤族、拉祜族、哈尼族，西双版纳地区的布朗族、哈尼族、瑶族、苗族、克木人，收集了可供比较研究的详细资料，达到了全面把握云南西南部刀耕火种的实态、不同民族和地域的差异以及类型划分的目的。

　　所谓"系统研究"，即上面所言生态系统动态的整体的分析方法。通观刀耕火种，其每一个要素，要素与要素之间，都具有相互联系、相互依存的关系，即皆为不同层次结构的网络的系统的关系。运用系统研究的方法，第一步可以把刀耕火种分为不同层次的若干小系统和子系统。如环境子系统、技术子系统、产出子系统、辅助生计子系统、社会控制子系统、商品交换子系统等，每个子系统又包括若干小系统，例如，技术子系统包括生产工具、土地分类、耕作技术、轮歇方式、栽培作物、作物收获、食物加工等小系统。有了清晰的系统概念，田野调查即可有目的、有计划地进行：首先逐一调查每一个小系统，然后调查子系统，最后进行整个系统的分析与整合。在第一步调查研究的基础上，进而考察在系统内外因素的影响下，系统各要素的变化及其引发的相互关系的变化，从而揭示系统动态演变的过程，即文化的变迁。

　　耿：生态人类学与环境社会学一样，都属于跨学科研究。您认为跨学科研究有哪些需要注意的吗？

　　尹：跨学科研究是科学研究的需要，是学术研究不可忽视的新趋势。当今世界，无论是自然科学还是社会科学，面对的研究对象都不会是单纯的事物。单一学科在复杂的事像面前，难免力不从心。例如人类学欲研究人与环境的关系，必然涉及生态、环境、资源等领域，如果缺乏相关自然科学的概念和知识，完全是人文的话语和想象，在自然科学学者看来，就很不科学，所以必须学习生态学，若有可能还应该学习与之有关的地理学、地质学、农学和植物学等。社会科学者学习自然科学，不仅是为了具体研究的需要，而且对理论创新亦十分有益，生态人类学的创立，就是人类学者学习应用生态学的结果。跨学科的研究，除了需要学习其他学科的理论方法之外，更为有效的途径，是组织多学科的队伍共同进行研究。不同学科的学者组成团队，切磋交流，取长补短，无论对研究者还是对研究课题都大有好处。在国际学术界，跨学科的研究早已成为惯例。在我国，云南是较早实行跨学科研究的地方。20 世纪 80 年代初，中国科学院西双版纳热带植物研究所裴盛基研究员的研究团队最早在国内进行民族植物学的调查研究，他们从植物学跨入民族学，开创了跨学科研究的先河；稍晚肇始的云南生态人类学的田野调查研究受到民族植物学的影响，两个学科密切合作，形成了跨学科研究的良好局面。我们做民族文化生态村建设课题，也自始至终实行跨学科研究方法，课题组成员既有人类学、历史学、社会学、民俗学、经济学等成员，还有建筑学、地理学、服饰设计、博物馆展示、植物学等科研人员参加。

至于说跨学科研究应该注意的问题，首先感受较深的还是做学问的态度。常常看到一些文章和著作，包括研究生的论文、其做法，搜罗一些学科的概念和方法，拼凑一些资料，云山雾罩地论证一番，便谓之曰"跨学科研究"，看似新颖，其实苍白，庞杂而肤浅。其次，我觉得进行跨学科研究还要注意一个问题，那就是你始终得立足于自身的专业，不能舍本求末。道理很简单，跨学科研究意在互补，你要说好自己的话，而不要越俎代庖过多地去说别人的话，只有每个学科都充分发挥自身的优势，才能形成综合优势，达到理想的效果。最后，要谦虚谨慎，为了做好研究，需要学习其他相关学科的理论方法，不过短期内要熟练掌握一门知识是很困难的，为了避免错误，一定要虚心向合作者求教。

刀耕火种农业的消失、替代与启示意义

耿：刀耕火种农业现在消失了，您认为消失的主要原因是什么？

尹：刀耕火种的消亡有一个过程，是诸多因素综合作用的结果，主要

原因有三。第一是人口增长人地关系发生变化导致刀耕火种轮歇系统崩溃。在云南西南部山地，如果要维持刀耕火种系统正常运行，那么轮歇周期最短得有 7 年，而要保证 7 年的轮歇周期人均所有林地必须达到至少 21 亩以上。传统刀耕火种的轮歇周期一般都很长，轮歇周期越长，地力越好，杂草越少，农作物产量越高。如果人均林地面积太少，轮歇周期太短，休闲地森林不能恢复，杂草丛生，地力退化，不仅农作物栽种困难，采集狩猎也要大受影响。然而从历史发展的角度看，人口增长是不可阻止的趋势，为了缓解日益严重的林地危机，刀耕火种民不得不寻求应对措施，如利用多种农作物进行轮作，或者混作间作速生树进行粮林轮作等，就是缓解人地矛盾、延续地力的好方法。如果人口压力太大，林地严重短缺，那就不得不放弃刀耕火种，只能固定耕地，或者开发水田。我们常常看到一些山地民族一方面进行刀耕火种，一方面耕种水田，这就是人地关系演变导致生计方式变化的表现。在云南红河哀牢山区，有世界著名的梯田农业，规模之大，景观之壮观，令人叹为观止。不过人们可曾知道，古代该区的哈尼族、彝族等也都从事刀耕火种，千百年来，从粗放的刀耕火种农业演变为集约的梯田农业，人们一定承受过太多的生存压力，经历了漫长生态变迁的沧桑。

　　第二是国土和林业政策的变化对刀耕火种的影响。从 20 世纪 50 年代开始，刀耕火种作为"原始落后生产力"一直被列为重点改造对象，国家陆续出台的土地和林业政策促使刀耕火种不断减少。80 年代初，云南省颁布了名为"林业三定"的政策，可谓是刀耕火种的"撒手锏"。所谓林业三定，即每个地区、每个村寨均须丈量土地，严格按规定划分国有林、集体林、轮歇地的面积和界限。"三定"政策的实行，限定了轮歇地，很大程度上杜绝了山地民族随意迁徙、任意占地耕种的可能性。一些林地少的村寨，不得不放弃轮歇耕种方式，代之以固定耕种的旱地农业。固定旱作，最大的问题是地力退化和杂草肆虐，为了解决这两大难题，政府相关部门曾大力推行"两化上山"，即鼓励山地民族使用化肥和化学农药，结果短期效果很好，不过问题相继发生，土地板结，人畜中毒，出现了意想不到的严重公害。事实证明，"两化上山"对生态环境的污染破坏和所造成的人畜以及食品安全等问题，远远胜于刀耕火种的弊端。第三是市场经济的影响。前面说过，近半个世纪，刀耕火种一直是改造消灭的对象，过去消灭不了，是因为没有取而代之的粮食生产和现金收入的途径。基诺山过去曾经在雅诺寨尝试改革，以经营茶园取代刀耕火种，结果行不通，原因就是没有市场，茶叶卖不出去，解决不了吃饭问题，没办法，只好又恢复老行当。现在不同了，橡胶、茶叶、咖啡、香蕉等经济作物市场需求大而且比较稳定，收入丰厚。种橡胶最先发财的是傣族，看到实实在在的利益，山地民族于是相继仿效，趋之若鹜。由于效益好，钱来得快，所以越种越多，想要限制都不行，结果刀耕火种没人干了，绵延了数千年的山火终于熄灭了。近20年来，山地民族生计转型的速度之快、之彻底，远远超出了人们的预期，这就是市场经济的威力。

耿：很多原来从事刀耕火种农业的地方现在已经种植橡胶树了。橡胶树的寿命是50年，很多橡胶树寿命到了，一些人呼吁要恢复部分水源林，您认为可以做到吗？

尹：近20多年来，关于西双版纳等地大量种植橡胶，国内外的生态、民族学等学者，几乎是一边倒地口诛笔伐，说它破坏生态。我曾经与多位外国学者前往西双版纳调查，他们对橡胶种植均表遗憾，有的甚至深恶痛绝。这种状况，颇像当年对待刀耕火种，"过街老鼠人人喊打"。面对批评，山地民族难免感到委屈：原先我们搞刀耕火种，你们说原始落后，破坏生态，必须改变；现在我们不搞了，以橡胶种植替代刀耕火种，你们还是不满意，仍然说我们破坏生态，搞得我们前前后后不是人！批评者其实不必过于偏激，我们常说换位思考，如果转换一下角度，设身处地地为人家想一想，那么他们的诉求应该也是有道理的：生态环境重要，人是不是更重要；你们求生存发展，我们也要生存发展，什么都不能搞，我们吃什么！

当然，种植橡胶，是会对生态环境造成影响的。如果贪婪追求经济效益，不重视生态环境保护，放弃宗教信仰和禁忌，违反科学规律，盲目扩大种植面积，连水源林、神山神林和不宜橡胶生长的高地森林都统统开发种植橡胶，那么就会导致严重的后果。在工业社会，在市场经济的热潮中，人们崇尚金钱，追求效益，只重现实，不顾长远，待到问题严重了才恢复理智，结果为时已晚。发展经济是硬道理，种植橡胶等经济作物脱贫致富应该是大好事，关键是应该未雨绸缪，政府需提前充分研究论证，制定颁行具备法律效力的科学规划，并健全监督机制，合理配置雨林、国有林、集体林、水源林、神山神林、农地、橡胶园、茶园和其他热带作物的比例，以求协调和可持续发展。

即如很多专家学者批评的那样，目前橡胶园过度开发所带来的消极生态后果已日益显现，危害日益严重。政府已经出台了限制过度开发、适当退胶还林的文件。如果措施得当，执行不打折扣，我认为生态环境是可以逐渐修复的。最令人担忧的，其实是传统文化。种植橡胶等热带作物，发展市场经济，不仅彻底改变了传统生计方式，而且在很大程度上颠覆了传统文化。传统文化一旦颠覆，一旦淘汰丢弃，今后欲寻根、恢复、传承将十分困难。一个民族如果丧失了传统文化，名存实亡，再强调自己的民族身份，也只剩表象了。

耿：刀耕火种农业中具有哪些生态智慧，刀耕火种的生态智慧对我们有何启发？

尹：说刀耕火种的启发，大致有以下几点：

其一，通过刀耕火种研究，深切感受到文化多样性认识的重要。人类学重视文化差异，强调不同文化的价值，强调尊重文化的多样性。就说当代的刀耕火种，如果用文化中心主义的观点来看，肯定原始落后，而如果用文化多样性的观点来看，就不是那么一回事了。问题不难明白，例如，汉族的精耕细作农业为高度集约的农业形态，如果强行将其运用到热带森林地区，那么很可能"水土不服"，别的不说，当地的森林资源肯定会遭受破坏。上升到大文化，也是这个道理。文化就应该"各美其美，美人之美，美美与共，和而不同"。据说有人曾批评我研究刀耕火种是"极端的文化相对论"。20 世纪 80 年代，对待刀耕火种民族及其文化，完全是文化中心主义偏激的观点，听不到起码的文化相对论的声音，我讲了一点理解尊重他者文化的话，讲了一点文化适应，反映了山地民族的一点心声，肯定了他们的一些传统知识，就成为"极端"了，可笑之至！批评者如果不是无知，就是一个"极端"的文化中心主义者，实在不值得理喻。

其二，通过刀耕火种研究，使我们对人与自然的关系有了更为清晰的认识。人与自然的关系，是一个古老的话题。历史上曾经出现过环境决定论，环境可能论，文化决定论，技术决定论等，认识不统一，所以产生了人类中心主义和环境中心主义等的论争。时至今日，在这个问题上，不管你有什么样的认识，什么样的观点，你首先得明确一个简单的事实：人类是自然界中的一个生物物种，其基本的属性依然是生物属性而非其他。既然是生物，根据生物进化论和生态学原理，人与自然的关系就是适应的关系，相互依存的关系，共生的关系。在此基础上，人类又是不同于所有其他生物的具有文化创造和传承能力的社会文化动物，所以人类对自然的适应除了遗传和生理的适应之外，主要还是文化适应。文化适应，可以说是人类与自然关系的高度概括。在刀耕火种社会里，人类的生物属性和文化适应表现得十分清晰：人们几乎完全依赖森林以及森林中的各种动植物而生存，然而不论是获取野生植物为食的采集，还是捕获野生动物为食的狩猎，抑或是把森林转化为农作物的刀耕火种，均非本能的行为方式，而都是文化手段的运用；人们高度依赖森林和森林中的动植物资源生存，尽管自然资源十分丰富，为了长久地利用，他们懂得节制和保护。刀耕火种民朴素的自然认知和相应的行为准则，值得我们反思和学习。

其三，研究刀耕火种，可以丰富生态文明建设的内涵。讲生态文明，不同学科有不同的话语。一些自然科学家认为生态文明是工业社会之后的一种社会形态，这样的观点显然有问题。首先，我们讲农耕社会、畜牧社会、工业社会，是以生计形态或称经济形态作为尺度来划分社会的，而生态文明并不是经济和生计，而是上层建筑、意识形态。即生态文明并不是独立的社会形态，它跟农耕社会、畜牧社会、工业社会不是同一范畴，两者不存在进化对接的基础。其次，从人类学的角度看，生态文明作为人类文明的组成部分，并非今日才产生，而是早就存在于人类历史当中。我们不应割断历史，当代有生态文明，古代也有生态文明，而且两者不是孤立存在，而是一脉相承，现代生态文明形成，多半是以往社会生态文明的积累、借鉴、继承和发展，而非凭空产生。大量的研究业已说明，中国五千年的历史，曾创造积累了光辉灿烂的生态文明。云南各民族，包括山地民族在内，均有独特的生态智慧和丰富生态经验，都是中华生态文明的共同创造者。

其四，通过刀耕火种研究，我们认识到传统知识的宝贵。工业社会产生了种种生态环境问题，依靠科学技术去解决，这是治标，建立全社会都自觉维护和遵守的生态伦理和道德，并辅以完善的法律，这是治本。关于生态伦理道德，很多学者把眼光投向了传统，去发掘整理儒家、道家、佛家和中华悠久历史中的传统知识。传统知识不仅存在于历史当中，还存在于现实生活当中，存在于没有文字记载的少数民族当中，需要我们去调查，去抢救。如基诺族，他们的知识、经验没有文字记录，但是相当丰富。我们曾经花了三个月的时间去调查基诺族的植物利用，不完全统计，80 年代基诺族的栽培作物仅陆稻品种就有 74 种，常用的食物、药物、宗教等植物种类多达 400 多种。其他如生态环境保护、土地分类利用、轮歇轮作技术、天象气候识别等，都是农学家书本上找不到的宝贵知识。再说独龙族，表面看他们的刀耕火种很原始，然而他们以水冬瓜树进行轮歇和轮作的经验技术却是当今最为推崇的"粮林轮作"农业模式。在休闲地中栽种水冬瓜树，或者和农作物混作水冬瓜树，以提高土壤肥力并缩短土地休闲期，避免使用化肥和农药，说它是安全的生态有机农业，一点也不为过。重视传统知识，将其与现代科学技术结合开发，往往会有新的重要的发现与突破。云南的一位农学家，注意到了哈尼族的传统水稻品种的特性以及多个水稻品种间作种植方式具有很强的抵抗病虫害的功效，通过实验证实了其科学原理，获得了突破性的科研成果。这个案例，有力地说明了重视和利用传统知识的重要性。

其五，研究刀耕火种，可以促使我们反思现代生活方式的弊病。当代生态环境的严重破坏，很大程度上归结于人类物欲膨胀，消费无度，所以不惜疯狂掠夺自然资源，恣意破坏生态环境。美国人类学家萨林斯有"原初丰裕社会"之说，所谓"原初丰裕"，并非绝对意义上的丰裕，而是说原始社会的人们没有太多的物质欲望，没有贫富之分，没有攀比，不追求财富积累，只满足于获取基本的生活资料，不过度攫取消耗自然资源，对生态系统的干扰较小，人与自然能够保持平衡的关系。传统的刀耕火种社会，也大多是"丰裕的社会"。人们敬畏自然，信仰万物有灵，不敢随意伤害生物；土地公有，每个家庭每年砍烧森林，只要能生产当年的口粮就行，绝不多砍；他们懂得保留的森林地越多，动植物就越多，采集狩猎资源就越丰富，人们就不愁吃穿。生活的丰裕不仅在于物质，还表现在精神方面。山地民族频繁举行的节庆、民俗活动和宗教祭祀，可以尽情享受欢乐和神圣的刺激。我们视为原始的山地民族的生活就是那样的简朴、单纯、闲适、快乐、无忧无虑。山民们原始古朴的生活方式与现代文明差距甚远，不过山民们敬畏自然、清心寡欲、安贫乐道、遵循传统的生活态度是可以给我们一些启示的。

其六，研究刀耕火种，可以深刻感受到文化变迁的利弊。经过社会变革、政治运动、经济转型、全球化浪潮等一系列强大深刻的冲击和影响，半个世纪以来，云南以及全国的少数民族地区发生了巨大的变化，社会、经济、文化、教育、交通、社会保障等各方面成就惊人，实现了跨越式飞速发展。与此同时，一些伴生的问题也值得注意，如生态环境破坏严重，优秀传统文化大量消失，广大乡村日渐萧条，等等。我跟踪调查云南山地民族30余年，感受颇多。特别想强调的问题是，当今社会发展是硬道理，然而发展不能只讲经济发展，而应该包括社会、文化、教育等全面协调科学可持续的发展。目前传统文化正在以前所未有的速度迅速消亡，抢救已刻不容缓。希望全社会予以关注，出谋划策，能够进行有效的保护和传承。

其七，与第六有关，是文化遗产的问题。近年来出现了非物质文化遗产保护热潮，形势喜人，然而也有遗憾，那就是属于社群文化的文艺、工艺类文化遗产居多，而属于基本生活物质生产范畴的文化遗产很少。具体而言，在中国这样一个具有上万年农业历史、农耕文化多样性极其丰富的国度里，农业文化遗产却寥寥无几。唱歌跳舞是文化遗产，民以食为天的食物生产方式——农业、畜牧业等更应该是文化遗产。南京农业大学曾经有农业遗产研究室，做了大量研究，取得了举世瞩目的成果，然而据说如此重要的研究领域却没有受到应有的重视，以致一些研究人员纷纷改行，着实令人遗憾！近几年中国科学院李文华院士和其助手闵庆文研究员大力推动农业文化遗产研究和遗产申报事业，情况有所好转，国际粮农组织十分支持，国内影响也在逐步扩大，最近听说农业非物质文化遗产终于跻身于国家非遗名目之中了。我曾呼吁将刀耕火种作为农业非物质文化遗产进行整理申报，但我深知目前要让人们理解认同，是很困难的。然而问题是，如果有那么一天人们真正意识到它的价值希望将其申报为遗产之时，恐怕为时已晚，刀耕火种连同懂它的人早已不见尸骨、无从整理抢救了。值得庆幸的是，近年来北京中央民族大学生命环境科学学院的薛达元教授带领他的团队正在做一个重大项目——建立中国各地各民族的传统知识数据库。此项目做得十分及时，意义不可估量。

刀耕火种之后的延伸与拓展研究

耿：一项有意义的研究，可以不断延伸开发。在刀耕火种研究结束后，您的民族文化生态村建设比较有影响力。能具体介绍一下吗？

尹：民族文化生态村建设，是我在 1997 年提出一个应用性课题。多年在田野中行走，深切感受传统文化变化太大，我们担忧，老百姓更担忧，希望我们为他们出主意想办法，支持他们保护自己的文化。作为学者，尽管能力有限，但是觉得义不容辞，应该为民族文化保护传承做点实事。经过很长一段时间的思考，逐渐有了行动的计划，那就是做民族文化生态村，做几个试点，看能否实现预期的理想，发挥示范作用。什么是民族文化生态村呢？我们给了它这样的定义：民族文化村，是在全球化的背景下，在中国进行现代化建设的场景中，力求全面保护和传承优秀的地域文化和民族文化，并努力实现文化与生态环境、社会、经济的协调和可持续发展的中国乡村建设的一种新型模式。具体做法是选择具有地域文化和民族文化特色的村寨，依靠村民的力量和当地政府及专家学者的支持，制定发展目标，通过能力和机制的建设进行文化生态保护，促进经济发展等途径，使之成为乡村文化保护传承与和谐发展的楷模，发挥示范作用，同时促进研究和学术的发展。基于以上思路，我们拟定了民族文化生态村应该努力实现的六个基本目标：①具有突出的、典型的、独特而鲜明的民族文化和地域文化；②具有朴素、淳美的民俗民风；③具有优美、良好的生态环境和人居环境；④摆脱贫困，步入小康；⑤形成社会、经济、文化、生态相互和谐和可持续发展的模式；⑥能够发挥示范作用。六个目标是否实现，需从下面九个方面进行检验：①村民热爱本地区、本民族的文化，具有较高的文化自觉性；②建立由村民管理、利用的文化活动中心；③依靠村民发掘、整理其传统知识，并建立传统知识保存、展示和传承的资料馆或展示室；④建立行之有效、可持续的文化保护传承制度；⑤依靠村民的力量，改善村寨的基础设施和人居环境；⑥改善传统生计，优化经济结构；⑦有一批适应现代化建设、有较高文化自觉性和有开拓奉献精神、能力强的带头人；⑧有比较健全的、权威的、和谐的世俗和行政的组织保障；⑨有良好的、可持续的管理运行机制。

该课题提出之后，由于切合云南省委省政府"建设云南民族文化大省"的战略决策，所以被定为云南文化大省建设的重点项目写入"云南民族文化大省建设纲要"。1988 年，课题调研、培训和能力建设等计划受美国福特基金会的资助，正式开始运作，我们选择了腾冲县和顺乡（汉族）、景洪市巴卡小寨（基诺族）、石林县月湖村和丘北县仙人洞村（彝族撒尼人）、新平县南碱村（傣族）5 个村寨作为试点实施计划，2008 年课题结束，历时 10 年。

云南民族文化生态村建设，国内外关注者较多。建设过程中，媒体经常报道，前往参观的各方人士络绎不绝，参观考察者包括东南亚、韩国、日本、印度、美国、英国等国的学者，国内外大学生研究生感兴趣的也不少，有的把文化生态村作为实习基地，有的为写学位论文而进行较长期的调查研究。试点村还接待和举办过多次规格很高的培训和会议，重要的如联合国教科文组织（UNESCO）举办的"中、老、泰、越苗族/蒙人服饰制作传统技艺传承"国际研习班的考察，联合国大学组织实施的"中老泰东南亚山地土地资源利用与管理"国际研讨会等。试点村的带头人和文化传承人经常外出参加文化活动，我去欧洲、东亚、东南亚的一些国家以及中国香港、中国台湾等地参会作此报告，听众很感兴趣，反应热烈。课题进行期间，不断有成果产出，结题成果《民族文化生态村——当代中国应用人类学的开拓》（6 册），荣获国家民委首届社会科学优秀成果一等奖，《中国民族报》连续多期大篇幅地进行了介绍。此课题付出很多，收获不少，争议也多。现在人们问到的最多的问题是"文化生态村建设结果如何"，坦率说结果不是太理想，主要有三个问题：一、项目进行期间成效很好，而在项目结束后有的试点便止步不前甚至退步；二、几个试点村情况不一样，有的做得较好，有的做得较差；三、从达标的情况看，有的指标达到了，有的指标达不到。众所周知，中国农村的实际以及内外因素的相互作用与冲突，情况之复杂、问题之多，在书斋里简直无法想象。我们应该承认，由于对现实的复杂与多变缺乏真切的认识，对困难估计不足，所以在民族文化生态村建设之初确实带有较浓厚的理想主义色彩，把目标设定得过高过全。建设的成效虽远未达标，但从学术研究的角度看收获不少。实践和探索，就在于发现问题，获取真知。最近几年，文化生态的保护被提到政府的重要议事日程，国家非物质文化遗产名录里"传统文化保护村"、"文化生态保护试验区"赫然在列，"社会主义新农村建设"、"美丽乡村建设"政策不断出台，被赋予浓郁的怀旧、珍惜、期盼、重建等特殊含义的"乡愁"一词已然十分的流行。事实证明，学者们作为先觉先驱，他们的探索、呼吁、宣传、提案、建言等并非纸上谈兵、毫无作用，而能将理论应用于实践，在实践中创新理论贡献于社会，那就更有价值了。

耿：除了民族文化村建设以外，您还有哪些拓展性的工作？

尹：第一是云南民族生活技术的研究。前期研究刀耕火种，感到山地民族的采集、狩猎、纺织、服饰、建筑等文化十分精彩、丰富，而且正处于变迁和消失的过程中，急需记录下来，所以花了很多工夫去做调查研究。早在做刀耕火种研究之时，就注意收集这方面的资料，为了做好这一课题，后来又花了几年的时间详细收集云南各民族的生活技术资料，调查范围扩大到云南所有民族。这方面的成果见于 1996 年后陆续出版的《云南物质文化》丛书，丛书由"农耕卷"（上下册）、"渔猎采集卷"、"生活技术卷"、"纺织卷"、"服饰卷"组成。由于时间精力有限，个人无法完成全部的写作，所以除了《农耕卷》由我著作之外，其他几卷邀请了国内外几位专家分头写作，我尽量为他们提供资料，成果颇受好评，出版后先后荣获"中国图书奖"和"国家图书奖提名奖"。我研究生活技术，依然强调生态人类学的理论观点，这在拙著《农耕卷》里有明确的说明。研究农耕文化，我主要有三点理论思考：一是参照进化论，但不是单线进化论，而是一般进化论，而且不唯进化论；二是文化传播的观点；三是生态人类学的文化适应理论，此为本研究考察分析的重要理论根据。关于第三点，想多说几句。关于人类与自然环境的关系，过去在很大程度上受到人本主义的支配，即认为人类是自然的主宰，人类的生存史，便是与大自然斗争并征服自然的历史。所以，长期以来，生产工具一直被人们当作与大自然斗争的武器和人类征服自然能力的尺度和标志。然而，面对人类日益严重地陷入自掘的生态泥沼而不能自拔的状况，人本主义的自然观开始受到怀疑和反省。人类不得不正视其主宰意识的谬误和危害，从而觉悟到大自然并非是可以为所欲为的"奴隶"。既然如此，生产工具"武器论"也就使人感到不那么妥当了。农具是农民的用具，了解农民的看法，对我们认识农具和技术是会有所帮助的。对于农民来说，人们怎么去定义生产工具并不重要，重要的是必须适用，即每一个地区的农具，都必须适宜当地的自然条件、劳动条件和技术选择。这就是生态人类学所主张的生境塑造文化、文化形态（尤其是物质文化和生计文化）是生境适应结果的观点。事实正是如此，为了很好地从事食物生产，人们总是根据不同的生态环境条件选择生计方式并制作与之配套的生产工具。令人遗憾的是，如此简单朴素的道理往往被搞得很复杂，不同的器物常常被贴上"发展阶段"的标签。仅以云南一些少数民族使用的小手锄为例，那本来是一种适宜在山坡旱地和园地播种、种菜和除草的小巧方便的农具，然而不幸的是，它们总是被视作"原始手锄"和"原始工具残余"而蒙受"不白之冤"。究其症结，那是因为在一些人的头脑中早已存储了先入为主的"观点"，即认为从小到大、从落后到先进乃是不容置疑的规律，所以一旦见到少数民族使用这种小锄头，便情不自禁地把它当作"考古新发现"了。

第二是博物馆建设。研究山地民族的生活，看到他们的传统文化变化很快，许多东西即将消失或已经消失，非常希望建立博物馆，以抢救收藏展示他们的文化。1989 年我从云南社会科学院调到云南民族博物馆筹备处工作，就是为了实现这个愿望。我曾经萌生过创立一座刀耕火种博物馆的想法，如果有条件做，一定很有意义，一定很精彩。当然，我很清楚，以我之力这个梦想是实现不了。在云南民族博物馆工作期间，负责业务方面的工作，开馆之初，我曾设计了一个云南民族生计展厅，全面展示云南各民族的采集、狩猎、农耕等生产生活。后来搞民族文化生态村建设，虽然没有专门的经费，但是我们还是想尽办法先后建立了三个乡村博物馆：景洪市基诺乡"巴卡小寨基诺族博物馆"、新平县腰街镇"南碱村花腰傣文化博物馆"、"腾冲县和顺乡弯楼子民居博物馆"。在乡村建设博物馆，必须充分发动村民参与，课题组成员克服了种种困难，和村民一道，收集展品，设计布展，并培训村民管理宣传和接待讲解的能力。我们倡导各民族建设自己的博物馆，自觉收藏、保存、展示、传承、发扬自己的民族文化。后来在云南大学又有机会负责主持建立了"云南大学五马瑶人类学博物馆"。过去 30 余年，除了研究教学，我有幸参与领导建设了一个省级博物馆，主持创建了一个大学博物馆和三个乡村博物馆，并尽可能把自己的学术理念融会于其中。虽然由于资金、管理等问题的影响，几个博物馆的建设皆不尽如人意，然而毕竟尽了最大的努力，一定程度实现了追求的梦想，想来也觉欣慰。

第三是生态环境史研究。环境史是近20年来国际上兴起的一个跨学科研究领域，一些学者将国外有影响的著作翻译介绍到国内，引发了国内史学界的兴趣，短短时间，便形成了若干研究中心，取得了可观的研究成果。由于我的刀耕火种研究既有历史的追溯，又有当代变迁过程的呈现，所以亦被史学界环境史的同人们所看重，多次受邀参加他们的学术研讨会，建立了良好的学术交流关系。从90年代中期开始，日本几个研究机构的学者相继与我合作开展生态环境史研究课题。先是京都大学东南亚研究中心的古川久雄教授，我们多次共同进行田野考察，部分成果结集为古川久雄、尹绍亭主编《民族生态——从金沙江到红河》一书（云南教育出版社，2003年1月）。此后又参与大阪外国语大学校长赤木功教授的"湄公河文化环境相互关系的生态史研究"课题，成果结集为尹绍亭、深尾叶子主编《雨林啊胶林——西双版纳橡胶种植与文化环境相互关系的生态史研究》一书（云南教育出版社，2003年1月）。再后较大团队的研究是参与日本地球环境科学研究所秋道智弥教授主持的日本文部省重大项目"亚洲季风区生态环境史的研究（1945—2005）"，负责子课题"云南季风区生态环境史的研究"，为期6年，组织30余人研究团队对云南进行调查，期间在中日两国举行了6次学术研讨会，出版论文集三册，译著一册。上述成果，大多是初步的探索与总结，假以时日，应该能够做出更为规范深入的生态环境史作品。

第四是培养学生，扶持年轻学者。我于1999年从云南民族博物馆调到云南大学人类学系从教，开设了"生态人类学"、"田野调查研究"、"中国西南民族研究"、"博物馆学"等课程，并指导本科生进行田野调查和撰写毕业论文。2000年主持申报"民族生态"博士学位授予点获得批准，至2006年出国停止招生，培养了一批博士硕士研究生。为鼓励年轻学者早出、多出成果，同时为了学科建设，近三年来与何明教授共同主编《生态人类学丛书》，迄今为止已出版李永祥、郑寒、赵文娟、邹辉、崔明昆、乌尼尔、董学荣、孟和乌、徐晓光、崔海洋、陈祥军、尹仑等作者的作品多部，丛书尚未完成，还将继续做下去。

第五是建立学术交流网络。在我国，除了云南大学之外，中央民族大学、吉首大学、中山大学、新疆师范大学、内蒙古大学、广西民族大学、贵州大学、贵州凯里学院等都有生态人类学的教学和研究。为了促进合作与交流。2004 年我和吉首大学的杨庭硕教授、新疆师范大学的崔延虎教授共同发起编辑《生态·环境人类学通讯》，《通讯》虽然是非正式出版的小刊物，不过因为是首创，还颇受同行关注，遗憾的是只出了十几期便停刊了。交流的另一种形式是举办研讨会，我和广西民族大学袁鼎生教授牵头，曾先后在桂林、昆明办过两届"中国生态人类学高级论坛"。吉首大学杨庭硕、罗康隆教授也多次主办过研讨会。2009 年，与联合国大学合作，促成在云南大学建立了"联合国大学文化与环境研究中国网"，中方参加单位有云南大学、三峡大学、贵州民族学院、广西民族大学、云南省社会科学院。而早在 2004 年，我的团队就参加了联合国大学组织实施的"中老泰东南亚山地土地资源利用与管理"项目，5 年间与泰国、老挝、印度等国学者多次合作考察并以"东南亚大陆山区土地可持续管理网络"之名举行了一系列国际研讨会。

　　耿：您的谈话使我受益匪浅，再次衷心感谢！

　　[受访者简介] 尹绍亭，1947 年生。硕士研究生学历。曾任云南民族博物馆副馆长、研究员，云南大学人类学系系主任、人类学博物馆馆长、教授、博导。国务院特殊津贴专家，云南省文史馆馆员。

　　主要从事人类学、民族学、文化遗产保护教学研究。出版《人与森林——生态人类学视野中的刀耕火种》等中、英、日文专著及《生态人类学》等译著 10 余种，主编《当代中国人类学民族学文库》等丛书 10 余种，发表论文、译文近百篇；主持国际合作项目、国家和省级重大科研项目 10 余项；主持和参与领导建设了 5 个省、校、社区博物馆。获云南大学伍达观杰出教师奖。著作获国家民委社会科学优秀成果奖、教育部哲学社会科学优秀成果奖、中国图书奖、三个一百原创图书出版工程奖、云南省哲学社会科学优秀成果奖等多种奖项。

　　[访谈者简介] 耿言虎，安徽大学社会学系讲师，社会学博士，主要从事环境社会学研究。

苗族传统生态知识的演变

——杨庭硕教授访谈录①

【导读】 中国的生态人类学从 20 世纪 90 年代初逐步兴起。目前国内已经涌现了不少优秀的学者。一些学者对地方族群的传统生态知识有着翔实而深入的考察，为传统知识的传承和抢救做出了非常重要的贡献。杨庭硕教授是国内最早从事生态人类学研究的学者之一，他从苗族的支系文化差异切入到生态人类学的研究，在贵州喀斯特山区做了大量的传统生态知识与技术调查，挖掘了当地丰富的民族生态知识。之后他又立足全国视野，筹备进行中国东中西不同区域文化生态系统的比较研究，力图构建"百科全书式的"文化生态信息库。本次访谈聚焦于杨教授早期对喀斯特山区的苗族传统生态知识与技术的探讨，以及这些传统生态知识所遭遇的误读和流变。杨教授指出生态系统和人类社会是两个不同逻辑的体系，有着各自的运行规律，要协调好二者之间的关系，需要借助于千百年来民族世代积累的地方性生态知识。地方性的生态知识犹如中国社会的一道生态安全屏障，具有不容忽视的价值。他还形象地举例说明自己的调查过程，他告诉我们，生态人类学的学科方法，是以人类学、民族学的方法为基准，借助其他多种学科方法进行交流、整合，让我们更好领悟到生态人类学的学科魅力。

---

① 本文根据王婧博士对杨庭硕教授的两次访谈整理而成，并经杨庭硕教授审订。第一次访谈是在 2015 年 1 月 15 日，第二次访谈是在 2015 年 9 月 3 日，第二次访谈是对第一次访谈的补充与完善。本访谈录曾发表于《鄱阳湖学刊》2016 年第 1 期。

生态人类学的学科概念、方法与进展

王婧（以下简称王）：杨教授，您好。"环境社会学是什么"访谈工作的推进过程中，我们很想找生态人类学家进行学科交流。今天借此机会向您讨教。生态人类学落脚点还是人类学，而人类学和民族学、社会学三个学科关系密切。您能先谈谈人类学、民族学和社会学有什么区别和联系？

杨庭硕（以下简称杨）： 在我看来，人类学和民族学本质上是一样的。只不过人类学有个分支学科叫体质人类学，体质人类学和民族学的研究内容大不相同。体质人类学是研究人类群体体质特征及其形成规律的一门科学。人类学和民族学侧重研究文化，都是研究长时段的文化现象，而社会学研究的往往是短时段、当下的社会现象与问题。另外，人类学和民族学与考古学有密切的关系，而社会学一般不关注考古学的进展。

我知道现在出现一种新的情况，人类学、民族学和社会学越来越有交融了，这样的趋势很好。学科之间交流才能推动发展，人类学/民族学比较擅长谈"文化"，社会学比较擅长谈"社会"，二者也是相通的。

王：生态人类学是一门怎样的学科，能否给这个学科下个定义？

杨： 生态人类学是人类学/民族学的分支学科，是生态学与人类学/民族学结合的产物。这里需要注意的是，生态学和人类学是并列的，换句话说，生态人类学主张生态环境与人类社会是并列的。人类社会有自己的运行规则，生态系统也有自己的运行规则，这是两个不同的系统，这两个系统之间的互动，是不能够用一般性的逻辑去推导的，要看双方自成系统的运行规律，找到它们的对接点。如果人类按照自己的思维逻辑去改变生态系统的运行规则时，就会出现生态问题。按照这个逻辑，生态人类学研究的核心内容就是人类如何认识生态系统，以及如何维持与生态系统的和谐关系。

王：生态人类学的研究方法有什么特色？

杨： 涉及的研究方法比较多。总体来说，运用到了人类学、民族学的田野调查法，生态学的研究方法（如野外调查、实验），考古学、历史学的研究方法等。在具体的生态人类学调查中，人类学、民族学、生态学、考古学、语言学、地理学、地质学、动物学、植物学等一应俱全。在这里，各学科发挥的作用有所不同，最后的研究结论又需要回归到人类学和民族学的方法上来。

　　人类学、民族学喜欢站在文化的角度去分析生态环境现象或问题。为什么这些民族群体能够巧妙地运用资源？为什么这些做法能够延续几百年甚至几千年？不用文化去分析就没有办法解释。人类学、民族学讲究亲身参与，调查时间很长，不这么做就弄不清楚事实。我做得最长的调查应该是贵阳高坡苗族的调查，去了20多次，加起来有好几年了，在调查点一住就是5—8个月。人类学的调查周期至少要有一年，因为要认识一种民族文化需要观察一个完整的生活周期，对其中文化的体会也需要长时间的积累。如果对某个民族的田野调查基础本身就比较厚实，只是要了解具体的生态人类学专项问题时，调查的周期就可以较大幅度地缩短。

　　比如我们去调查黔南布依族苗族自治州瑶麓瑶族乡水庆寨的水族，那里现在还保存着传统的水族狩猎方式。我们去调查水族的狩猎方式，去问他们如何捕猎鹿科动物？为什么这么捕？现在我们可以说得头头是道，但是实际调查的过程却不是那么简单。如果你一个女生去做调查，你在现场会很纳闷啊，为什么狩猎还要换衣服？有碍伦理观？有可能你还不好意思去。但是真正的人类学调查，你就必须自己亲身参与、亲身体验。只有真正体验了，你才会明白，狩猎之前换衣服，原来是为了怕猎物发现自己，因为衣服是染了汗的，野兽的鼻子灵得很，几十米以外就能闻到人的汗臭味了，早就绕路走了，你别想打到它们。所以水族狩猎前换衣服、洗澡是很正常的事情。打鹿科动物距离很近，水族躲到草丛里面，对着动物肚皮底下射箭，只能射动物肚皮底下那一个很小的范围才行（正好穿透大血管），必须射得准，其他部位射不穿。箭只有一根手指这么短（用弩机发射的），一扣扳机，正好射进去，没有这个准确性就不可能打到野兽。这可不是好玩的事情，很危险。人为了让自己安全，就必须在草丛里屏住呼吸，气都不能喘，这些都是要特殊训练才行的。这样来看，人类学的调查还有一定危险。

　　生态人类学也需要经常运用生态学的方法。具体的研究方法有哪些？这个问题确实是要找时间慢慢说，而且说也难说清楚，要亲自去现场就知道了。这里面生态学的知识体系非常重要。一般的人类学、民族学调查只重视人，不重视人和环境的关系。从事生态人类学研究，必须看到各种细微的生态变化。生态学的调查经常和地方性知识联系在一起，这里的生态知识可能不是书本上的。比如，我们去调查刀耕火种，通过观察就可以知道当地居民烧山烧了多少次。居民们感到大吃一惊，你们怎么知道的？我们的推断依据是，贵州的山区很多都是喀斯特地貌，岩石烧了以后就变成石灰，水一冲，石灰就会溶在水里，就会在山脚下沉淀下来，在土壤表层结上一层"皮"。执行一次刀耕火种，就会多加一层"皮"。只要数一数有多少层"皮"，就知道居民们刀耕火种了多少次。

生态人类学和考古学、历史学密切关联。考古学本来就是人类学的分支学科，所以生态人类学也要用。考古学和历史学的方法是相通的。历史学的方法就是要把古书以及古书反映的事实弄懂，还要借助现代技术手段、联想、推理进行分析。比如西南地区有种小米的历史，而种小米曾经导致过生态破坏，这个历史事实从何而得？没有哪本古籍上会写西南地区种小米，但是古籍上有记载什么时候中央以小米为税收，然后你就要去了解小米的税收政策，并结合历史古迹来联想。北京有个社稷坛，"社"为何意？就是"土地"，"稷"为何意？就是"小米"。共同祭祀小米和土地，这是汉人的悠久文化传统，因为这里的"稷"或者称"小米"是古代汉族的主粮，王朝税收的对象也是靠小米。社稷坛透露了一个重要信息，秦汉时代开始小米就作为主粮，也是税收的重要来源。知道了这些还不够，怎么能确定西南地区实行了小米税收政策？这个问题还必须利用现代科学技术和田野调查法去加以验证。西南地区种小米必须刀耕火种，因为小米是原产在干旱草原上的物种，只能在碱性土壤，才能够健康生长和结实。但是在贵州，没有碱性土壤。几乎所有的土壤都呈酸性。在这样的土壤里，小米是不能正常生长的。在喀斯特山区，只要放一把火，把草烧成了白灰，白灰富含碱性物质，同理，暴露的石灰岩经火一烧，表层也会变成石灰，石灰也呈碱性，这就和小米原产地壤，干旱草原的背景相同了。撒下小米种子，就可以顺利结实了。但是这样只能种这一年，第二年以后，土壤又变回酸性，你如果再撒小米种子，就会颗粒无收了。所以刀耕火种只能种一年，不能种两年，第二年必须去改种其他作物。我们也可以通过我们检测土壤的 pH 度、土壤中残存碳粒的含量、甚至检测土壤中的孢子花粉，来推断这里曾经是否因为种小米而刀耕火种，验证我们推断的结果。如果验证属实，那么我们就有理由说在我国西北草原种植小米和西南各民族用刀耕火种的方法种植小米，其知识和技术规程各不相同，但自成体系。进而指出，西北干旱地区种植小米，是早期的传统种植方式，而西南各民族用刀耕火种种植小米，则是次生的种植规范，这种技术大转型，凝结着西南各民族的智慧与创新。

生态人类学也需要借助于语言学的方法。我们现在种马铃薯，一个最大的问题是50%的马铃薯都容易染病。马铃薯生病，怎么克服？这个就必须从语言学来查。要弄清楚马铃薯的原产地是哪里？各地居民是怎么称呼马铃薯的？又是怎么种植的？技术的名称反映的是什么实质？这些得搞清楚，不搞清楚就不能还原它原有的种植技术，后面再遇到什么问题，就没有办法查证了。大家都知道，马铃薯在我国各地各民族中，光是名称就有好几十种，这至少反映它是一种外来作物。既然是外来作物，在中国就容易染病，这就可以比喻为"水土不服"了。稍加调查就可以发现，为了帮助马铃薯适应中国的不同生态环境，各地的居民所使用的种植规范也是千姿百态，技术名称也各不相同。从语言学的规律出发，不难推断，这些技术其中有相当一部分与避免马铃薯染病有关。当然，具体的研究过程非常复杂，这里仅是一个大概而已。

王：我对具体的生态人类学调查过程很好奇。比如你们在做麻山地区石漠化问题研究时指出，改土归流之前，溶蚀盆地底部曾经存在过大量的溶蚀湖，这些地区不是用来种水稻，而是用来狩猎。改土归流之后，朝廷在这儿推广种植原麻，苗族居民出于种麻的需要，将溶蚀湖周边生长的湿生植物连根拔出，松动了土石结构，凿通了地漏斗。这样一来，麻是种成功了，苗族也获得了较好的经济报偿，但却加剧了水土流失，导致了当地石漠化的灾变。到了今天，苗族居民甚至在溶蚀盆地底部建寨定居。这样的研究结论你们是通过什么方式获得的？

杨：其实就是刚才讲到的，这是一个多学科的整合办法。在喀斯特山区的溶蚀盆地底部有很多缝隙，和地下的溶洞伏流相互连通。随着地基沉降，这些缝隙、溶洞是不断变化的，一旦破坏就无法恢复。过去，水生植物的根系会长成一张巨大的"保护网"防止水土流失，当缝隙逐年加大，水生植物的根往缝隙里盘缠，又把缝隙封死了。留住这些水生植物的根系（如芦苇、柳树、茭白、苔藓植物等），让这些植物黏在石缝上长一层，便能涵养水土。改土归流后，苗民要种麻，把这些植物拔光了，导致当地水土全部泄入地下溶洞。如何证明我说的这个过程？现在我们把土壤拿出来进行孢子花粉化验，发现土壤里存在水生植物的花粉，根据植物考古学里的孢子花粉分析法，花粉是不会腐烂的（孢子壳会留有痕迹），就推断这里曾经种植过大量的水生植物。当地的水域环境肯定能支持这些水生植物的生长。那么溶蚀湖的存在也就是一个顺理成章的事实了。

王：目前生态人类学的学科发展如何？

杨：国外是 20 世纪 50 年代初就开始了这门学科的探讨，中国的民族学教学和研究却中断了。这个专业真正进入中国是 20 世纪 80 年代的事。国外的发展已经到了一个很高的层次，可以用一个比喻来说，他们已经开始认识到人类与生态的非兼容性，生态系统是一个独立的系统，不要管它了，它也不会消失。我们只可以认识它、干预它，但是要人类制造出一个新的生态系统，是没有办法做到的。国外还有一种称谓，将这一学科称为环境人类学，和生态人类学是相似的，这两个学科的名称都是在 20 世纪末产生的。代表学者有美国的斯图尔德、拉帕波特等，同时期还有韩国的全京秀，日本的秋道智弥等。目前国内这一学科也有不少学者在支撑，尹绍亭、麻国庆、孟和乌力吉、崔延虎、阿拉坦宝力格、哈斯巴根、李锦……人数还是不少的。还包括一些交叉学科，比如中国农史的专家，他们都运用过生态人类学的学科做法，大家都在交流、合作。

本土文化对喀斯特山区的适应

王：杨教授早前是研究苗族支系的，这和生态人类学有什么内在的关联？

杨：我的硕士论文写的是苗族支系名称的历史演变。在当时的背景下，任何人谈民族支系都是忌讳的，民族支系是国家识别的，其他人不便再来澄清这个问题，但是不澄清这个问题，又很难真正了解苗族文化。苗族是一个分布很广的民族，跨越了几十种不同的生态系统，由此，苗族存在着几十种不同的生计模式，不同的生态系统对苗族文化影响很大。对苗族文化把握不好，将会直接影响民族地区的政策制定，无意中可能诱发了生态问题。

我是先去做苗族支系的基础认知研究。苗族大概要划分为72—75个地方群体，3个支系，一个支系自然是一个人类群体，几十代就在一个地方生存，如何适应、利用自然他们都一清二楚，不懂这些本土知识他们就无法世代生息繁衍。所以说，本土知识是世代积累的经验，不是什么理性推断，也不是科学思想指导的结果，就是一个"适应"的过程。适应以后，形成一种定式，这个群体就一直按照这种方法去生产和生活。苗族的每一个地方群体都是创造性地适应所处的环境。这样一来，澄清苗族文化对特定环境的适应，以及苗族支系如何形成，如何延续等问题，有助于帮助我们更深入地认识和理解民族生态文化。

王：在20世纪80年代，您研究苗族支系的传统知识，学界认可吗？

杨：正如尹绍亭教授所说，包括刀耕火种在内的很多传统知识，曾经遭到了批评。到现在这个话题还在争议。国外也在争议。这里面的争议比较复杂，有的人认可传统生态知识，但是不一定认可刀耕火种。刀耕火种不是一种，而是几十种，各种不同的各种刀耕火种技术操作和耕作体制会完全不一样；有的人则不认可传统生态知识，觉得那些知识很"土"，但是"土"的知识其实很有效用。

王：自生态人类学兴起以后，似乎很喜欢探讨生态环境和民族文化的关系，这是不是生态人类学研究的重点课题？

杨：生态环境与民族文化的关系很重要。这里谈一个生态环境和社会组织之间的关系，这一观点对后来的学者影响也很大。莫斯最经典的研究就是对爱斯基摩人的研究：爱斯基摩人夏天是分散的，冬天是聚集的。因为夏天容易找食物，大家不见面；冬天很难找食物，大家聚一起，相互帮助，熬过严冬，因此爱斯基摩人只有在冬天才会形成社会聚落。到了斯图尔德、拉帕波特，这个观点得到了最极致的发挥，他们谈到食物的不同能够决定了这个社会组织的大小。比如依靠松子为生的民族，就不可能建立村落，更不会形成部落、氏族，因为松子很分散，他们最多就是几个家庭拼合在一起，到处游荡，走到哪里吃到哪里。这样的社会是根本不能够形成集中权威，也不可能形成严密的社会组织。

在人类社会和生态系统当中，前一个是有能动性的，后一个是没有能动性的，破坏生态系统是有能动性的人类社会干的事情，要修复生态系统也得靠掌握文化的人类去修复。环境破坏是文化的责任，修复也是文化的责任，这是生态人类学一个基本的思想。文化是人掌控的，人觉得不对，就可以修改文化，使得自己能够在不同的生态环境活得更好，这是一个能动地创造过程。自然环境本身没有创造力，你给它损害了，还得靠它自己修复，这样的修复过程可能需要一万年。人可能等不及，所以人会学着主动去创造一种"适应"的文化。现在你看到的森林、农田等所谓"自然背景"，其实是"人为干预的产物"，是以人类的逻辑改变后的次生环境，也是人类社会与生态系统调和的产物。在现实生活中，也有很多人类社会与生态系统难以调和的例子，为什么会出现这种情况？真实的情况是怎么样的？人类社会和生态系统的运行规律是什么？修复生态系统的文化逻辑是什么？探讨人与自然生态的制衡关系，这些恰好都是生态人类学研究的重点课题。

比如说苗族。外国有个学者说，苗族是最善于逃避的民族，喜欢躲开政权逃生，然后逃到一些偏远山林谋生，这种说法其实有问题。其实苗族只是要适应一种特殊的生态环境。在外界看来，生态环境都是一样的，但在苗族看来不是一回事。一个族群要在一个特定的生态系统中活下去，得付出鲜血甚至是生命的代价。老一代人说，神农尝百草，被毒死的人也许不计其数，祖辈靠着世代积累的经验在摸索，发明了一整套知识体系，既能够让自己存活下去，也能够保证资源的持续。每个民族都是伟大的，他们都有能力在不同的生存环境中生息繁衍，子孙繁荣。所以，与其说苗族被赶到山上被迫开田，不如说他们创造了文化，征服了山林，创造了梯田，赢得了成功，给世代立了个表率。

王：能否举个具体的例子，当地苗族是如何适应复杂的生存环境的？

杨：贵州的喀斯特地貌分为几十种类型，此前的苗族生计类型也纷繁多样。举个例子，贵州地区的很多苗族支系适应环境的能力是非常强的，比如说打猎。我们以为打猎是最简单、最原始、最落后的生计方式，只要有枪有刀，就能够见什么打什么。可能吗？动物会跑，每种动物的习性又不一样，它们什么时候出现也没有规律。怎么才能打到野兽？这好像不是我们现代人能想象的问题。我们去博物馆经常看到这样的画面，一些原始人拿着石器，另一些原始人拿着棍棒，对着一群狂奔的野牛，大家拳打脚踢，狂打野牛，这样的画面，你觉得可信吗？我们现代人就是这么揣摩古代人的世界。

我可以先谈一个独龙族猎杀野牛的例子。其实要打一头野牛，对于原始人来说，必须有一整套技术、方法，可以不费吹灰之力把野牛拿下，自己又可以避免伤亡。独龙族猎取野牛，很有意思。首先，他们会了解到野牛群的结构。一般来说，牛群的第一个是最雄壮的公牛，接下来是母牛、小牛，最后一个是年老的公牛。年老的公牛走在最后，是为了防止牛群走散。独龙族打野牛专打一个固定的对象，就是最后的、年老的公牛。所有的青年男子，在狩猎之前必须做一些准备工作，脱光衣服，一丝不挂，到河里面洗干净，涂上菊花的叶子，遮盖身上的汗臭味，因为野牛可以闻到人的汗臭味，闻到以后它们就会绕开跑。然后，他们就静静地趴在草丛中，不能喘大气，不能出声，静静地看着野牛群走过身边。等待半夜快天亮的时候，牛群下山喝饱水后返回到山上，他们就可以放毒箭射杀最后一头年老的公牛。射击的位置也很有讲究，因为野牛的皮很厚，只能射在野牛前肢的腋窝处（那块牛皮质最薄，一箭可以射穿牛皮），只要射准了，野牛根本没有知觉，两分钟以后，毒性发作，牛的心脏停止跳动，轰然倒下。最后的牛倒下后，前面的牛群并不知晓，他们只顾着很快地返回到山上去吃草。一直等到牛群走远一个小时后，大家再去分这个牛，两分钟就把牛砍成十几块，分完就走了。整个狩猎的过程，根本就不接触牛的身体。对于原始人来说，他们没有现代的医药，只要被牛踩上一脚，可能就活不了，所以原始人狩猎，最大的原则不在于打死野兽，而是在于保护自己。

苗族打老虎也是这样，是绝对不会拿着刀去和老虎硬拼。他们先用一种硬弓，远距离射老虎，老虎被射以后，苗民就拿着刀、标枪，身穿铁铠甲接近老虎，如果老虎还没有死，它会反扑过来，这个时候，苗民就会蹲下来，用个铁笼子样的铠甲衣把自己保护在里面，老虎会用爪子抠铁铠甲衣，但是它抠不动这个铁架，这个时候再拿着刀往老虎肚子捅一刀，就顺利捕杀老虎了。

这样的例子还有很多，苗族对待不同的野兽，所用的捕猎手段也不一样。对于黔东南的黑苗而言，他们是在森林边缘居住的民族，虎患多的地方，打老虎就得用我刚刚说的硬弓远射和铠甲保护的办法；但是贵阳市的高坡苗族就不是这样打野兽，和独龙族射杀野牛的方法相似，先要将自己的身体洗干净，一丝不挂，然后再披上蓑衣，用茅草作为衣服，趴在那里，等野兽路过，用弩机一箭射中。高坡苗族主要是打小野兽，包括麂子、黄鼠狼、臭鼬、果子狸、刺猬等。打这些小动物也需要这样伪装吗？伪装不是怕它们，而是让它们靠近。苗族的每个支系，打猎的方式都不同，花样繁多，千姿百态。这都是因为苗族面对的生态环境太多样了，所以苗族内部的生计方式会出现很多差异。

王：苗族的社会组织这块，是否也因生态的不同而有所不同？

杨：苗族如何计算时间是参照生态来的。苗族要过吃新节，每次吃新节要把稻秧扯出来，一亩地扯三株稻秧来供，将稻秧合在饭里一起煮来吃，并把稻秧挂在门上。吃新节就是根据水稻的生长状况来定，水稻120天成熟期，十二天吃一次"新"，共吃十次"新"，等过了十次吃新节，就到了吃牯臧的节日。有的地方是看野兽身上的秋毫（最细的毛）长出来没有，抓到野兽一看，如果秋毫长了，就该过苗年了。这些都是根据物候和生态环境去推算时间的。

根据当地生态的异质性大的特点，苗族的社会组织规模都很小。在传统的生计方式下，一个苗寨就是20户以内，几个家族联合在一起。现在的苗寨人数那么多，是因为供应粮食不成问题了，人口越来越多。之所以会出现西江千户苗寨，是社会背景造成的，当时清政府要监控苗族，把苗民集中在那里的，这是另外一种情况。

在传统苗寨，什么时候谈恋爱、结婚也是有规定的。苗族只能在冬天谈恋爱，夏天谈恋爱要受到家族习惯法处置。农事生产是在家族内进行，农忙的时候是不允许离开家族的，离开家族以后就没有人种庄稼了，而苗民要在另外一个家族择偶，所以夏天每个人都不准谈恋爱。如果夏天谈恋爱，习惯法是可以处死人的，相当严格。但是打猎、纺纱的时候是可以谈恋爱的，因为打猎的时候才会遇到另外一个家族。除此之外，农忙和打猎的时间是不允许混乱的。夏秋农忙时间不允许打猎，冬天可以打猎，因为夏天是野兽产崽时期，基于生态维护的考虑，是不允许打猎的。这一点，也不是苗族的特例，汉族亦是如此。可能所有的民族组织对生态都有严格的管理。

王：在一些生态脆弱地区，苗族又是如何做到生态适应的？比如我们刚刚谈到的麻山地区，那里是高度发育的峰丛洼地山区，洼地又是喀斯特溶蚀地漏盆地，根本找不到连片而稳定的土地资源，现在也是石漠化严重的地区。那里的苗族是如何利用当地资源的？

杨： 那里的苗族保护山林。苗族很会培育山林，培育起来的山林有助于养山羊，山羊是吃树的，不是吃草的。苗族一直懂得种树养山羊的道理，而外界却以为是种草养山羊。苗民知道森林是护出来的，不是种出来的，他们会定期去山上割掉山羊不能吃的树，然后在山上放养山羊。他们也会指导山羊吃树，比如有个好办法，拿盐水洒到树上，洒到哪里，山羊就吃到哪里，这样可以训练山羊更好地吃树。山羊和树林是一个小型生态循环，山羊吃树叶和树枝，吃饱后就排便，树叶和树枝中掺杂着植物的种子，被吃的种子经过羊肠，可能随着粪便排出体外，这样的种子可以在粪便中很好地发芽生长。有时候当地苗民怕羊偷吃家里的蔬菜、庄稼，就用一个最简单的方法，把山羊尿喷在菜叶上，山羊就绝对不会吃了，因为山羊是不会吃自己的尿的。这些传统技术很有趣，好像是在和动物做游戏。有的苗族支系还会训练猫头鹰抓老鼠，把猫头鹰养成自己的宠物，一吹口哨，猫头鹰就会去抓老鼠。苗族什么花样都会做，他们还会训练水獭捕鱼……这样生态知识太多了。

当地苗族还很会找药材、种药材。麻山地区的生态异质性很大，很多种药材都能够生长。苗族种药材有一个共性的特征，整个生产过程都不需要翻土。利用植物后，植物还可以再生。如果一直按这样的资源利用方式，麻山地区是不可能发生石漠化灾变的。而今出现石漠化灾变，原因之一，就是那时曾经强行要种植玉米，破坏了喀斯特的脆弱生态，石漠化是积淀而成的灾变。

除此之外，麻山地区还有养蜜蜂的传统，我们现在也正在做一些课题，培育中华蜂。中国的中华蜂已经濒临灭绝，这是个非常严重的问题，很多植物没有中华蜂授粉也要灭绝。但是，如果利用苗族的养蜂传统，保护中华蜂这一珍贵物种，做起来就方便多了。

王： 苗族养蜂有什么传统技术？麻山地区的养蜂业主要借助的是传统知识？还是现代科技？还是二者的结合？

杨： 二者的结合，既有传统的技术也有现代科技。举个简单的例子。养蜂有个问题，像狐狸这样的动物也想吃蜂蜜，它们会偷吃，一巴掌把蜂箱毁坏，蜜蜂逃散了，它们只管舔蜂蜜。碰到这样的问题怎么办？这里涉及一个传统技术的问题，苗民很聪明，他们把狗尿端起来，喷洒在蜂箱周边的地上。狐狸怕狗，闻到了狗尿，就会远离蜂箱三米之外。如果人要和狐狸周旋，时间上允许吗？如果是几十箱蜂，又放在不同的地方，人怎么看管？还是这样简单的传统技术有用。这里面还涉及很多传统技术，生态人类学研究的这些问题，精细得让人叹为观止。

王：我们简单归纳下，这些传统知识有哪些特点呢？

杨：第一，地域性，当地有效，换个地方没有效果，有一定的空间局限性，但是如果是类似的生态系统，不同的地方，生态知识就可以用。第二，利用与维护完全兼容，相辅相成。传统知识可以在利用自然资源的同时规避或是处理好生态环境问题。第三，这是广谱性的知识。在族群内部，大家都会分享这些传统知识，这是世代人积累下来的知识，在日常生产生活中反复实践，世代相传。

外来文化引发传统知识的流变

王：读过您的作品后，发现西南民族地区传统知识并不是一成不变的，过去也受到了中央王朝、外来族群文化等的影响。

杨：民族文化对所处生态环境具有适应能力，这个是学界公认的结论，如果说文化对所处的生态环境具有适应能力，那么为什么还会有生态危机出现呢？这里就忽略了民族文化的社会性适应问题，民族文化也会受到外在的社会性因素的影响。以中国西南地区的苗族、侗族为例，他们的传统文化原先曾高度适应于自身所处的生态环境，建立各具特色的生态智慧和技术技能体系。近500年来，中央王朝为了巩固西南边防而采取了一套稳定的文化政治策略，强化对这些民族的直接统治。为了适应这一文化政治变动，各民族地方性知识也发生了一定程度的变形、扭曲和缺失，导致生态环境变迁，甚至恶化。

中国西南地区生息着30多个民族，这些民族本来是分别适应于范围不大的区域生态环境，世代累积了丰富的生态知识，但是随着王权的影响，这些生态知识的传承受到了阻碍。13世纪以前的中央王朝对各民族地方势力的统治基本停留在表面上，仅仅要求各族头人定期向中央王朝朝贡。13世纪中期开始，元代开创了土司制度，14世纪中叶，明朝重新统一全国，沿袭了元代开创的土司制度，强化对西南各族的统治，允许各民族头人世袭统治其领地与人民，但他们的职权、职务和统治方式都受到了中央王朝的控制。各民族头人还得上缴一定的赋税，听候中央王朝的调遣。近500年来，随着中央王朝对西南地区控制力的加强，最终导致西南的文化格局发生了巨变。仅以苗族的地方性知识扭曲、缺失和复原为例。古代，苗族先民生息在喀斯特山区的疏树林灌草地区（这样的生态类型一般位于山顶或土层极薄的陡坡地段），依靠游耕和狩猎采集为生。为了利用这种特殊的生态环境，他们建构了一套能通过地表植物种和植物生长态势判断土层厚薄的技术。凭借这一项技术技能，他们可以在高度石漠化的山地上找到苗木的最佳立地位置，种下的苗木可快速成活、荫蔽成林。他们所生产的粮食品种多，但单种作物的产量少，加上他们所生产的粮食、作物不符合政府的"纳税用粮规定"，因而古代的封建王朝对他们抱有歧视和偏见。在政权的作用下，这种趋势和偏见也在社会中扩散开来，挫伤了苗民的自尊和自信。不少苗民放弃了传统的资源利用方式，开始效仿汉族大面积毁林建构成片的梯土或梯田。然而，喀斯特山区地表土层很薄，地下溶洞伏流众多，大面积开垦梯土很容易打穿地表和地下溶洞间的缝隙，诱发严重的水土流失。200多年后，到了20世纪中期，不少苗族的栖息地由此发生了严重的石漠化。

　　另一方面，几百年来，随着其他民族成员迁入喀斯特山区越来越频繁，本土苗族文化也发生了一些改变。一些苗民采用了不适合当地生态环境的汉族资源利用方式，导致生产效率大幅下降，生态环境随之恶化，甚至发生灾变。苗族的原生生计是复合生计，有狩猎、游耕、游林、游牧等，和汉族接触后有了一些次生变化，农业的成分比重多了。汉族的生计以农田耕作为典型，"三十亩地一头牛，老婆孩子热炕头"，这是标准的固定农耕。贵州苗族生存的地方生态系统异质性太大，山顶长的植物，和山下、山坡长的植物是不一样的，不同的植物就会带来不同的动物，就需要不同的耕作方法和狩猎方法，不宜统一改造为单一的农田耕作形式。以麻山地区的苗民为例，早年苗族的食物结构与其他游耕民族一样，取食的动植物种类多达数百种，每种食物的产量不大，同时不能长期贮存。他们得根据季节的变化，不断改变取食的对象，从而确保食物供应的充裕和平稳。在方便贮存的作物品种引入之后，情况发生变化了。苗民开始从原先居住的半山岩洞迁出，陆续定居到溶蚀盆地底部，旱季取水，照看经济价值很高的新辟麻园。通过出售大量的棉麻产品，换取耐贮存的粮食，保证密集人口的粮食供应。随着市场麻类价格的波动，为了确保生计的稳定，他们不得不从依赖进口粮食，转向开始种植粮食以自给，在有限的溶蚀盆地底部土地资源中开始新一轮的"粮麻争地"。为了缓解土地的紧张，他们又不得不转向毁林开荒。这是一个缓慢积累的过程，开始并没有出现明显的生态负面影响，但随着毁林面积的不断扩大，陡坡地段失去了植被的庇护，水土流失愈演愈烈。加上农田的建构和反复耕作，松动了基岩和土层结构，扩大了地表和地下溶洞间的通道。长期积累后，陡坡地段必然呈现大面积的石漠化。麻山地区苗族居民就此陷入了生计怪圈，越垦越贫，越贫越垦，生态环境越发恶化。

王：中央政权是通过什么方式，将自己的偏见在社会中扩散开去，挫伤了苗民的自尊和自信，从而改变了他们的地方性知识的传承？

杨：这是一个比较复杂的过程。在这个实例中，由于政治权力主要作用于苗族的观念形态，因此他们的地方性知识严重受损。除此之外，还有中央王朝的税收政策与外来族群（汉族文化为主）影响等交织在一起的因素。我刚才的例子也谈到一些。古代的税收政策以小米为税收对象，但是西南地区的民族是不会种小米的，他们吃的是葛根、芋头这类块根植物，这类植物可以在森林里种植，用手拔收割，不用铁器也可完成整个生产过程。如果有野兽偷吃作物，当地人就用弩机射杀对付。为了满足小米税收政策，一些地区开始尝试在山顶处刀耕火种。之前我也谈到了，为什么喀斯特山区种小米要刀耕火种：一是可以改变土壤酸碱度；二是烧山、砍树的效率快。我们现在贵州一些山顶做调查，发现山顶的生态是被破坏过的，推测那里曾经种过小米，就判断出当时的税收政策已经影响到了地方生态。

还有很多这样的例证。历史上，贵州苗族根本不种玉米和水稻，他们种的植物有荞子、燕麦、葛根、芋头等，种植的技术体系和现在的技术风马牛不相及。现代人可能不知道几百年前"粮食"这个概念是很丰富的。后来苗族改种玉米和水稻了，为什么？就是政府强迫他们种。根本原因就是为了税收的方便。税收政策一出，会导致全国范围内粮食作物的同质化，很危险！中国有上万种不同类型的生态系统，统一税收就要耕作统一的作物，实行农田标准化，这对生态系统来说就是一个灾难。

王：目前中国政府正在大力推行生态恢复和建设工作，传统知识也得到了一些重视。就现有的情况而言，影响传统知识传承与发展的因素有哪些？

杨：原因很复杂。首先，和农业补贴有关。美国、日本等发达国家的农业补贴都比较高。中国是一个穷国，刚发展起来，还没有办法给那么多补贴。如果中国给每个农民按美国的标准补，哪一个农民还外出打工？不在家好好种地，维护生态系统？可能吗？不过这样做的话，财政压力太大。什么时候能够做到这一步，我们充满了期待。

第二，和观念有关。现在经常在讨论经济增长多少，经济下行压力多大，很少有人谈中国的生态环境危险到什么地步。舆论导向如果没有转过来也会是个大问题。

第三，和文化偏见有关。觉得传统知识太土了，瞧不起。比如不准打猎，其实打猎也可以维护生态的。现在兴安岭安上万个摄像头监视东北虎的行迹，监视到的机会可能万分之一不到，但是如果把鄂伦春人请来，只需要很短的时间，不要说找东北虎的行迹，直接找来东北虎都有可能。他们的那套追踪东北虎的传统知识比用任何仪器还管用，他们能够靠闻东北虎的尿液知道其行迹。本土知识和技术是人类共享的精神财富，现代社会依然可以继续使用。需要接受考验的不是各民族的本土知识，而是现代社会有没有度量、有没有包容性、有没有灵活处置的素养。如果有这样的素养，被边缘化的传统本土知识完全可以大放异彩。

地方性知识可以说是使用最简单，花费最低的生态建设工具，遗憾的是这样的措施、人才不多。需要通过大力宣传和推广传统生态知识，才能加快生态建设的步伐。要全面复原地方性生态知识，还需要做大量艰苦的工作。

王：向杨教授请教，收获良多，衷心感谢！

[受访者简介] 杨庭硕，1947年生，贵州贵阳人，1989—1999年在贵州民族学院任教；1999年至今在吉首大学人类学与民族学研究所任职。主要从事生态人类学研究。

[访谈者简介] 王婧，贵州大学公共管理学院社会学系教师，主要从事环境社会学等研究。

后　记

　　2013 年，第四届东亚环境社会学国际研讨会由河海大学主办，这是东亚环境社会学国际研讨会这一盛会首次在中国大陆召开。会前，我琢磨着：除了常规的会议议程，还可以做点什么？因为中、日、韩三国环境社会学界名家云集南京，或许还可以借此机会做点其他有意义的事情——这就是"环境社会学是什么"的学术访谈工作的缘起。

　　从事社会学定性研究的同行都明白，访谈、特别是深度访谈在研究中的重要性。与村落中老者的一席长谈，可以为我们提供一部个人生活史、家庭史，抑或是整个村庄的变迁史。事实上，深度访谈的方法也是呈现社会学家思想的有效工具。国外学者经由访谈录或对话录留下名篇佳作的不乏其例。国内同行也做过有益尝试，如 20 年前张其仔、刘应杰两位曾系统地策划组织国内社会学家的访谈录；再如《广西民族大学学报》以专题形式系统地访谈人类学家，留下了珍贵的研究印迹。

　　就读者而言，访谈录类作品由于采用口语体或接近口语体的表达方式，容易阅读；由于较好地呈现相关的学术背景，也使读者更容易理解学术成果。

　　就学者、特别是具有丰富研究经验的学者而言，访谈录也是呈现和传播其思想的较好形式。学者时时刻刻思考着学术问题，很多想法及其过程并不见得都能形成文字而公开发表。著作、文章强调系统性、完整性、严谨性；访谈录可以不那么系统、完整，只要有观点、有火花就行，而这些思考中的观点、火花或许不亚于一个系统完整的表述。著作、文章强调"前台"效果，即仅仅呈现反复打磨了的精致化的成果，这样打磨的精致化产品有时反而是形式胜于内容。访谈录则可以把"后台"制作过程呈现给读者，这对于那些有志于从事学术研究的年轻人，或许可以获得更多启示。

"环境社会学是什么"就是想通过对环境社会学界代表性人物的访谈，为读者呈现环境社会学的概貌。大致的线索是沿着被访者是怎样进入环境社会学研究的、他所认为的环境社会学是什么，以及在他所从事的某个专门领域是怎样理解的，等等，为读者梳理出被访者关于环境社会学的一个基本理解。

原初计划在第四届东亚环境社会学会议期间完成大部分访谈工作，但困难大大超过了我会前的预期。实际情况是，这次的访谈持续了三年时间。下面，我就把访谈录的完成过程大致说明一下。

2013年11月，南京东亚环境社会学会议期间，陈涛博士访谈了洪大用教授、唐国建博士访谈了张玉林教授、王婧博士访谈了崔凤教授。张玉林和崔凤两位教授的访谈录一次成稿。陈涛博士于2013年12月在南京工业大学主办的"环境问题演变与环境研究反思"学术研讨会期间对洪大用教授进行了第二次访谈。

2013年东亚会议期间的访谈工作，仅仅是一个开端。会议结束后，我一直在琢磨访谈这件事。比如，是采用"通用模式"，还是选择"专题访问"？如何让年轻的学者深挖不同学者思考中的高含金量的学术？我自己既是策划者，也是"试验田"。当我被访谈时，我该说什么？怎么说？当时，我因"面源污染"课题方法应用问题，一直在琢磨环境社会学的学科性质和学科特点，特别是关于科学技术与环境社会学研究之间的关系……思考中，我大致确定我自己访谈录的主题。2013年12月，"面源污染"课题组在安徽调查期间，耿言虎和罗亚娟访谈了我。这次访谈实践，我对访谈录主题的把握更清楚了。

在邀请王晓毅研究员访谈时，他表示更喜欢以写的形式完成访谈录。2014年2月王晓毅在王婧问题清单的基础上提交了访谈录的书写稿。我作为第一读者，觉得不过瘾，希望读到更多内容。所以在和王晓毅、王婧沟通之后，2014年3月王婧博士通过电话专门访谈了王晓毅。

韩国的李时载教授和具度完教授，在2013年东亚环境社会学会议期间接受了访谈。李时载访谈录初稿整理之后一直没有机会补充完善，直到2015年日本仙台第五届东亚环境社会学会议期间，程鹏立博士才有机会补充访问了李时载教授。具度完访谈录初稿整理之后，为了更为深入和全面地呈现韩国环境运动的历史与特质，陈涛通过邮件方式与具度完教授进行了多次沟通和交流，到 2015 年 3 月正式定稿。

日本学者的访谈工作更漫长一些。第四届东亚环境社会学会议之前的 2013 年 10 月 11 日，我写信给舩桥晴俊教授，谈了关于访谈的想法，他愉快地接受了邀请。期间，我们邮件交流了几次，澄清其中的一些操作性问题。在舩桥教授的提议下，第四届东亚环境社会学会议期间，中日两方的多位学者就此话题进行了专门的会谈。舩桥教授和他的同行商量后，向我推荐了日方的受访者名单。舩桥教授自己则决定以书写的方式来进行，并指定东南大学社会学系高娜博士作为访谈者。他表示，他也一直想把自己的学术历程梳理一下，而这次访谈正是一个很好地回顾自己学术历程的机会。但由于《世界环境大事年表》及横滨第 36 届世界社会学大会的筹备等诸多繁重工作，舩桥教授的访谈写作未能完成。2014 年横滨世界社会学大会不久之后，舩桥教授不幸于 8 月 15 日清晨突发疾病去世。他想借访谈之机梳理自己学术历程的想法最终未能如愿。

2013 年南京东亚环境社会学期间的一件小事，舩桥教授给我留下了特别深刻的印象。11 月 4 日去无锡学术考察回来之后，大家都有些倦意。但他告诉我说，今天晚上有空，可以安排和中国年轻的环境社会学者聊聊。我告知了年轻人。晚餐后大家就在餐厅里热烈地交流起来。舩桥教授周边围坐了十几位年轻人，大家热烈地提问；舩桥教授也兴奋地回答大家的问题……舩桥教授去世后，我找到了当时的交流录音，想请高娜博士听听是否可以从中整理出有价值的谈话内容以弥补未完成访谈的缺憾。不过，在此之前，高娜博士和朱安新博士与舩桥教授有过一席谈话，并且舩桥教授的同事堀川三郎教授也在场。其中谈话的一个部分，经过高娜博士整理、堀川三郎教授校订后，即为收录到本书的《日本环境社会学的理论自觉与研究"内发性"》。这是留给后人的一份珍贵遗产，多少弥补了舩桥教授未完成访谈录之遗憾。

时任日本社会学会会长的鸟越皓之教授在百忙中参加了第四届东亚环境社会学会议。其间，我向他介绍了"环境社会学是什么"的访谈计划，并期盼对他进行访谈。鸟越教授考虑之后，建议我采用发表于《学海》上的那篇文章《日本的环境社会学与生活环境主义》。我觉得这是一个很好的建议。虽然在形式上它不是访谈，但其内容是与我们这次访谈的主题完全一致的。2008 年秋，我在日本期间有幸访问了鸟越教授，并在早稻田大学和他的团队进行了学术交流。之后，他于 11 月访问了河海大学并实地考察了南京周边的一些地方。通过接触、交流，我了解到"生活环境主义"是一个非常有价值的理论。由于该理论的东亚社会文化特征，无论是对于中国环境社会学的学理探讨还是现实的环境问题治理，都有极好的启发和借鉴意义。但在当时，中文出版物还没有"生活环境主义"的系统介绍，英文出版物也不完整，所以我冒昧地请他为中国读者写一篇专门介绍"生活环境主义"的文章。鸟越教授欣然同意，并在该文章中还专门为中国读者增加了无锡的案例。

美国是环境社会学的发源地。邓拉普教授是中国读者非常熟悉和敬重的学者，因为他和卡顿教授最初提出了"环境社会学"这一概念。借助于刘丹博士在美国访问、研究的便利，请她完成了对邓拉普教授的访谈。在征得邓拉普教授同意后，刘丹开始着手准备。经过大量查阅文献，了解邓拉普教授的理论旨趣、学术脉络后，逐渐明晰访谈主题，并且据此设计出访谈提纲。拟定访谈提纲的主要问题得到教授确认后开始由被访人书写。初稿出来后，我们认真阅读并根据"环境社会学是什么"访谈录总体构想，提出了局部的完善建议。通过多次沟通、反馈，直至最终审订文稿。邓拉普教授作为环境社会学发展最重要的见证人，他的访谈录无疑也是我们理解环境社会学来龙去脉极其重要的文献。

由于汉尼根教授撰写的《环境社会学》教材已在中国翻译出版，学界对汉尼根教授用建构主义视角研究环境社会学已经比较熟悉了。"建构主义"对一般的中国读者来说，理解还是有一定的难度的。这次访谈我们着重设计了一般读者平时难以了解的"后台"故事，即希望汉尼根教授着重介绍"建构主义"、"建构主义环境社会学"学术背景信息。汉尼根教授在百忙中接受了刘丹博士的书面访谈，期间进行了卓有成效的沟通。

同时，刘丹博士还完成了对理查德·约克教授的访谈。约克教授是美国环境社会学界的一位后起之秀。其 STIRPAT 模型，即人口、财富和技术的随机性环境影响评估模型，是运用生态框架进行环境社会学研究的经典范例。他的访谈录为读者提供了最新的研究成果，即不仅提供了对现存社会制度导致环境问题的批判与反思，也反思了已有的环境社会学及其与环境社会学相关的理论。"生产跑步机"是从制度方面阐释环境问题起源的最具魅力和影响力的学术理论。可惜该理论创始人施耐博格教授已离世，无法进行访谈。幸运的是施耐博格的弟子"跑步机理论"团队的核心成员大卫·佩罗教授当时在明尼苏达大学执教，而我的学生耿言虎当时作为联合培养博士生正在佩罗教授名下学习。由于时间关系，耿言虎在美时未能面对面地访谈佩罗教授。回国后，耿言虎提书面问题，由佩罗教授书面回答。但这次书面访谈没有达到我们预期的效果。随后，我和耿言虎商量，决定由耿言虎通过越洋电话访谈。在征得佩罗教授同意的情况下，2014年3月完成了电话访谈。这次访谈非常成功。本书访谈录的主体部分就是根据电话访谈录音整理而成。

2014年世界社会学大会期间，我在日本横滨遇到了阿瑟·摩尔教授。中国学界对摩尔教授并不陌生，因为他和他的同行倡导了生态现代化理论。"现代化"通过过去数十年的倡导，大部分中国人耳熟能详，理解生态现代化似乎也是顺理成章的事。我和摩尔教授谈了"环境社会学是什么"的访谈设想，他非常爽快地答应了我的邀请。邢一新经过精心准备，和摩尔教授多次邮件沟通之后，于2014年12月电话访问了摩尔教授。初稿定稿后发还摩尔教授修订，一周后返回了修订稿，稿件中对词汇、语法甚至标点符号等都进行了认真的修订。

2015年，第五届东亚环境社会学在日本仙台召开，这是访谈日本学者的"最后"良机。拟访谈的几位日本环境社会学家名单是在2013年的东亚会上提出的，但由于语言及其他方面的原因，实际的访谈一直未能落实。去日本前，我们团队商定了拟访谈的长谷川公一教授与寺田良一教授的主题及主访人，也提前邮件联系了两位教授。但由于两位教授非常繁忙，最终的访谈日程是在会议期间确定下来的。仙台会议结束后的次日，我们团队一行数人，去了日本东北大学长谷川教授的办公室。

由邢一新、刘丹访谈长谷川教授，主要是关于核风险研究。我们了解到长谷川教授长期致力于日本环境运动研究，福岛核电站事故之后，他致力于核风险研究。由于环境风险，德国已明确放弃核电，日本也在热烈地争论是否要放弃核电。中国的核电起步不久，还在发展中，长谷川教授的访谈录或许可以为中国读者较全面地了解核电站及其风险提供帮助。

程鹏立、罗亚娟访谈了寺田良一教授。去日本前，程鹏立根据相关文献，拟定了对寺田良一教授的访谈提纲。但拿到会议论文集以后，特别是听了寺田良一教授的大会发言以后，我觉得他正在进行多化学物质过敏症（Multiple Chemical Sensibility，MCS）的研究非常有意思，于是推翻了拟好的访谈提纲，决定把访谈重点放在多化学物质过敏症这个话题上，并从中延伸和展开寺田教授的学术生涯和环境社会学的研究。访谈录之后，发现这确实是一个非常有意义的话题。多化学物质过敏症与日本早期的水俣病研究，在研究主题和方法论上有一定的传承性，但也有很大的差异性。多化学物质过敏症技术认定的困难大大增加了社会科学研究的难度。由于环境—健康主题研究的难度大，社会科学的环境—健康研究一直被忽视，但这一领域研究本身却是极其重要。我们团队对"癌症村"问题的研究深有体会。所以寺田教授的访谈录，无论是研究主题还是方法论，都为读者展示了鲜为人知的一面。

在平时的文献阅读和研究中，我很关注生态人类学的研究成果。我自己是社会学专业出身，但偏爱人类学，所以对生态人类学很感兴趣。生态人类学与环境社会学在学理上有很多相通之处。就中国的情况看，生态人类学与民族学研究关系密切；生态人类学与环境社会学在关注研究对象、研究视角和研究方法都有一定的差异性和互补性。这本文集里收录了两篇生态人类学的访谈录，相信会对环境社会学研究者有启发意义。

考虑前期的经验，我们觉得面对面访谈是效果最好的。所以，2014年12月，耿言虎专程从南京去昆明拜访尹绍亭教授。此前，耿言虎做了很多的功课，认真阅读了尹绍亭教授相关的文献。在轻松的氛围里，尹教授犹如说故事般，把自己的学术研究经历、刀耕火种研究缘起、发现、最近的研究拓展等娓娓道来。耿言虎根据访谈录音整理成文字后发给尹教授。尹教授邮件回复说，文章要发表，不能马虎，为了效果更好，他花时间极其认真地进行了修改，有的地方几乎重写。

利用寒暑假在贵阳的"同城"便利，我请王婧博士访谈杨庭硕教授。访谈分别于2015年1月和9月进行了两次。由于杨教授研究所涉及的知识面非常宽，加之他特别忙，所以两次访谈的整理稿效果并不很理想。之后，我请王婧博士结合杨庭硕教授已发表的研究成果进行了补充，再请杨教授本人审订，是为现在呈现给读者的访谈录。

作为主编，我是非常认真地对待此项工作的。因为，一方面，我要对被访者负责，他们是颇负声望的学者；另一方面，我也要为读者负责，我希望提供一个比较精致的而不是粗制滥造的访谈录。呈现在读者面前的访谈录，不是访谈者和被访者之间谈话的简单记录，是基于访谈而又历经磨砺的作品。

首先它是有主题的。每篇访谈录都有一个相对明确的主题。访谈之前，访谈者首先阅读和熟悉被访者的学术作品，大致了解被访者的基本情况。有的是被访者自己确定主题的；有的是我和访谈者商量确定的；也有的是在访谈记录稿编辑整理过程中慢慢明确起来的。访谈本身是一个实践过程，最终呈现的访谈录是在实践中不断完善的。

其次，访谈录是按一定的逻辑结构呈现的。访谈录初稿整理出来之后，我怀着极大的好奇心和耐心认真阅读，然后和访谈者商量，如何安排访谈录的整体结构，以及板块之间的逻辑关系。虽然访谈录没有像学术论文那样有很强的逻辑关联，但访谈录基本的结构仍是遵循一定逻辑展开的。

再次，深度挖掘，力展精彩。有的访谈内容，在首次访谈时有所提及，但不够详细，或精彩呈现不够。我作为极有好奇心的读者，通过访谈者第二次访谈、或通过修改稿提出要求的方式，希望被访者提供更详细的信息。

最后，细节、数据的核实也很重要。比如，在某些细节问题上，我和王婧、程鹏立博士进行了多次的讨论和核实。这样做的目的是对学术和对读者负责。

值此付梓之际，我要向所有被访者和访谈者致以最诚挚的谢意。这个访谈录集锦是我们这个群体每一位成员通力合作的结果。虽然我没有和每一位被访者进行过直接的交流，但通过访谈者、通过文字，我和每位被访者进行过深度的精神交流。我要特别感谢邓拉普教授，他不仅愉快地接受了访谈，而且一直关心着访谈的进展和访谈录的出版事宜。值此之际，我们更加怀念舩桥晴俊教授！感谢舩桥教授极其认真负责地支持此项工作。他虽然过早地离开了我们，但他的学术精神将始终激励着学界同行。

陈阿江

2016 年 10 月